ISMシリーズ:進化する統計数理 2
The Institute of Statistical Mathematics

統計数理研究所 編
編集委員 樋口知之・中野純司・丸山 宏

フィールドデータによる
統計モデリングとAIC

島谷健一郎 著

近代科学社

◆ 読者の皆さまへ ◆

　小社の出版物をご愛読くださいまして，まことに有り難うございます．
　おかげさまで，㈱近代科学社は1959年の創立以来，2009年をもって50周年を迎えることができました．これも，ひとえに皆さまの温かいご支援の賜物と存じ，衷心より御礼申し上げます．
　この機に小社では，全出版物に対してUD（ユニバーサル・デザイン）を基本コンセプトに掲げ，そのユーザビリティ性の追究を徹底してまいる所存でおります．
　本書を通じまして何かお気づきの事柄がございましたら，ぜひ以下の「お問合せ先」までご一報くださいますようお願いいたします．

　お問合せ先：reader@kindaikagaku.co.jp

　なお，本書の制作には，以下が各プロセスに関与いたしました：

・企画：小山　透
・編集：小山　透
・組版：藤原印刷 (LaTeX)
・印刷：藤原印刷
・製本：藤原印刷 (PUR)
・資材管理：藤原印刷
・カバー・表紙デザイン：川崎デザイン
・広報宣伝・営業：冨髙琢磨，山口幸治

・本書の複製権・翻訳権・譲渡権は株式会社近代科学社が保有します．
・ JCOPY 〈(社)出版者著作権管理機構 委託出版物〉
本書の無断複写は著作権法上での例外を除き禁じられています．
複写される場合は，そのつど事前に(社)出版者著作権管理機構
（電話 03-3513-6969, FAX 03-3513-6979, e-mail: info@jcopy.or.jp）の
許諾を得てください．

[ISMシリーズ：進化する統計数理]

刊行にあたって

　人類の繁栄は，環境の変化に対し，経験と知識にもとづいて将来を予測し，適切に意思決定を行える知能によってもたらされた．この知能をコンピュータ上に構築する科学者の夢は未だに実現されていないが，「予測と判断」といった機能の点においては知能を模倣するレベルが近年，相当向上している．その技術革新の起爆剤となったのは，データの加工・蓄積・輸送の作業効率を著しく高めたコンピュータの発展，およびインターネットのコモディティ（日用品）化である．では，データを扱う基礎となる学問は何かというと，今も昔も統計学であることに変わりはない．

　直接的にデータを取り扱う方法の科学の代表格は統計学であると言っても過言でないが，データ量の爆発とサンプル次元の巨大化に特徴づけられる新しいデータ環境に伴い，通常，データマイニングや機械学習と呼ぶ，新しい研究領域が勃興してきた．現在この三者は理論，応用を問わず相互に深く関係し合いながら，競争的に学術の発展に大きく寄与している．統計数理とは，データにもとづき合理的な意思決定を行うための方法を研究する学問である．よって，これら三つの研究領域を包含するのはもちろん，それらの理論的基礎となる部分を多く持つ数理科学とも不可分である．今後の統計数理は，さらなるデータ環境の変遷に従って，既存の研究領域と，時には飲み込む勢いでもって関連し合いながら発展していくであろう．その拡大する研究領域を我々は「進化する統計数理」と呼んだわけである．データ環境の変化を外的刺激として自己成長していく姿から"進化する"と命名した．そこには，データ環境にそぐわない手法は淘汰されるという危機意識も埋め込まれている．

　すると，「進化する統計数理」は，人類が繁栄していくために必須の科学であると言え，科学技術・学術の領域に限っても，自然科学から社会科学，人文科学に至るすべての分野に共通の基礎となる．したがって，「進化する統計数理」を，基礎から応用まで分かりやすく解説・教育する活動が大切であるが，残念ながら日本においては統計数理研究所を中心とした比較的小さいコミュニティのみが，その重責を担ってきた．一連の公開講座を開講してきた

のも，その使命を達成するためである．また最近は，統計数理の教育・啓発にかかわるさまざまな活動を集約発展させた，統計思考力育成事業も開始している．

　本シリーズの刊行目的は，その主たる執筆者群が統計数理研究所に属する教員であることからも明らかのように，現統計数理研究所が行っている「進化する統計数理」の教育普及活動の中身を解説することである．したがって，その内容は，「進化する統計数理」の持つ宿命的な多様性と時代性を反映した多岐にわたるものとなるが，各巻ともに，データとのつきあい方を通した各著者のスコープや人生観が投影されるユニークなものとしたい．

　本シリーズが「統計数理」の一層の広がりと発展に寄与できることを編集委員一同，切に願うものである．

樋口 知之，中野 純司，丸山 宏

はじめに

「日本人は外国で生まれた技術の習得は上手だが，独創的な科学を創造する力は弱い．」まことしやかに流れるこの風説は，必ずしも当たっていない．本当に危惧すべきは，次のほうである．

「日本で生まれた独創的なアイデアが国内では無視され，外国で広く認められてから逆輸入される．しかも，逆輸入するのは表面的な技術のみで，革新的な研究に必ず付随する科学論や科学哲学，研究する姿勢は，高々表面的にしか学ばない．」

赤池情報量規準（Akaike information criterion, 略して **AIC**）も，これに近い状況にある．本書は，AICとそれを用いたモデル評価という統計科学について，以下の3点を基本理念に置いて入門レベルの解説をすることを目的の第1とする．

1. 現場主義：データを生む現場から始まる．現場に根ざす視点と，統計モデリングを通した視点の，複眼的視野で現象を考察する．
2. 自然体：素直にデータを観て，実際の現象に沿って手持ちのデータが有する情報を洩らさず有効に活用するモデルを創る．
3. 発見と予測：フィールドワークだけでは得られない発見をフィールドデータも用いることで得て，基礎科学に貢献する．発見に基づいた予測で社会に貢献する．

いずれも当り前のことでしかない．しかし，実践できるかは別問題である．著者の場合，野外で生きる生き物達に惹かれ，その姿を統計モデリングという視点を加えて観察すべく試行錯誤を繰り返した．そして，こんな研究スタイルでいいのだろうと悟りの境地に近づいたと思い始めた頃，それはもう日本の統計科学の先人達が実践してきていたことを知った．自分の路線は決して間違っていなかったという自信と，開いたはずの悟りは先人が達成していたものだったという失望の，両方に見舞われたのである．

AICは，1973年，赤池弘次氏の論文により提唱された．ただし，革新的な

研究の多くがそうであるように，AIC もまた，一人の天才がすべてを創造したわけではない．赤池氏が様々な人たちと議論する中から生まれ，様々な人たちが議論することで醸成され，「赤池統計学」と名付けるに値する統計学が確立されたのである．

　赤池氏は 2009 年 8 月に永眠され，赤池氏を師と仰いだ世代の人も研究機関や大学で定年を迎える年齢となっている．今，日本の統計科学の現場にいるのはもう一つ下の，赤池氏から見て第 3 世代から下の世代であり，私も赤池氏とは，一度講演を聞いただけの縁しかない．しかしだからといって「自分が赤池統計学を語るには 10 年早い」と謙虚に構えていたのでは，冒頭のような惨状を経て，偉業を 3 代目で忘れ去らせる事態となりかねない．一方では，AIC の提唱から 40 年近い歳月を経て，収集されるデータの質や量，そして計算に使うコンピュータは大きな変貌を遂げた．今，創始者を知らない 3 代目は，背伸びをしてでも現状に応じた形でその統計科学の方法論を伝承していくべきであると判断し，本書を執筆することにした．読者層として，数理を得意としないフィールドワーカーと，反対にフィールド経験が少なくフィールドデータに馴染みの薄い数理系の人を置いている．

　本書の最初の 3 つの章で，AIC の定義と使い方を実例で解説する．4 章で AIC の背後にある数理を，パソコンによるシミュレーションの力も借りて，体験的に体得することを試みる．5 章までは，回帰モデルや分散分析モデルなど，汎用性は高いが一般の統計学の教科書で解説されている手法でも分析できるデータを扱う．6 章から 8 章は，データが有する情報を無駄にしないモデルを作り，その尤度（ゆうど）式を導出する実例の紹介である．

　統計モデルと AIC を習得する鍵として，本書では尤度およびその背景にある確率分布に重点を置いた．そして，初等的な尤度式とよく知られた確率分布ばかりで練習するより，有益だがあまり知られていないものにも触れるほうが学習効果が増すと考え，7 章では空間点分布データの尤度式，8 章では角度データの確率分布という，通常の入門書では取り上げられない内容を扱うことにした．逆に，たいていの入門書に詳述されている内容でも，取り上げずに終わった内容もある．それらは本文中に注釈を入れて補足するよう努めた．

　予備知識として，大学初年時における微積分（偏微分，重積分，テーラー展開など）と線形代数（n 次の行列の計算など）を越すものは仮定しない．確率・統計の用語も説明をした上で用いる．それでも，いわゆる "Excel で学ぶ

統計学"のレベルの知識（分散と標準偏差，相関係数，t 検定，χ^2 検定など）はあったほうがよい．分散分析や回帰分析についても，"学ぼうとした記憶"くらいはあったほうがよい．

　実例には，野外で取られた生のフィールドデータを用いる．フィールドデータには，自然現象から人間社会まで幅広い種類がある．実験室において厳格なコントロールの下で得られるデータと違って，そこにあるものを測ることになる．本書では，野外生物のデータを用いる．生き物に関心のない人には，本書の随所に出てくる生物学的な背景の説明や計算後の考察などは退屈であろう．万人が興味を持てる実例はない．これは，統計科学の教科書における宿命である．ただ，野外の生き物をネタにすると，難しい学問的知識は必要なく，イメージも湧きやすいので，具体例として便利である．また，今日広く社会の関心を集めている生物多様性の解説などは，生物学的に十分なレベルにしてある．

　統計科学の入門書を読んでいて例題のネタに関心を持てなかった場合，そのデータと近い材料を自分のフィールドでみつけ，それに置き換えて想像しながら読むとよい．実際，野外の生き物を相手にする科学は自然科学に分類されるものの，データの構造から見ると社会科学などのフィールドデータとも類似点が多く，互いに他分野で開発された統計手法を活用し合っている．データを最大限に活用するアイデアなど，吸収できるものは多いはずである．

　本書では，統計モデルと AIC で実際のデータからいろいろな発見をしていく一方，そういった統計手法の至らぬ点も指摘し，不満を募らせていく．最後の 9 章で，貯め込んできた不満やストレスを解決したいという欲求が，自然とベイズモデリングにつながっていくところで本書は終わる．

　ほとんどのフィールドデータは，時間と空間という情報を含む．「いつ」と「どこ」は，現象を考える上で最も基本的な情報である．残念ながら，時間と空間を反映させたモデルとなると，本書で取り上げたレベルでは太刀打ちできない場合が多い．それを解決すべく，ベイズモデリングが盛んに研究され，今日，時間と空間を扱うには必須の道具となっている．

　そうした実用的なモデルを活用できるようになる早道は，"急がば回れ"である．しばらく我慢して，単純で非現実的なモデルで練習を積むことである．ひとたび自分なりの統計科学に対するスタンスを確立すれば，ベイズモデルは，自然体で現象を捉え，データが含有する情報を最大限に活用しようという素朴な発想をするだけに，数理に弱い人でも理解しやすく体得できる手法

であることが自然とわかる．本書はこうした準備のためのものである．

　目的を絞り込んだため，AIC提唱以降の情報量規準に関する様々な発展については，大半を割愛した．また，あるモデルがAICで選択されたことと，そのモデルで現象を説明できるということは別問題であり，モデルの当てはまり具合の検定は重要な統計手法である．ただ，フィールドデータの場合，現象を完全に説明するモデルは滅多なことで作られるものでないという実態に鑑み，本書では，統計学的に厳格な検定論でなく，モデルのどこがデータのどこをうまく説明できていないかを眺める手法を紹介する．また，数学の定義や証明の大半は直観を伴う説明的なものとした．数学としての最低線の正確さは保つよう意識したが，厳密性に欠ける所はそう断り書きを入れるようにした．

　冒頭に挙げた3点に加え，赤池統計学で肝要なのが，フィールドワーカーと数理科学者の間でくり広げられる共同研究のスタイルである．斬新なアイデアの大半は，異分野の人との議論の中から生まれる．本書で取り上げた事例は，いずれも最新の共同研究成果の一歩手前のものであり，共同研究について語り尽くしているとは言い難い．また，著者は生物科学と統計科学にまたがる科学を実践したいが，実態はどっちつかずで中途半端である．そこで，私と共同研究歴を有する人などに短いコラムを書いてもらい挿入した．著者の中途半端を補なったり，AICや統計モデルについての本文と異なる視点として利用してほしい．

　本書の原稿は，本シリーズ編集委員のほか，以下の方々にも部分的に査読していただき，貴重な指摘やご意見をもらい，修正を加えて完成に至った．ここに厚くお礼申し上げたい．（50音順，敬称略）

阿部俊弘，天野達也，伊勢武史，加藤昇吾，北川源四郎，後藤晋，佐藤克文，柴田泰宙，田中潮，田中健太，深谷肇一，向草世香，依田憲，綿貫豊

2012年7月　島谷健一郎

目 次

1 統計モデルによる定量化と AIC によるモデルの評価 ——どのくらい大きくなると花が咲くか

- 1.1 森の木にも花は咲く 2
- 1.2 野外観察による開花データ 2
- 1.3 開花する大きさを数値で表すには？ 4
- 1.4 開花という現象を確率で考える 6
- 1.5 尤度と最尤法 8
- 1.6 花が咲く大きさに最尤推定値で答える 13
- 1.7 花が咲く大きさから見える種の多様性 14
- 1.8 花が咲く大きさは種によって異なっているか 15
- 1.9 赤池情報量規準 (AIC) 17
- 1.10 開花率の直径依存性も AIC で確認する 18
- 1.11 開花率の環境依存性 19
- 1.12 最大対数尤度からパラメータ数を引く不思議 21
- 1.13 確率変数と確率分布 22
- 1.14 2 項分布モデルと最尤法 24
- 1.15 結果が同じでも"面白い"と感じるか 25

2 最小 2 乗法と最尤法，回帰モデル——樹木の成長パターンとその多様性

- 2.1 木の直径と高さ 32
- 2.2 1 次式による回帰と最小 2 乗法 32
- 2.3 2 次の回帰式のほうがよいか 34
- 2.4 連続型確率変数と正規分布 36
- 2.5 回帰モデルと最尤法 37

	2.6	AICにより不必要に複雑なモデルを知る	40
	2.7	最尤法をマスターするか最小2乗法で十分か	42
	2.8	データの下で適度に複雑なモデル	43
	2.9	確率分布の平均と分散	44
	2.10	メカニズムに基づくモデル	46
	2.11	生物の種多様性を定量的に評価する	48

3 モデリングによる定性的分類と定量的評価――ペンギンの泳ぎ方のいろいろ

	3.1	ペンギンは大洋で500 m潜る	52
	3.2	3次元移動軌跡を描けるデータ	54
	3.3	方向変化の分布とその分散	55
	3.4	正規分布モデル	58
	3.5	シミュレーションにより適合度を観る	62
	3.6	混合正規分布モデル	66
	3.7	定性的分類と定量的指標	69

4 AICの導出――どうして対数尤度からパラメータ数を引くのか

	4.1	AICは4つのアイデアに基づいている	74
	4.2	統計モデルが実データと"合っている"とは？	76
	4.3	統計モデリングの目標	78
	4.4	カルバック–ライブラー情報量と平均対数尤度	78
	4.5	平均対数尤度はデータの対数尤度で近似できる	80
	4.6	最大対数尤度による近似は不十分	82
	4.7	最大対数尤度を補正して使う	84
	4.8	正規分布モデルの平均対数尤度と対数尤度	85
	4.9	実例で近似の不成立を見るための準備	88
	4.10	最大対数尤度と平均対数尤度の差をみる	94
	4.11	パラメータ数が出てくるからくりを知りたい	99
	4.12	対数尤度と平均対数尤度の差を3つに分ける	99
	4.13	平均対数尤度函数の2次の近似式	101
	4.14	3番目の成分の正規分布モデルの場合の計算	103

4.15 最尤推定値の周辺は正規分布で近似できる 105
  4.16 ついにパラメータ数が現れた 107
  4.17 AICの式を感覚的に理解して使う 109

5 実験計画法と分散分析モデル——ブナ林を再生する

  5.1 伐採されても蘇える森 114
  5.2 母樹を残して種子をまいてもらう 115
  5.3 林業試験地とその復元 115
  5.4 分散分析モデルとAIC 118
  5.5 モデルの結果からわかること 121
  5.6 分散分析モデルに対する不満 121
  5.7 処理の影響と元からある空間変異 123
  5.8 分散分析による違い有無の仮説検定 123
  5.9 仮説検定論と統計モデリング 124
  5.10 長期森林研究と古い試験地の維持・復元 125

6 データを無駄にしないモデリング——動物の再捕獲失敗は有益な情報

  6.1 動物の個体数推定 130
  6.2 標識-再捕獲調査 130
  6.3 再捕獲調査の繰返しで得られる情報 131
  6.4 統計モデルによる捕獲率と生残率の同時推定 132
  6.5 2回の再捕獲調査からモデルで推定できること 133
  6.6 CJSモデル 136
  6.7 現実的なモデリングへ拡張させる試み 138
  6.8 単純化されたモデルへの抵抗感 140

7 空間データの点過程モデル——樹木の分布と種子の散布

  7.1 大木のまわりの稚幼樹の分布 142
  7.2 2本の成木が隣接していると…? 142
  7.3 成木のまわりの稚幼樹分布のモデル化 143

- 7.4 木は n 本あったという情報 146
- 7.5 ポアソン分布 147
- 7.6 2次元の場合 150
- 7.7 一般の領域の場合 151
- 7.8 非定常ポアソン過程 152
- 7.9 非定常ポアソン過程の尤度式 153
- 7.10 成木が隣接していてもパラメータは推定可能 154
- 7.11 非定常ポアソン過程の検定法 156
- 7.12 遺伝子情報を加えたモデリングも可能 158

8 データの特性を映す確率分布——飛ぶ鳥の気持ちを知りたい

- 8.1 角度のデータをどう扱うか 166
- 8.2 水鳥が飛んだ軌跡 167
- 8.3 同じように飛んでいるように見えるけど… 169
- 8.4 確率分布への我儘な要望 170
- 8.5 対称な確率分布 171
- 8.6 非対称な確率分布を作る 173
- 8.7 鳥が飛んだ方向データへ適用する 176
- 8.8 統計モデルが語る1羽の海鳥のある1日の物語 178
- 8.9 大空を鳥のように自由に飛ぶ? 179
- 8.10 時系列モデルの必要性に到達する 180
- 8.11 統計モデルで鳥と会話する? 181

9 ベイズ統計への序章——もっと自由にモデリングしたい

- 9.1 どの大きさだと枯死しやすいか 184
- 9.2 1次のロジスティック回帰モデル 184
- 9.3 U字型曲線を生成できるモデル 186
- 9.4 直径と死亡率の関係から見える種多様性 187
- 9.5 最初に数式を決めるモデルへの不満 189
- 9.6 任意の形状の曲線を作ることができるモデル 190
- 9.7 2つの要望の間のトレードオフ 192

9.8	ベイズ統計によりトレードオフを定式化する	194
9.9	最大化以外の計算法を活用する	197
9.10	様々な不満にベイズの枠組みで対応する時代	197
9.11	自由にパラメータを用いるモデルの時代へ	198
9.12	共同研究という科学論	199

問の解答 201

参考文献 209

ギリシア文字一覧表 214

索　引 215

コラム1	「ナチュラリストになりたかったんだよ」	27
コラム2	数理が苦手なフィールドワーカーは $P = 0.08$ と $\varDelta \text{AIC} < 2$ に悩む	71
コラム3	数理モデルと統計モデル：それぞれが目指すもの	110
コラム4	先人から引き継がれている長期森林研究に従事する幸せと責任	126
コラム5	樹木の花粉の動きを統計モデルで知る	160

1 統計モデルによる定量化とAICによるモデルの評価——どのくらい大きくなると花が咲くか

　統計学というと，平均や分散などの計算と，少し高度なものとしてt検定やχ^2検定などがあると思い込んでいる人が少なくない．本章では，そうしたイメージとは違う雰囲気の統計学があることを知るところから始める．モデルを作るというと，何か数学的に高度なことをするような想像をするかもしれないが，蓋を開けてみると拍子抜けするほど単純なものである．ただ，1つだけ初めてモデルを学ぶ際に難しい概念がある．それは，尤度（ゆうど）である．尤度さえ克服すれば，AICは驚くほど単純な式で定義される．

この章で用いるカクレミノという木．

1.1 森の木にも花は咲く

森の樹木はどのくらい大きくなると花を咲かすのだろう．木の花と聞くと，満開のサクラを思い浮かべる人も多いだろうが，ここでは自然の森に生えている木の話である．するとそもそも，森の中で花を咲かせている木を思い浮かべられるだろうか．たしかに，春の山の斜面に咲くヤマザクラやツツジの花には感動させられる．あるいは，森の中に真っ赤なツバキの花が足の踏み場もないほど落ちていて，思わず梢を見上げると，そこには一面に紅い花をまとったツバキがあったという思い出を持つ人もいるだろう．しかし，ブナやカエデやシイの大木に咲く花を頭の中で描ける人は少ない[1]．もちろん，現実の大木は膨大な量の花を咲かせる．ただ，概して，大木はその幹の太さや枝の広がりと裏腹に，目立たない花をひっそりと咲かせる．

アサガオなどの1年生草本では，春に種をまくとその年のうちに花が咲き，秋に実がついて枯れる．大木となる樹木種では，1年目は小さな芽生えから始まる．年を経るごとに少しずつ成長し，やがて直径30 cm 高さ25 m を超すような大木となり，花を咲かせ実をつける．では，何年くらいで花を咲かせ始めるのだろう．動物の場合だと，図鑑を見れば，だいたい何年目から繁殖できるようになるか書いてある．ところが，樹木の図鑑を見ると何も書かれていない．なぜだろう．

樹木は明るい所ではすくすくと育つが，暗いところではゆっくり成長する．同じ20年を経ても，ある場合は直径10 cm 高さ20 m になるが，ある場合は高さ20 cm にも満たない．逆に同じ直径50 cm の大木でも，60年目のものもあれば200年目のものもある．概して，樹木では，何年目かでなく，どのくらい大きくなったかで，花を咲かせられるかが決まる．つまり，自然の森の樹木に対しては，「何歳くらいから繁殖を始めるか」より，「どのくらい大きくなると花が咲くか」と問いかけるほうが適切である．

1.2 野外観察による開花データ

カクレミノという常緑樹は，白い房状の花を，頭上はるか上に広がる枝につく緑の葉の，そのまた上に花を付ける（本章表紙の写真参照）．そのため，森の中にいて下から見上げても，極めて目に入りにくい．それでも，下から

[1] 常緑樹に精通している人は，丘の上から森を見下ろし，葉の緑とは異なる黄金色にうっすら染まった満開のシイの花に感動する．ただし，この感動を共有できる人とは滅多に出会えない．．．

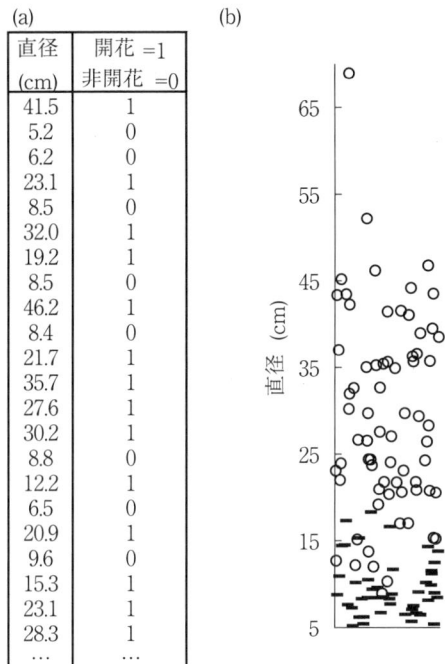

図 1.1 (a) 115 本のカクレミノの木についての開花データの一部. (b) (a) のようなデータに対し，縦軸の直径位置に合わせて，開花していたら○，非開花だったら▬をプロットした．横軸は同じような直径の木があって点が混み合うのを避けるために，適当に散らすために設けたもの．

双眼鏡で丹念に観察すると，花が咲いていればたいていは確認できる．ただし，花の有無を調べるのだから，花の咲いていない木は，「咲いていない」ことを確認しなければならない．「開花」というデータは 1 個でも花をみつけられれば得られるが，「非開花」というデータを得る作業は骨が折れる．首の痛みに耐えて見上げ続け，2〜3 人で同じ木を注視し，どうしても花を見つけられなかったとき，断腸の思い (?) で「非開花」と野帳に記す[2]．

図 1.1(a) は，九州の離島・対馬の森のカクレミノについての調査結果の一部で，左の列に 1 本 1 本のカクレミノの木の胸の高さの直径[3]，その右に，その木に花が咲いていたら 1，咲いていなかったら 0 という形で，開花・非開花という現象を数値で表現している[4]．

このようなデータについて，縦軸に直径をとり，開花していたら○，非開花だったら▬記号を，直径の位置にプロットしたのが図 1.1(b) である．

対馬は古くから開発の進められた地域で，ツシマヤマネコも絶滅の危機に

[2) データ収集においては正しく判定することにやりがいを感じるべきなのだが，現場にいると，なぜか花をみつけると嬉しく，みつけられないと悔しく感じてしまう．

3) 胸高直径（きょうこうちょっけい）という．本書で直径と書かれているものは，すべて胸高直径を指す．計測は，木の周囲を巻尺で測り，その長さを $\pi = 3.14\cdots$ で割って算出する場合が多い．

4) 実際の調査は，花の有無でなく，花が散った後に，果実の有無で行った．

図 1.2 対馬南部にある龍良山麓の森には，左の写真のような大木が林立する．右は調査に従事した人と映したもの．

陥って久しい．しかし南部の龍良山（たでらさん）のふもとは社寺林として厳しく保全されており，直径 1 m を越すシイノキやイスノキといった常緑樹中心の原生的な森林に覆われている（図 1.2）．その生態系を調べるため，1990 年に 200 m 四方の固定調査地が設定され[5]，直径 5 cm 以上のすべての樹木にラベルが付けられ，定期的にその成長や死亡が測定されている．2005 年 10 月，この調査地に直径 5 cm 以上のカクレミノは 115 本あったが，そのすべてについて開花か非開花かを確認した[6]．

1.3 開花する大きさを数値で表すには？

図 1.1 を見れば，ある程度大きくならないと花は咲かないことはわかるが，それではどのくらいの大きさから花が咲くのか，具体的な数値で答えてみたい[7]．

このデータによると，開花していたカクレミノの木の直径の最小値は 8.9 cm なので，この大きさを超せば花が咲く可能性があるといえる．しかし，カクレミノはこの 200 m 四方の調査地以外にも生えている．また，木によって，花が咲く年と咲かない年があったりする．だから，別な場所や翌年以降の調査を行っていくと，より小さい個体[8]の開花を発見し，最小値はどんどん更新されていく．同時に，最小値より大きくても開花しなかった個体も増えていく．こう考えると，観察したデータの中での最小値は，「どのくらい大きくなると花が咲くか」に対する回答として適切とは言い難い．

それでは，平均値はどうだろう．図 1.1(a) のデータを開花と非開花に分け，

---

[5] 時代と共にデジタル化された距離計やコンパスを用いるようになって来ているが，基本的には，巻尺と磁石で計測して森の中に 200 m×200 m の正方形を描くという作業で調査地は作られる．この森とデータについては論文 [1–2]〜[1–5] などで論じられている．

[6] 花でなく果実の調査をしたので，厳密には果実が実ったか否か．開花しても花粉が運ばれて受精しないと果実は実らない．ただ，言葉として「花」のほうが馴染みも深く響きも良いので，ここでは開花という言葉を用いる．

[7] 図 1.1 に直径 60cm を超す木が見られる．通常，カクレミノはこのような大木にはならない樹種に分類される．ところが，この森には，カクレミノのとんでもない大木が本当にいるのである．

[8] 以降の記述には森の木に限らない話も出てくるので，「個体」という用語も併用する．

それぞれの平均を計算したところ，開花個体の平均は 29.3 cm で，非開花ではそれよりずっと小さい 9.6 cm である．この差はわかりやすい．ところで，この平均はあくまで直径 5 cm 以上の個体についての平均である．森には 5 cm に満たないカクレミノもたくさん生えている．それらを片っ端から測ってデータに加えれば，非開花の平均値はどんどん下がることになる．したがって，2 つの平均値を並べても，「どのくらい大きくなると花が咲くか」に答えられていない．

そもそも，図 1.1 を見れば明らかなように，ある大きさを超したら必ず花が咲くというものではないという自然の姿が，まずそこにある．だから，「どのくらい大きくなると花が咲くか」を，「どの大きさから上なら（絶対に）開花し，その大きさ以下では（絶対に）開花しない」といった形で表現しようという事自体が，自然の摂理に反している．観察結果からわかることは，とても小さいと開花しないが，ある大きさ（15 cm くらい？）で開花の割合が急速に増え，ある程度大きくなるとほとんど全部が開花するという傾向である．

要するに，「どのくらい大きくなると花が咲くか」という単純な疑問に，1 個の数字で答えようという発想が間違っている．大きくなると開花するという現象は，大きさと共に開花する割合が増えていくという現象として捉える必要がある．

しかし，このように発想を転換させても，今度はこの「割合」という数値の扱いが難しい．例えば，直径を 5〜10 cm, 10〜15 cm, ... と 5 cm ごとのクラス[9]に分けて，それぞれのクラスに属するカクレミノの木の中で何本が開花したかという割合（開花率）を計算してグラフで表わしてみると（図 1.3(a)），10〜15 cm のクラスから 15〜20 cm のクラスにかけて開花率が急激に上がる様子が見て取れる．ところが，この表示法はクラスの分け方によって読み取れる変化が異なってくる．もっと細かく 2.5 cm に区切ったところ（図 1.3(b)），開花率は 10〜15 cm, 15〜20 cm, 20 cm 以上の 3 回に分かれて上昇しているように見える．逆にもっと広く 15 cm で分けてみると（図 1.3(c)），20 cm 未満では 0.2 程度だった開花率が 20 cm 以上で 1.0 になるだけである．いったいどのグラフが最も適切に開花率の変化を表しているのだろう[10]．

こういったもどかしさを解消してくれる便利な道具が，**確率** (probability) を含む数式で表されたモデルなのである．

[9] 日本語では「階級」という言葉が用いられる．

[10] こんな植物の話題にどうしても関心を持てない人は，関心を持てる別な割合のデータに置き換えて以下を読んでください．勝率，成功率，視聴率，致死率，...，割合のデータなら何でもかまわない．

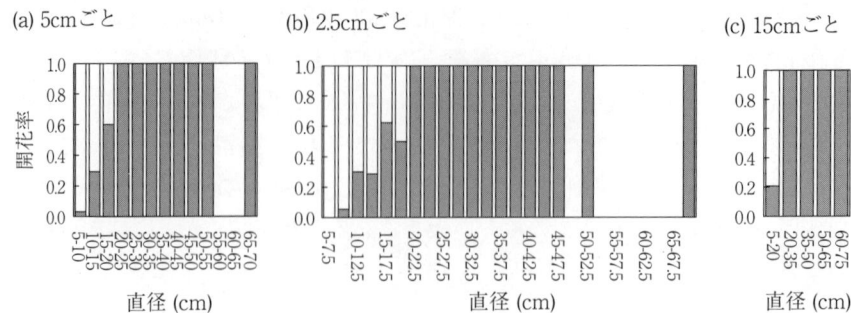

図 1.3 直径をクラスに分け，クラスごとに観察された開花率をグラフ表示した．塗られた部分は開花個体の割合，白は非開花個体の割合を表す．データのないクラスは空白にした．何 cm ごとのクラスに分けるかによって見え方が違ってくることにも気づく．(b) ではクラスは 1 つおきに表示した．

1.4 開花という現象を確率で考える

10 本中 3 本が開花したとき，開花した「割合は 0.3」である．一方，開花する「確率は 0.3」と記述する場合，平均すると 10 本のうち 3 本が開花するわけだが，常に 3 本が開花するとは限らない．4 本開花するかもしれないし，運がよければ 5 本，あるいは 10 本全部開花することもありうる．逆に全部開花しないこともある．割合は観察された数値でしかないが，確率という数学の概念は，こうした不確実なばらつきを許容してくれる[11]．そして，大きくなると花が咲くという自然現象は，大きくても開花しない木もあれば小さくても開花する木があることから，確率という数学の言葉で表現するとしっくりくる．

そこで，そもそもカクレミノという樹木には，大きさと共に開花率が増えるという自然界の法則があると考える．自然科学では，これを仮説と呼ぶ．その仮説を「直径 x cm の個体が開花する確率は $f(x)$ である」というふうに数式として表したとき，これを**モデル** (model) という．言い換えると，「どのくらい大きくなると花が咲くか」という疑問に，1 個や 2 個の数値でなく，「直径 x に依存する函数[12] $f(x)$」で答えようというのである[13]．

では，どのような函数で開花する確率を表せばいいのだろう．図 1.3 から，最初はほぼゼロ，最後はほぼ 1，途中で急激に大きくなる，といった様子が伺える．そんな変化を表せる数式の 1 つに，**ロジスティック式** (logistic equation) がある．これは数式で書くと

[11] しかし我々は往々にして 10 本のうち 3 本が開花していたら，開花する確率は 0.3 と思ってしまう．これは間違っているのだろうか (回答は 1.14 節)．

[12] 高校までの教科書では，「関数」という漢字が用いられる．元々は英語の function という数学用語を函数と訳して「かんすう」と読んでいた．今日の数学の専門書では両者が使われており，本書では，著者の単なる"好み"により「函数」を用いる．

[13] 函数は，グラフにすると 1 本の曲線になるので，「どのくらい大きくなると花が咲くか」に対して，1 個の数値（図示すると 1 点）でなく 1 つの函数（1 本の曲線）で答える，と考えてもよい．

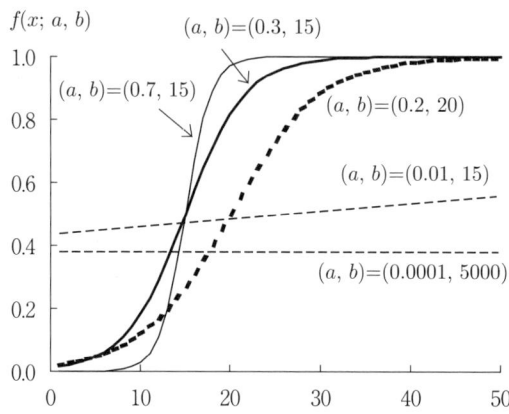

図 1.4 ロジスティック式 (1.1) はパラメータ (a,b) の値によって様々な形のグラフになる．

$$f(x;a,b) = 1/\{1+\exp(-a(x-b))\}^{14)} \tag{1.1}$$

というもので，いまの場合，x が直径を表す変数で，a と b は**パラメータ** (parameter) と呼ばれる未知の定数である[15]．式 (1.1) で表される函数のグラフは，$x=b$ の所でちょうど 0.5 になり，この前後で値は急激に増加し（図 1.4），曲線は下に凸から上に凸へ変化する[16]．どのくらい急激に上がるかを操作しているのが a で，a が大きいと 0 から 1 へ一気に増える．小さいとゆるやかな増加を示し，極端に小さいとほとんど直線になる．さらに，$a=0$ では定数函数 $f(x)=0.5$ となるが，a を極端に小さくし b を極端に大きくすると，任意の高さのほとんど定数に近いグラフも作ることができる（図 1.4）．ロジスティック式 (1.1) は，単純なわりに多様な形状の曲線を作り出せるという意味で，とても便利な式である．

それでは図 1.1 のデータに対して，a と b をいくつにすれば開花する確率を表す最も適切なものになるだろう．図 1.3a の棒グラフと図 1.4 のグラフを重ねてみる（図 1.5(a)）．棒グラフの上部をなぞるような曲線が望ましいように思える．点線で表されているグラフは上昇の仕方がゆるすぎるように見えるし，変曲点も右に寄りすぎている．細線で表されているグラフは上昇が急すぎる．太線のグラフが一番いいように見えるが，もっといいグラフがあるかもしれない．また，棒グラフを 5 cm 刻みでなく 2.5 cm にすると，見え方も違ってくる（図 1.5(b)）．

クラスで仕切った開花個体の割合[17]でなく，直径を横軸とするグラフに，

[14] $\exp(x)$ は $e=2.7182\cdots$ を底とする指数函数 e^x の意味．パラメータを含む函数では，変数に x や y，パラメータに a,b などを用い，両者をセミコロン (;) で分けて $f(変数;パラメータ)$ という表記をする．

[15] x の所には，観察された直径という具体的な数値が入る．一方，パラメータは，モデルを作るときは未知の状態で与え，後にその値を決定する．1.5 節以降では変数の所に決まった数値，パラメータに未知の数量が入り，しばしば通常の数学と逆になる．

[16] **変曲点** (inflection point) という．

[17] 本章では，あるクラスで観察された開花個体の割合を「開花率」と呼び，「開花する確率」という数学の概念と区別して用いる．なお，図 1.5 のような両者を含むグラフでは，まとめて開花率と表示する．

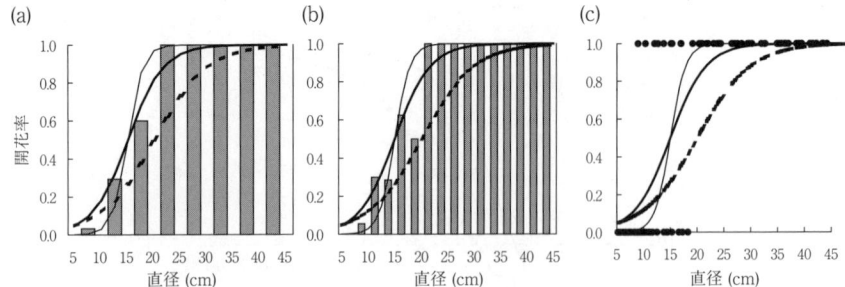

図 1.5 観察された開花率をロジスティック式 (1.1) で表すとき，最も良いパラメータ (a, b) の値はいくつであろう．(a) では図 1.3a の棒グラフと近いグラフになるような (a, b) を探している．(b) では，直径を 2.5 cm のクラスに分けた図 1.3b のグラフと近いグラフを描く (a, b) を探している．(c) では開花個体を 1，非開花を 0 とし，両者の真ん中を行くようなグラフを探している．いずれの図でも，$(a, b) = (0.3, 15)$（太線）が，$(0.2, 20)$（点線）や $(0.7, 15)$（細線）より近いように見えるが，もっと良い (a, b) があるかもしれない．

図 1.1(a) の右の列にある開花 = 1，非開花 = 0 という数値をプロットして，開花の多い所ではほぼ 1，非開花の多い所では 0，両者が混じるところでぐっと上昇するようなグラフを描くという手もある（図 1.5(c)）．この図では 1 本の木が 1 点になっているので，クラスに分けるような恣意性はない．しかし，どのグラフがうまく 0 と 1 を結んでいるかとなると，図 1.5(a) や (b) より判断しにくい．

いずれにせよ，人間の目で最もよいロジスティック式をみつけることに無理があることは間違いない．こういった注文に応えてくれるのが最尤法（さいゆうほう）である．

1.5 尤度と最尤法

いま，「直径 x のカクレミノの木には，式 (1.1) で与えられる確率で花が咲く」と仮定しているので，直径 x_1 の木に花が咲く確率は

$$\frac{1}{1 + \exp(-a(x_1 - b))}$$

であり，逆に花が咲かない確率は

$$1 - \frac{1}{1 + \exp(-a(x_1 - b))}$$

である[18]．直径 x_2 の木が開花する確率は

$$\frac{1}{1+\exp(-a(x_2-b))}$$

で，直径 x_1 の木と x_2 の木の両方が開花する確率は，それらの積

$$\frac{1}{1+\exp(-a(x_1-b))} \times \frac{1}{1+\exp(-a(x_2-b))}$$

である[19]．直径 x_1 と x_2 の木が開花し，直径 x_3 の個体が開花しない確率なら，

$$\frac{1}{1+\exp(-a(x_1-b))} \times \frac{1}{1+\exp(-a(x_2-b))} \times \left(1-\frac{1}{1+\exp(-a(x_3-b))}\right)$$

である．

一般に，木の順番を，開花したものを先，非開花を後にして，1番から M 番までの直径 $x_1, x_2, \ldots, x_M$ の木が開花し，$M+1$ 番から n 番までの直径 $x_{M+1}, x_{M+2}, \ldots, x_n$ の木が開花しない確率は，全部掛け合わせた

$$\frac{1}{1+\exp(-a(x_1-b))} \times \frac{1}{1+\exp(-a(x_2-b))} \times \cdots \times \frac{1}{1+\exp(-a(x_M-b))}$$
$$\times \left(1-\frac{1}{1+\exp(-a(x_{M+1}-b))}\right) \times \left(1-\frac{1}{1+\exp(-a(x_{M+2}-b))}\right) \times \cdots$$
$$\times \left(1-\frac{1}{\exp(-a(x_n-b))}\right)$$
$$= \prod_{i=1}^{M}\left(\frac{1}{1+\exp(-a(x_i-b))}\right) \cdot \prod_{j=M+1}^{n}\left(1-\frac{1}{1+\exp(-a(x_j-b))}\right) \quad (1.2)$$

となる．

これを逆に考えて，いま，直径 $x_1, x_2, \ldots, x_M$ の木が開花し，直径 $x_{M+1}, x_{M+2}, \ldots, x_n$ の木が開花していなかったとすると，それは確率が式 (1.2) で与えられる現象が実際に起こったということである．図 1.1 のデータは実際にあるわけだから，(a) の左列の数値を開花・非開花に応じて順に代入した

$$\frac{1}{1+\exp(-a(41.5-b))} \times \frac{1}{1+\exp(-a(23.1-b))} \times \cdots$$
$$\times \left(1-\frac{1}{1+\exp(-a(5.2-b))}\right) \times \left(1-\frac{1}{1+\exp(-a(6.2-b))}\right) \times \cdots$$
$$(1.2')$$

という確率で起こる現象が実際に起こったのである．見てわかるとおり，(1.2')

---

[18] 開花する・しないは，よく確率の教科書の解説で登場する，コインを投げて表か裏か，と数学として同じである．違いは，する・しないの確率が直径に依存して変化する点である．

[19] 数学では，「互いに独立な 2 つの現象が同時に起こる確率はそれぞれが起こる確率の積である」と表現する．**独立な** (independent) という概念の数学としての定義は 7.5 節で触れるとし，当面は「互いに影響を与え合うことのなさそうな現象なら，両者が同時に起こる確率はそれぞれの確率の積になる」くらいの理解で差し支えない．

という確率は，パラメータ a と b に依存する．a と b の値によって，高くもなれば低くもなろう．でも，実際に起こった現象なのだから，その値は高かったはずで，(1.2′) を高くする (a, b) を用いた $f(x; a, b) = 1/\{1+\exp(-a(x-b))\}$ というモデルのほうが，図 1.1 のようなデータを作りやすいに違いない．

そう思って，試しに (1.2′) をいろいろな (a, b) の値について計算してみる．図 1.3 で比較的正しそうな太線の $(a, b) = (0.3, 15)$ についてパソコンの中にある計算ソフトで計算してみると，9.6×10^{-12} という恐ろしく小さい数値が出る．こんな小さな確率しか持たない現象など現実に起こりっこない，と思ってしまうが，よく考えてみると，数値が小さいのは当然と言えば当然で，$f(x; a, b)$ はすべて確率だから 0 より大きく 1 より小さい．そんな数を 115 個もかけたら，その値は小さくなって当然である[20]．100 本以上同時に開花・非開花の起こる確率だから小さいのであって，ひとつひとつの木については高いのかもしれない．

値が小さすぎて違いがわかりにくいときは，対数を取ると便利である．対数[21] を取ると掛け算は足し算になり，小さい値でも（マイナスが付くが）見やすい値になる．それで，式 (1.2) の対数を取った[22]，

$$\ln\left(\frac{1}{1+\exp(-a(x_1-b))}\right) + \ln\left(\frac{1}{1+\exp(-a(x_2-b))}\right) + \cdots +$$
$$\ln\left(\frac{1}{1+\exp(-a(x_M-b))}\right) + \cdots + \ln\left(1 - \frac{1}{1+\exp(-a(x_{M+1}-b))}\right)$$
$$+ \ln\left(1 - \frac{1}{1+\exp(-a(x_{M+2}-b))}\right) + \cdots + \ln\left(1 - \frac{1}{1+\exp(-a(x_n-b))}\right)$$
$$= \sum_{i=1}^{M} \ln\left(\frac{1}{1+\exp(-a(x_i-b))}\right) + \sum_{j=M+1}^{n} \ln\left(1 - \frac{1}{1+\exp(-a(x_j-b))}\right)$$
(1.3)

に図 1.1 のデータを代入したものを考えることにする．式 (1.3) の値を，図 1.5 の太線，点線，細線の (a, b) の値の場合に計算すると，それぞれ -25.37, -35.96, -26.55 となった．$(a, b) = (0.3, 15)$ という，図 1.3 で見て最もよく合っているように見えたときに，確かに式 (1.3) の値は一番大きく[23]なっている．

もう少し高い値を出す (a, b) はないものだろうか．試しに $(a, b) = (0.4, 15)$ を計算すると，-23.78 へ上がった．$(a, b) = (0.35, 14)$ にすると -24.83 に下がった．こんな試行を手でやっていると，博打のような楽しさを感じる．でもそれは最初の 2～3 回だけで，ほどなく飽きてくる．このような計算こ

---

[20] 0.9 も 100 乗したら 0.00003 より小さい数になってしまう．

[21] 対数には，底を 10 とする常用対数と，底を $e = 2.7182\cdots$ とする自然対数がある．数学書では自然対数しか用いない場合がほとんどなので，自然対数を log で表す．本書でも自然対数しか用いないが，数学系以外の人の便宜を図り，ln で表すことにする．

[22] 高校時代に教わった，
$\log(ab) = \log a + \log b$,
$\log(a/b) = \log a - \log b$,
$e^{\log a} = a$,
$\log a^b = b \log a$
の 4 つの対数公式は思い出しておくこと．

[23] すべてマイナスの数値なので，絶対値の小さいほうが大きい．

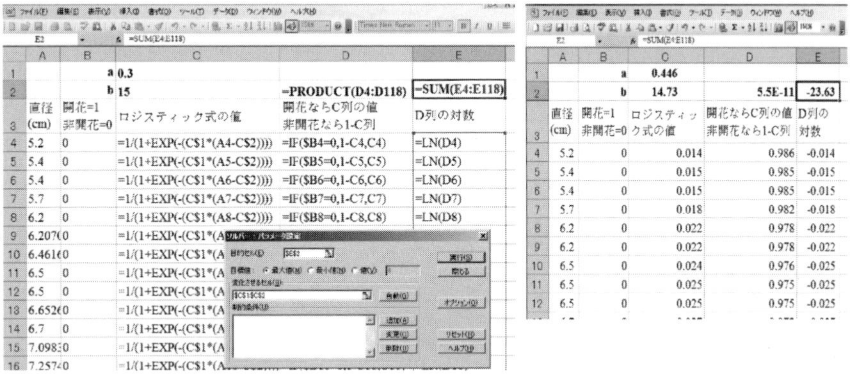

図 1.6 カクレミノの開花データに対する，ロジスティック式 (1.1) を用いたモデルの式 (1.3) の値を最大にする計算を実行する Excel シートの例．左は，数式の入力を終え，[ツール] から [ソルバー] をクリックし，[目的セル] に最大にしたいセル E2，[変化させるセル] にパラメータの入っている C1 と C2 を入力したところ．[実行] をクリックして得た結果が右．なお，Excel は，通常は右のように入力した数式の計算結果が表示される．[ツール] の [オプション] の [表示] の中にある [数式] にチェックを入れて [OK] をクリックすると，左のように入力した数式を表示させられる．なお C-E 列の 5 行目から下は，4 行目の式をコピーしてデータが入力されている 118 行目まで貼り付けて作成した．

そ，パソコンにやらせればよい．流通している数学や統計のソフトの大半が，maximize などのコマンドをタイプするだけで，ある値を最大にする値を探す機能を持っている．表計算ソフト Execl（エクセル，Microsoft 社）でも，「ソルバー」[24] というツールで計算することができる．具体的な計算シートの例を図 1.6 に挙げておく[25]．

さて，図 1.6 左のような数式を入力し，ソルバーで計算させると $(a, b) = (0.45, 14.73)$ のときに式 (1.3) の値は -23.63 と最大になり，このときのグラフは図 1.7 のように，確かに見た目にもよく合致している[26]．

ところで，$(a, b) = (0.45, 14.73)$ のとき式 (1.2′) は最大になると言っても，その値は図 1.6 に見られるように 5.5×10^{-11} という小さなもので，最初の 9.6×10^{-12} と比べて小ささという点で大差ないように思えるし，5 倍以上の開きのある大きな差にも思える．しかし，開花する確率のグラフの形はけっこう違っており，見た目にも (1.2′) の値が 5.5×10^{-11} のときのグラフ（図 1.7）のほうが 9.6×10^{-12} のときのグラフ（図 1.5 の太線）より観察された開花率に近いように見える．値が小さいのは，1 より小さな数値をデータの数だけ（100 個以上も）かけ合わせたためであり，(a, b) の値を調整して得

[24] 一般に，「アドイン」という操作を施さないとソルバーは使えない設定になっているようである．

[25] Excel という表計算ソフトの使用を推奨しているわけではない．ある函数の値を最大または最小にする数値の計算機能が入っているソフトならどれでもよいから，式 (1.3) を最大にする計算を実行できる程度にマスターしておきたい．

[26] 今度は 2.5 cm 区間ごとの開花率を，棒グラフでなく水平線にして入れてみた．図 1.5 と比べてどっちが見やすいだろう？

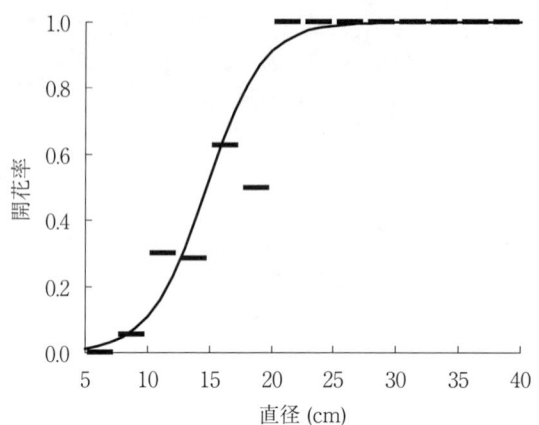

図 1.7 式 (1.1) で定められる開花する確率の，パラメータが最尤推定値のときのグラフ．2.5 cm ごとの直径クラスに分けた場合の観察された開花率を，クラス幅 2.5 cm の長さの水平線で示してある．

9.6×10^{-12} から 5.5×10^{-11} への上昇は，グラフで見ると，ずいぶんと実際のデータに近い曲線に近づいた大きな進歩に思える．

　直径に依存して変化する開花率という現象を式 (1.1) で表したように，ある現象を何らかの数式で表現することを，「モデルを作る」という．本書で扱うモデルでは，数式の中に (1.1) のようにパラメータが含まれ，また，確率という数学を入れることによって，ある現象を観察するかもしれないし，しないかもしれない，といった不確実さを，数学の言葉で表現している．そうしたモデルに対し，式 (1.2) のように，モデルの式にパラメータは未知のままデータの数値を代入したものは各パラメータのときにそのデータが得られる確率となっているが，これを**尤度**（ゆうど）(likelihood)[27] という．

　この「データが得られる確率」という表現に，違和感を感じるだろうか[28]．本来，確率という言葉は「花が咲く確率は 0.4」のように用い，その場合，10 本のうち 4 本咲く場合が最も多いが，2 本しか咲かないかもしれないし 10 本とも咲くかもしれない．「そのデータが得られる確率が 0.4」なら，10 回のうち平均すると 4 回そのデータが得られるはずであるが，データは既に（図 1.1 のように）与えられており，それが得られる確率を考えるというのも変な話である．だから，(1.2′) は元々開花する確率を表す式にデータの数値を代入したものだが，それはもはや確率という数学の概念には属さない．それを尤度という新たな概念とするのである．

　式 (1.2′) のように，データは決められた数値として 1 セット与えられる[29]

[27) このような表現では数学として不完全である．数学としての定義は，文献 [0–4] や [0–5] を参照．本書では，4 章でもういちど統計モデルにおける尤度の意味を述べる．

28) "違和感を感じてほしい" が本音である．

29) AIC の数理を扱う 4 章でデータを一つに固定しない場合が出てくるが，その他のフィールドデータを扱っている場面では，データは 1 セットに決まっている．

のに対し，パラメータはモデルを作る段階では未知の状態で与えられ，パラメータの値によって尤度の値は変化する．つまり，尤度はパラメータの函数になっている．それで，決まったデータが 1 セット与えられている状況では，尤度をパラメータの函数とみなして，**尤度函数** (likelihood function) と呼ぶ．そして，likelihood の頭文字の L を用いて

$$L(a,b) = \prod_{i=1}^{M} \frac{1}{1+\exp(-a(x_i-b))} \cdot \prod_{j=M+1}^{n} \left(1 - \frac{1}{1+\exp(-a(x_j-b))}\right) \tag{1.4}$$

というような記法で表すことにする．

実際に大小比較を行ったのはその対数を取ったもので，これは**対数尤度** (log-likelihood) と呼ばれる．尤度同様，対数尤度もパラメータの函数とみなせる．これを，**対数尤度函数** (log-likelihood function) という．本書では，対数尤度函数は小文字の l を使って

$$l(a,b) = \sum_{i=1}^{M} \ln\left(\frac{1}{1+\exp(-a(x_i-b))}\right) + \sum_{j=M+1}^{n} \ln\left(1 - \frac{1}{1+\exp(-a(x_j-b))}\right) \tag{1.5}$$

のように表すことにする．

対数尤度函数を最大にするようなパラメータのとき，そのモデルはそのデータを生み出す可能性が最も高いという意味で，"一番良い"と考えられる．対数尤度を最大とするパラメータを求める作業を，最も尤も（もっとももっとも）らしいパラメータ値を求めるので，**最尤法**（さいゆうほう）(maximum likelihood method) という．最大化された対数尤度の値を，**最大対数尤度** (maximum log-likelihood)，そのときのパラメータの値を**最尤推定値** (maximum likelihood estimate) という．

パラメータは，モデルを作る段階では未知だったものが，最尤法を（パソコンや手計算で）実行すると，最尤推定値に定まる．両者を区別したいとき，最尤推定されて 1 つに定まったパラメータを，$\hat{a}$, $\hat{b}$ のように ∧（ハット記号）を付けて使い分けることにする．

1.6 花が咲く大きさに最尤推定値で答える

最尤法で得た最尤推定値 $\hat{b} = 14.73$ は，開花する確率が 50%を超す瞬間だから，この大きさを超すと開花している個体のほうが多くなる場合が多いと

いう意味で,「どのくらい大きくなると花が咲くか」に対する回答としてふさわしい数値である[30]. また, a の最尤推定値 $\hat{a}$ も考慮すれば, どのくらいの幅で開花しやすさが上昇するかも表現できる. 同じ2つの数値を用いていても, 1.3節で考えた「開花個体の平均値と非開花個体の平均値」と比べ, モデルの中の2つのパラメータの最尤推定値のほうが, はるかに豊かな情報を含んでいる.

さらに, ロジスティック式 (1.1) を用いたモデルは, 例えば,「おそらく花が咲く」大きさとして95%以上の確率で花が咲く直径なら, $0.95 \leq 1/\{1+\exp(-0.45(x-14.73))\}$ を解いて21.3 cm以上を得ることができる. 逆に, 10%以下の確率でしか花が咲かない大きさなら $0.1 \geq 1/\{1+\exp(-0.45(x-14.73))\}$ を解いて9.8 cm以下を得る.

このように, データの有する特徴を少数の数値で代表させたいとき, 平均や分散などデータから直接計算される数値より, その現象(データ)を生成する過程を表現するモデルを作り, その中の未知パラメータの値を最尤法で決め, 最尤推定値で答えるほうがうまくいく場合が圧倒的に多い[31]. 本書ではこれを,「モデルによる現象やデータの定量的評価」と呼ぶ.

1.7　花が咲く大きさから見える種の多様性

ロジスティック式 (1.1) を用いた開花率のモデルは, カクレミノに限らず, どんな種のデータにも適用できる. 同じ対馬の森で, ヤブツバキという樹木についても同じような開花調査を行っていた[32]ので, そのデータからロジスティック式 (1.1) のモデルの最尤法を実行すると, 最尤推定値は $(\hat{a}, \hat{b}) = (0.33, 12.54)$, そのときの最大対数尤度は -107.1 となった.

b というパラメータの最尤推定値は, カクレミノの 14.7 cm より若干小さく 12.5 cm である. そして, 小さい直径で開花する確率はカクレミノより高いが, 確率がほぼ1になる大きさはカクレミノと同じくらいの大きさである(図 1.8(a)). つまり,「どのくらい大きくなると花が咲くか」がより不明瞭なのだが, それが $\hat{a} = 0.33$ という, カクレミノの $\hat{a} = 0.45$ より小さいパラメータの値で表現されている. つまり, カクレミノは, ある直径まではどの個体も花を付けず, ある直径を超すと大半の個体が花を咲かす. 一方, ヤブツバキは個体ごとの違いが大きく, 非開花と開花の境となる直径がはっきりしない.

このように, 野外調査とモデリングを多様な種について実践すると, 樹木

[30] 1.3節で, この問いに1個の数値で答えることに無理があると述べたばかりだが, あえて1個の数値で答えたいなら, ロジスティック式を用いたモデルの最尤推定値が適している, ということである.

[31] よく知られている平均と分散の式は, 実は正規分布モデルというモデルの最尤推定値になっているので(3.4節で示す), この対比は必ずしも適切ではない.

[32] 4 ha の調査地の直径5 cm以上のヤブツバキは数が多く, すべてについて確認するのは無理だったので, 半分くらいの面積での234本.

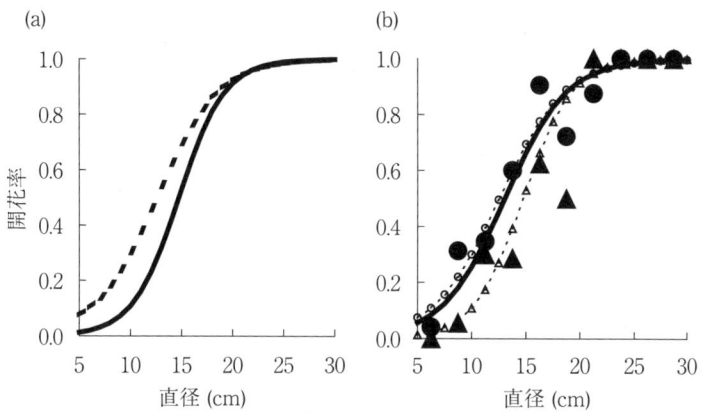

図 1.8 (a) カクレミノとヤブツバキについての，式 (1.1) で定められる開花する確率の，パラメータが最尤推定値のときのグラフ．(b) 太線はカクレミノとヤブツバキひとをまとめにしたモデルの最尤推定値のときのグラフ．—△—と—○—は (a) にあるカクレミノとヤブツバキの開花する確率のグラフ．▲と●は，カクレミノとヤブツバキの 2.5cm の直径クラスごとに観察された開花率．

の種特性の多様さを，現場と数理の両面から発見していけるのである．

1.8 花が咲く大きさは種によって異なっているか

ところで，図 1.8a を見ていると，カクレミノとヤブツバキの開花パターンは，それほど違わないようにも思える．この程度の違いなら，2 本の真ん中を走るような曲線でひとまとめにしてもよいのではないだろうか．そこで，2 つのデータをひとまとめにした $115 + 234 = 349$ 本のデータに対してロジスティック式 (1.1) のモデルを適用し，最尤法を実行したところ[33]，$(\hat{a}, \hat{b}) = (0.35, 13.05)$ のとき最大値 -134.2 となった．このときの開花する確率のグラフを描いてみると，確かに両者の真ん中に位置し，それなりによく適合している（図 1.8(b)）．しかし，よく見ると，グラフはヤブツバキの側に寄っていて[34]，カクレミノについては図 1.7 よりかなり劣っているようにも見える．ひとまとめにして，1 本のグラフで[35] 2 つの樹木種の直径に依存して変化する開花率という現象を表現するのと，別々の曲線を用いる[36]のと，どちらが"良い"モデルなのだろう．

最大対数尤度の値を比べてみる．ひとまとめのものは -134.2 だった．別々にするモデルの尤度は，独立な 2 つの現象が起こる確率は両者の確率の積だ

[33] この計算のための Excel シートの例は図 1.9(a) にある．計算法と合わせてすぐ下で解説を加える．

[34] ヤブツバキのほうがデータ数の多いことが 1 つの原因である．ロジスティックモデルでは 1 本 1 本をすべて対等に扱うため，2 つのデータを混ぜると，データ数の多いほうをより強く反映する結果をもたらす．これは厄介な問題で，残念ながら本書ではその打開策を提示しない．

[35] パラメータは a と b の 2 つ．

[36] パラメータは，カクレミノの (a, b) とヤブツバキの (a, b) の，全部で 4 つになる．

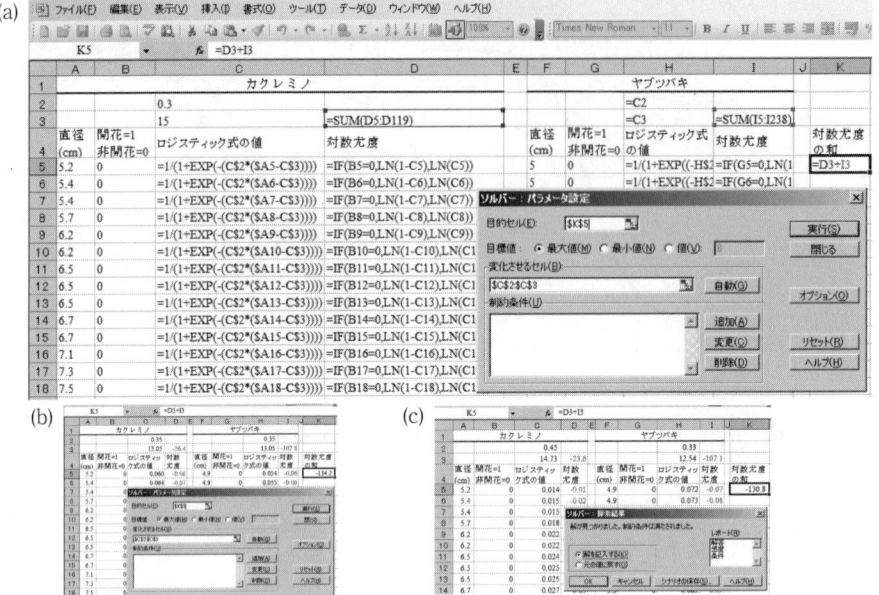

図 1.9 (a) カクレミノとヤブツバキの開花率モデルを共通にしたときから始めて，次に別々にする最尤法を実行する Excel シートの例．(a) では，ヤブツバキのパラメータの入るセル H2 と H3 が，カクレミノのパラメータの入る C2 と C3 にそれぞれ等しいという縛りを入れた状態で，C2 と C3 を動かして対数尤度の和（セル K5）を最大にする値を計算する．この操作により，2 つの樹木種の開花する確率が共通であるモデルの最尤推定値を得る．(a) で得た数値が入った状態で，今度は (b) のようにカクレミノとヤブツバキのパラメータ（セル C2，C3 と H2，H3）を別々に自由に動かしてセル K5 を最大にすると，(c) のように別々にしたモデルの最尤法の結果が得られる．

から，尤度もカクレミノのモデルの尤度とヤブツバキのほうの尤度の積になる．対数尤度ならそれぞれの対数尤度の和になる．それぞれの最大対数尤度の和を求めると $-23.6 - 107.1 = -130.8$ となっており，ひとまとめの -134.2 より高い．したがって，別々のほうがよく当てはまっているという事になる．

しかし，最大対数尤度の値だけを規準にして別々のほうを「良いモデル」と言ったら，それは不公平である．この"不公平さ"は，図 1.9 のような作業をやると実感できる．まず，2 つのデータを並べ，そのパラメータが等しくなるような"縛り"を与えて，データをひとまとめにしたモデルの対数尤度が最大になる 2 つのパラメータの値を計算する（図 1.9(a)）．2 つのパラメータの最尤推定値が求まったら，その最尤推定値を初期値として，今度は先ほどの"縛り"を消して（図 1.9(b)）2 つのモデルの対数尤度の和を最大にする 4 つ

のパラメータを計算する．すると，4つのパラメータの計算を始める前の段階で，既にひとまとめのモデルのレベルの対数尤度を出せているわけで，絶対にそれ以上の対数尤度を得る保証があるし，より高い対数尤度の値も得られよう（図 1.9(c)）．このように，一方のモデルの特別な場合が他方のモデルになっている場合，2つのモデルは「包含関係にある」と呼ばれる．そうした場合，2つのモデルを最大対数尤度の大きさだけで評価することに，ある種の不公平を感じる．

この不公平さの原因は何だろう．ひとまとめにしたモデルは，2つのパラメータを動かして対数尤度を最大にした．一方，別々にするモデルでは，全部で4つのパラメータを動かしている．4個のパラメータを動かすほうが，手間を要し面倒くさい[37]．そんな複雑な作業を強いるモデルを用いるなら，それに値するほどのご利益がもたらされないと気が済まない．ご利益がわずかなら，2つのパラメータで済む単純なモデルで十分ではないかと思うのは人間として自然である．

さらに，もし種の違いを考慮しないひとまとめのモデルで十分なら，カクレミノとヤブツバキの直径に依存して変化する開花率は共通で，種による多様性はないという生物学的な知見が得られる．

1.5 節で見たように，最大対数尤度の上昇で複雑なモデルを適用したご利益の程度を測るのは妥当であろう．

一方，パラメータを増やすと数式が長くなり計算の手間も増えるので，パラメータ数という整数値は，モデルの複雑さの尺度になると思える．

それでは，パラメータを1個増やしたとき，どのくらい最大対数尤度が上昇していたら，複雑にした分に見合うご利益に値するだろうか．1%の上昇なら十分だろうか．10%を超す上昇が必要だろうか．それとも，値が1増えるとか10増えるとかいった規準で測るべきなのだろうか．

1.9 赤池情報量規準 (AIC)

赤池情報量規準（Akaike Information Criterion，略して AIC）[38] は，この問題に対し「パラメータ1個の増加は，対数尤度1の増加に対応する」と主張し，(最大対数尤度) − (パラメータ数) でモデルを評価する．言い換えると，モデルの複雑さであるパラメータ数を罰則として対数尤度から減じるのである[39]．慣習的に全体を -2 倍して

[37] いまのパソコンだと図 1.9 の計算は一瞬で終わらせてしまうので，パラメータが4つある鬱陶しさを感じられないかもしれない．データが1万個くらいになると，ソルバーはパラメータの数が多くなるとみるみる遅くなり，パソコンが "苦労" している様子が伺える．

[38] AIC が初めて提唱されたのは文献 [1-1].

[39] すぐ後の 1.12 節で，パラメータ数は単なる罰則ではなく，その数学的根拠の大まかな説明を述べる．さらに後の 4 章で，数学としては不完全だが最低限知っておきたい AIC の数学的根拠の解説をする．

$$\text{AIC} = -2 \times (\text{最大対数尤度}) + 2 \times (\text{パラメータの数}) \quad (1.6)$$

と定義する．マイナス 2 倍したので，この値の小さいほうが適切なモデルと評価する．

いまの例では，別々にしたモデルの場合の AIC は，

$$-2 \times (-130.8) + 2 \times 4 = 269.5,$$

ひとまとめにすると

$$-2 \times (-134.2) + 2 \times 2 = 272.5$$

なので，別々にするほうが AIC の値は小さい．したがって，開花する確率を別々にするモデルのほうが良いと評価し，以降の考察はカクレミノとヤブツバキで異なるモデルを選択して行う．このように，統計学的な根拠を有する規準によって "良い" と評価されたモデルを選ぶことを，**モデル選択** (model selection) という．

AIC によりモデルを評価することで，現象に対する知見が得られる．ここでは，カクレミノとヤブツバキの開花する確率は別なパラメータ値のモデルで表現するほうが良いと評価されたので，2 つの樹木種の直径に依存する開花パターンは異なっているという知見が得られたことになる[40]．

[40] 種による特性は生物多様性の重要な側面であり，それがデータとモデルから示されたのである．

1.10 開花率の直径依存性も AIC で確認する

図 1.8 を見ればほぼ明らかだが，カクレミノやヤブツバキの開花は，確かに直径に依存することも AIC で確かめられる．「開花は直径に依らず一定の確率 p である $(0 < p < 1)$」というモデル[41]を考え，最も良いパラメータを最尤法で求め，AIC 値を比べるのである．

[41] この場合は，コインの裏表という事例と同値になる．

開花が直径に依らず一定であるモデルは，$f(x;p) = p$ というパラメータが 1 つしかないモデルである．(1.5) で $1/\{1+\exp(-a(x_i-b))\}$ の代わりに p を代入することにより，対数尤度関数は

$$l(p) = \ln(p) + \cdots + \ln(p) + \ln(1-p) + \cdots + \ln(1-p) \quad (1.7)$$

となる[42]．これを最大にする p をパソコンのソフトで計算すると，カクレミノの最尤推定値は $\hat{p} = 0.60$，最大対数尤度は -77.4，したがって AIC は

[42] 後の 1.13 節と 1.14 節も参照．

$$-2 \times (-77.4) + 2 \times 1 = 156.8$$

となる．これは，ロジスティック式 (1.1) を使ったときの AIC 値

$$-2 \times (-23.6) + 2 \times 2 = 51.3$$

より大きい．

ヤブツバキで同じ計算をすると，$\hat{p} = 0.48$，最大対数尤度は -162.0 となったので，AIC は

$$-2 \times (-162.0) + 2 \times 1 = 326.0$$

となり，やはりロジスティック式を使ったときの

$$-2 \times (-107.1) + 2 \times 2 = 218.3$$

より大きい．したがって開花率は直径に依存すると考えるほうが適切であることを確かめられた．

1.11 開花率の環境依存性

実際の森を思い起こすと，同じ直径でも，ある樹木は，その上部が森の一番上に達していて太陽の光をさんさんと浴びているが，ある樹木は隣に巨木がいてその日陰になっていたりする．植物にとって光は大切な資源で，光合成によってエネルギーを蓄える．花を咲かすには植物はそれ相応のコストを必要とするが，日陰の木は光合成で生産するエネルギーが不足しがちであるために花を咲かせにくい．そう考えると，同じ環境の下で，開花の直径に対する依存性を吟味してみたくなる．

そこで，ヤブツバキについて，それぞれの木をその置かれた環境により，(1) ひなた，(2) 日陰，(3) はっきりしない（少し離れた所にある巨木の日陰になっているが一部は直射日光下にある，など）の 3 つに分け[43]，別々にロジスティック式 (1.1) を用いるモデルを当てはめ，最尤法を実行した．最尤推定値 $\hat{b}$ は，それぞれ 11.5, 12.9, 12.6 となり，はっきりしない中間の環境は，文字通り中間の値となった（図 1.10）．最大対数尤度は，$-15.1, -55.2, -34.9$ だった．

この場合，3 つに分けたのでパラメータ数が 6 のモデルとなる．AIC は分けないときが 218.3 だったが，分けたときは

[43] ここでは，現場で木をつぶさに眺めて恣意的に 3 つに分類したデータを用いている．近くの何メートル以内に大きな木があるか否かとか，正確に光環境を測定するなど，より科学的なデータを取るほうが，当然のことながら望ましい．

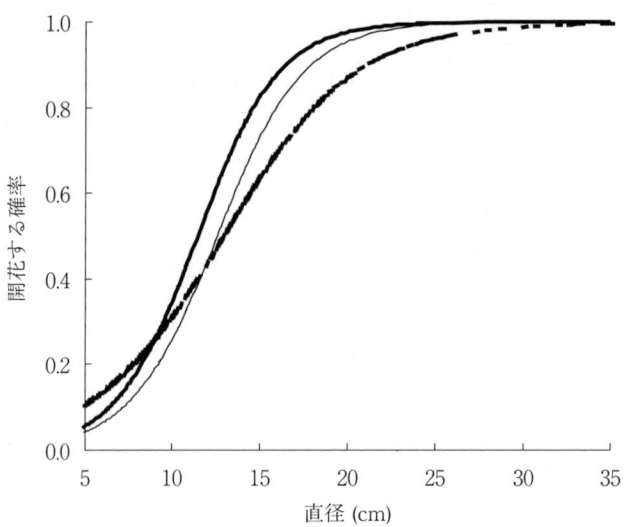

図 **1.10** ヤブツバキの開花データを，ひなた（太線），日蔭（点線），はっきりしない（細線）で分けて，別々に最尤法を実行して得られた開花する確率のグラフ．

$$-2 \times (-15.1 - 55.2 - 34.9) + 2 \times 6 = 222.5$$

なので，AIC を規準にモデルを評価すると，前者のほうが優れている．こうして，開花率はこうした環境に依存するとは言えないということになった．

これは，森を歩いているときの印象に反している．ひなたのヤブツバキは一面に花を付けているが，そんなヤブツバキは日蔭には見られない．しかしながら，日蔭のヤブツバキも，よく見ると1個だけ緑の葉の上にひっそりと赤い花を咲かせていたりする．1個でもいいから花が咲いたか咲かなかったかで見ると，光環境による違いは案外と小さいようである[44]．

概して直径の大きい個体は高さも高く，森の中で上部に位置している．つまり，森の中の樹木の直径というデータには，既にその木が置かれている環境条件も反映されている．したがって，式 (1.1) という開花率のモデルは，単なる大きさ依存性でなく，置かれた環境も考慮した統合的指標と解釈することもできる[45]．

[44] おそらく，花の数まで考慮すれば環境による違いをデータで立証できるのだろう．また，2章で見るように，データが増えると，AIC によるモデル評価は，違ってくる．もっとたくさんのヤブツバキの開花調査をすると，環境依存性が見えてくるのかもしれない．

[45] 本章で取り上げた対馬・龍良山の調査地における著者の研究は，2001年に，この調査地の設置から継続調査まで尽力されてきた山本進一氏から，「このデータをもっともっと有効に活用していきたい」と共同研究の誘いを受けたことから始まった．本章の開花調査は，真鍋徹氏，相川真一氏らと行い，論文 [1-4] で本章の結果も用いた成果を公表した．対馬の調査では，民宿立花にお世話になり，毎回，調査の便宜を図っていただいた．

1.12 最大対数尤度からパラメータ数を引く不思議

　AICの定義式 (1.4) は，最大対数尤度という実数から，パラメータ数という整数を引いている．パラメータ数をモデルの複雑さの尺度に用い，それをそのモデルの下でデータが得られる確率の対数から罰則として引く．この意味では納得できる形になっている．しかし，データが得られる確率の対数という実数と，パラメータ数という整数が，どうして1対1に対応するのだろう．パラメータ数の2倍を引いたらダメなのだろうか．0.5倍や，パラメータ数の対数とかを引いたのではダメなのだろうか．

　これについて解説するのが4章であるが，この疑問を解消することは，AICとそれによるモデル評価という統計学の基盤をなす4つのアイデアを学ぶことに直結する．

　まず，我々が手にしているデータは，何らかの数学の言葉で表現できる自然のメカニズムに基づいて派生していると考え，そのメカニズムを「真のモデル」[46]と呼ぶ．真のモデルと，自分が作った（正しくないことが普通）モデルの"ずれ"をある数式（4章の式 (4.3)）で測る．その量は真のモデルがわからない限り知りようもないが，考えたモデルの中でどっちがより近いか，つまり相対的な評価なら真実を知らなくても可能で，対数尤度がその近似になっている（アイデア①）．だから，数式を決めて作ったモデルの中では，尤度が最大となるパラメータのときが，最も真のモデルに近いという意味で最も良い[47]．そこで数式の異なるモデルは，それぞれが最も真のモデルに近づく最尤推定値のときの最大対数尤度で比べるのが妥当である．

　しかし，最大対数尤度はあくまで近似でしかなく，誤差が伴う．統計では，しばしばデータを増やすことで誤差を小さくする事ができ[48]，そうした場合，問題はあまりない．ところが，最大対数尤度で真のモデルとの相対的な近さを測ると，この誤差にはある種の偏りがあり（アイデア②），データの数を増やしても0に収束してくれない．

　それでもアイデア①をあきらめず，誤差の偏り具合を近似しながら計算していくと，それがパラメータ数で近似してよい（アイデア③）という結果が得られる．したがって，モデルの相対評価は，近似的には最大対数尤度からパラメータ数を引くという容易に計算できる数値で可能である．そこで，この簡便な規準を第1歩として，モデルの相対評価という統計手法を開発していってはどうか（アイデア④）．

[46] モデルというと人間が作った単純化された原理という印象を伴うので，「真のモデル」という言葉は妙な響きを伴うが，ご容赦ねがいたい．

[47] 最尤法を，「データが得られる確率が e^{-25} のモデルより e^{-23} のほうが良い」と考えると納得しにくい面があるが，「対数尤度が−25のものより−23のモデルのほうが真のモデルに相対的に近い」と考えれば理にかなっていると納得できる．ではなぜ尤度の対数が真のモデルとの近さになっているのか．これを理解するのが 4.3〜4.4 節である．

[48] 数学的には，「誤差が0に収束する事を証明できる」の意．

厳密な証明には数理統計学の知識が必要で，数学専攻の者でも決して理解は容易でない．たいていの AIC の利用者は，対数尤度にモデルを複雑にした罰則としてパラメータ数を減じる，といった解釈で納得して用いている．しかし，それでは，AIC の提唱に始まる統計学の根幹をなすアイデアを知らず，表面的な手続きの利便性だけを借りていることになってしまう．直観的理解を含めてもかまわないから，自分なりの理解を確立してほしい．

実際のところ，4 つのアイデアのうち，ややこしい数式を要するのは，罰則として引くべき数量が近似的にパラメータ数でよいという ③ だけである．4 章では，パソコンを用いたシミュレーションなどにより本当にパラメータ数で近似できることを体験するなど，直観的理解を伴う解説を試みる．

1.13　確率変数と確率分布

1.10 節の「直径によって開花する確率が変わらない」というモデルの，パソコンで計算した最尤推定値は 0.60 だった．ところで，このデータには全部で 115 本のカクレミノがあり，その中の 69 本が開花していた．開花していた割合 69/115 を計算すると，ちょうど 0.6[49] になっている．これは単なる偶然だろうか．また，1.4 節で言及したように，我々はしばしば観察された割合 69/115 を確率と言ったりする．こうした言葉の使い方は是正すべきなのだろうか．

「開花個体と非開花個体が混ざっているカクレミノの集団」は，「赤玉と白玉の混ざった袋」と同じ状況にある．つまり，上の状況は，「袋から 115 個の玉を選んだらそのうちの 69 個が赤玉だった」と同じ状況である．これは，以下のような一般の数学の問題に還元される．

割合 p で赤玉が混じっている袋からランダムに[50] n 個の玉を取ったときの赤玉の数を X とする．X が 0 以上のある整数 x になっている確率は，以下のようにして表すことができる．ランダムに選んだ 1 個が赤である確率は p，白である確率は $1-p$ だから，赤玉を x 個選ぶ確率は p^x，残りの $n-x$ が白玉である確率は $(1-p)^{n-x}$ である．したがって，赤玉が x 個である確率はこれらをかけた $p^x(1-p)^{n-x}$ に思えるが，これは取り出した n 個の最初の x 個がすべて赤で，後の $n-x$ が白玉である確率である．n 個を取り出す順序は自由なので，その場合の数 ${}_nC_x$ をかけた ${}_nC_x p^x(1-p)^{n-x}$ が求める確率となる．

袋からランダムに n 個選んだときの赤玉の数 X のように，その値が事前

[49] 通常，こうした割合は循環小数やキリの悪い小数になるものだが，このデータは，115 を 69 で割ったらピッタリ 0.6 になった．これは"単なる偶然"である．

[50] 日本語では「でたらめに」などの表現をする．では，実際のところ袋からどのように玉を選んだらランダムに (randomly) 選んだとみなせるのかというと，残念ながら，本書の中では数学としての解答は提示できない．「何も考えずにでたらめに」くらいの感覚で読み流してほしい．

にわかっているのでなく，その値をとる確率が与えられている変数を**確率変数** (random variable) といい[51]，一般に大文字 X を用いて表す．これが具体的に実現したときの値（実現値，本書では「観察値」という言葉も同じ意味で用いる）は，対応する小文字 x で表す．確率変数 X が x となる確率を $P(X = x)$ と表す．

確率変数が取る数値が自然数など離散的な場合，**離散型確率変数** (discrete random variable) という．確率変数 X が取りうる値を $x_i (i = 1, 2, \ldots)$ としたとき，その確率を $p_i = P(X = x_i)$ とすると，$0 \leq p_i \leq 1$，$\sum_i p_i = 1$ を満たす．これを**離散型確率分布** (discrete probability distribution) という[52]．

袋からランダムに n 個選んだときの赤玉の数は離散型確率変数になっており，その確率分布は 2 項分布と呼ばれる．

［**2 項分布** (binomial distribution)］
$$P(X = x) = {}_nC_x p^x (1-p)^{n-x} \tag{1.8}$$

なお，1 個取り出したときにそれが赤なら $X = 1$，赤でないなら $X = 0$ という数値を対応させることにすると，赤か赤でないかという現象も，それぞれ確率 p と $1-p$ で起こる確率変数とみなすことができる．これは，ベルヌーイ分布と呼ばれる確率分布の 1 つの例である．

［**ベルヌーイ分布** (Bernoulli distribution)］
$$\begin{cases} P(X = 1) = p \\ P(X = 0) = 1 - p \end{cases} \tag{1.9}$$

ある現象の観察値（データ）について，それらを確率変数とみなし，そうした値が観察される確率を確率分布を含む数式で表現したものを**統計モデル** (statistical model)[53] という．実際のデータに統計モデルを構築して現象を考えることを，動詞形にして統計モデリングといい，データにモデルを「適用する」とか「当てはめる」という．

ちなみに，先の開花についてのモデルは，開花を 1，非開花を 0 という確率変数 X を考え，それらが直径 x に応じて
$$\begin{cases} P(X = 1) = \dfrac{1}{1 + \exp(-a(x-b))} \\ P(X = 0) = 1 - \dfrac{1}{1 + \exp(-a(x-b))} \end{cases}$$

[51] 唐突に数学用語が出てきた．別にこうした用語を用いなくても特に困らないように思うかもしれない．しかし，モデルを用いて現象を考える際，自分が導いた尤度の式は正しいのか．それ以前に，そもそも自分の考えている数式は本当にモデルになっているのか．こうした疑問を解決するには，モデルというものが数学としてどう定義されるかを正しく知っておくステップは避けられない．

[52] 本書では 2.4 節で出てくる連続型確率分布も含めて，単に確率分布と書く場面が多い．

[53] 本書で単に「モデル」と書かれた場合，それは統計モデルを指す．なお，2.10 節や 4 章末のコラムで「数理モデル」という言葉も登場するが，本書を含むシリーズ名「進化する統計数理」からも伺えるように，統計と数理は一体となっているものである．

というベルヌーイ分布に従う，という統計モデルだったのである．このとき，0と1からなる開花・非開花データは，ベルヌーイ分布に従う確率変数の実現値の集合とみなされている．

1.10節の開花する確率を一定値pとするモデルは，n本の木の中の開花する本数が確率変数で，x本開花する確率が2項分布 (1.8) という確率分布で与えられる．これは，**2項分布モデル** (binomial distribution model) と呼ばれる．

1.14　2項分布モデルと最尤法

1.13節冒頭の問題に戻る．概して，115個のうち69個が開花していたら，我々は開花する確率を $69/115 = 0.6$ と計算する．これを先に述べた統計モデルの考え方でいくとどうなるだろう．

開花する確率がpであるという2項分布モデルを考えるところから始める．115個のうち69個が開花というデータが得られる確率（尤度）は，2項分布であるから

$$_{115}C_{69}p^{69}(1-p)^{115-69}$$

である．いま，パラメータはpだけだから，尤度関数としての記法にすると

$$L(p) = {}_{115}C_{69}p^{69}(1-p)^{115-69} \tag{1.10}$$

となる．対数をとって，対数尤度関数は

$$l(p) = \ln {}_{115}C_{69} + 69\ln p + 46\ln(1-p) \tag{1.11}$$

となる．この関数の値を最大にするようなpを求めるには，高校の微積分でやったように，pの関数として微分した導関数が0となるpを求めればよい[54]．(1.11) をpで微分すると

$$\frac{dl(p)}{dp} = \frac{69}{p} - \frac{46}{1-p},$$

これを $=0$ とおいて $69/p = 46/(1-p)$，$69(1-p) = 46p$，と計算を進め，p の最尤推定値

$$\hat{p} = 69/115 = 0.6$$

が得られる．最尤法がもたらすpの最尤推定値は，奇しくも我々が一般に用

[54] このとき，定数項は微分すると消えるので，最尤法の計算では不要となる．そのため，最初から定数項を取った $l(p) = 69\ln p + 46\ln(1-p)$ を対数尤度関数とみなしてかまわない．そうすると 1.10 節にある式 (1.7) と同じものになる．

いている推定値と同じになった．

ともすれば我々は 115 本の中の 69 本が開花したから開花する確率は 69/115 だと言ってしまうが，開花する確率が 0.5 や 0.7 でもこうしたデータは得られる．だから，69/115 = 0.6 を確率と断定したら早計である．しかし，どんな確率だったら 69/115 というデータが得られやすいかというと，0.6 のときが最も得やすい．つまり，2 項分布モデルで最尤推定される値を，それが単一の答えであるかの如く我々は使っているのである[55]．

この結果は，以下のように一般の場合に成り立つ．

[55] 以上が 1.4 節および 1.13 節冒頭にある問いかけに対する回答である．我々は日常的に最尤推定をしながら生活しているのである．

[2 項分布モデルの最尤推定]

割合 p で赤玉が混じっている袋からランダムに n 個の玉を取り出したときの赤玉の数が x だったとき，割合 p の**最尤推定量** (maximum likelihood estimator)[56] は，観察された割合 x/n である．

$$\hat{p} = x/n \tag{1.12}$$

[56] 式 (1.12) のように，対数尤度を最大にする値を数式で表したときは「最尤推定量」という言葉を用い，具体的な数値のとき，「最尤推定値」という．

問 1.1 上にある 115 個の中の 69 個が開花の場合の最尤推定値が 69/115 になる計算と同じ道筋で，一般の 2 項分布モデルにおける尤度と対数尤度を p の関数の形で書き，その最尤推定量が，観察された割合 x/n であることを示しなさい．

パソコンが身近にある今日では，高校の微積分を使うより，関数 $L(p)$ や $l(p)$ のグラフをパソコンに描かせて最大となる p を求めてもよい．それはそれで微分により数学的に保証された最大値とは違った説得力を示す．自分の得意とするソフトで $L(p)$ や $l(p)$ のグラフを描いてみてほしい．

問 1.2 尤度関数 (1.10) と対数尤度関数 (1.11) のグラフをパソコンに描かせることで，本当に 69/115 = 0.6 のときにこれらの関数が最大になっていることを確認しなさい（解答では Excel シートの 1 例を紹介する）

1.15 結果が同じでも"面白い"と感じるか

「割り算で得られる確率は，2 項分布モデルで最尤推定される確率である」．こうした"発見"をしたときに，「最尤法という考え方は面白い」と感じる人と，「結果が同じなら何も新しい考え方などせず，単に 69/115 でいいではないか」と考える人に分かれる．いま，前者のように感じている人は，最尤法

を早々とマスターできることを保証する.

尤度と最尤法は,統計モデルにおける基本となる概念である.これを「大切だ」「便利で有効だ」「尤度が 5.5×10^{-11} となるパラメータのときのほうが 9.6×10^{-12} となるパラメータのときより,モデルはデータに近くなっている事に最初に気づいた人は偉い」等々と感じられると,より理解しようという動機になる.数学の学習では,計算の速さや,論理的に証明する力が問われがちだが,実際のところ,素朴な感じ方や感性のほうが大切な場合も多い.

これは最尤法に限ったことではなく,ちょっとした見方の違いに接したときに,必ず出会う分かれ目なのであろう.ちなみに,森で丹念に観察を続けていれば,カクレミノとヤブツバキの違いには自然に気づく.「データや統計モデルを使わなくても自分は観察だけで開花パターンの違いを知っていた」から統計モデルは不要と判断する人もいるだろう.でも同時に,観察で得た見解と同じものが統計モデルでも出てきたこともまた,それはそれで面白いと感じる人もいる[57].いまの自分の気分はどちらに傾いているか,ちょっと確かめてほしい[58].

問 1.3 赤と白と青の割合が p_1, p_2, p_3 のとき,ランダムに選んだ n 個のうち x_1 個が赤,x_2 個が白,$x_3 (= n - x_1 - x_2)$ が青である確率は

$$\frac{n!}{x_1! x_2! x_3!} \cdot p_1^{x_1} p_2^{x_2} p_3^{x_3} \tag{1.13}$$

と表される[59].

いま,赤白青の割合のわかっていない袋からランダムに選んだ n 個のうち x_1 個が赤,x_2 個が白,x_3 個が青だったとき,尤度式はどうなるか.パラメータはいくつあるか.割合 p_1, p_2, p_3 を最尤法で推定するとどう表されるか.

問 1.4 赤白青の割合のわかっていない袋からランダムに選んだ 100 個のうち 30 個が赤,20 個が白,40 個が青だったが,残り 10 個は赤か青か不明な玉だった(白でないことは断言できる).こんな不完全なデータしか得られなかったとき,赤白青の割合に推定にどう対処すればよいのだろう.一番安易なのは,不明だったデータを全部除外して (30/90, 20/90, 40/90) と推定することだが,10 個について白でないことはわかっているので,明らかにこの情報を無駄にしている.

こんな不完全なデータに対しても推定可能な点が,最尤法の 1 つの強みである.このデータに対する尤度式を書き,赤,白,青の割合を最尤法で推定しなさい.その結果は,不明な 10 個を除外した場合とどう違うか.

問 1.5 一般に,赤白青の割合のわかっていない袋からランダムに選んだ n 個のうち k_1 個が赤,k_2 個が白,k_3 個が青だったが,k_4 個は赤か青か不明な玉だった.こ

---

[57] 自然観察中心のナチュラリスト路線を否定しているわけでは全然ない.「統計モデリングという別な視点も持って複眼的に森を観察するという路線も面白い」というふうに,ナチュラリスト路線と異なる視点からの話も興味を持って聞くという路線である.なお,文章中の「も」を,「を」や「が」に置き換えると,ナチュラリスト路線を否定する路線となるので注意して読んでいただきたい.

[58] 多様な考え方を許容し,自分と異なる見方に理解を示す.今日,声高に叫ばれていることだが,実践は難しい.

[59] 一般に M 色の玉があり,色 $j (j = 1, \ldots, M)$ の玉の割合が p_j のとき ($\sum_j p_j = 1$),ランダムに選んだ n 個のうち色 j が x_j 個 ($\sum_j x_j = n$) である確率は

$$\frac{n!}{x_1! x_2! \cdots x_M!} \cdot p_1^{x_1} p_2^{x_2} \cdots p_M^{x_M}$$

となることが知られている.これを**多項分布** (multinomial distribution) という.

のデータに対する尤度式を書き，割合 p_1, p_2, p_3 を最尤法で推定しなさい．

問 1.6 赤白青の割合のわかっていない袋からランダムに選んだ 100 個のうち 45 個が赤，20 個が白，35 個が青だった．このとき，赤と青で割合は同じだったとするモデルの対数尤度関数を書き（パラメータはいくつ？），最尤法を実行して最尤推定値を求め，AIC の値を求めなさい．赤白青で割合が異なっているとするモデル（問 1.3 の多項分布モデル）のときの AIC 値も求め，大小を比較しなさい．2 つの結果から何が言えるか．

問 1.7 45 個が赤，25 個が白，30 個が青だった場合はどうか．

問 1.8 45 個が赤，10 個が白，30 個が青で，残り 15 個は赤か青か不明（白でない事は確か）だったときでは，赤と青で割合は同じだったとするモデルと異なるとするモデルのどちらの AIC 値が良いか（不明な情報があっても，最尤法を用いることで問 1.5〜1.6 のように情報を洩らさず活用する推定が可能となった．さらに，AIC を用いることで，赤と青の割合が同じかどうかの判定も可能となるのである）．

コラム 1

「ナチュラリストになりたかったんだよ」

写真 1A は，2006 年にインド洋亜南極圏のクロゼ諸島を訪れたときの本書の著者である．そのあまりにもナチュラリスト的風情に感銘を受けてシャッターを押した．しかし，本書の著者がこの写真から想像されるようなナチュラリストであると思ってもらっては困る．彼はこのとき何も発見していないし，そもそも見ている植物の種すらわかっていなかったのだ．

写真 1A 亜南極の孤島で一心不乱に小さな植物をみつめる本書の著者．この人は本当に植物が好きなのだと思ったのだが…

いわゆる"ナチュラリスト"とは，いったいどんな人だろう．森や海で出会う動物や植物を即座に同定し，その生態について怒涛のごとく蘊蓄を披露できる人だろうか．断じて違う．それはただの物知り博士だ．あるいは，動物をサッと捕まえ，短時間で各種測定をこなせる人かもしれない．しかし，本書の著者について言えば，そんなタイプでもない．地面の下に設けた巣穴で子育てする鳥を捕まえて下さいと頼んでも（写真 1B），「手を噛まれたあ」と叫んで手を引っ込めてしまう．仕方なく，野帳への記入係を任命することにした．

写真 1B　地面に掘られたトンネルの中に営巣するノドジロクロミズナギドリの捕獲のためにトンネルに手を入れている著者．楽しそうに作業をしてくれていたのだが… 左はフランスの共同研究者のギランさん．

　かくいう私は，データロガーという小型の記録計を動物にとりつけるバイオロギングという手法で，水中や空中など，人間が直接見られない所での動物の行動を調べている（本書 3 章および 8 章参照）．データロガーから得られるのは，深度や温度などの時系列データだ．日中と夜間で滞在深度が違うのではないか？ こんなことを確かめるため，10 羽のペンギンから得られた深度データをプールして昼と夜に分けて平均値を算出し，有意差があるかどうかを t 検定するなんてことをやってきた．その後，AIC をはじめ様々な統計モデルの言葉が論文に散見されるようになり，色々調べてみると，これまで間違ったことをいっぱいやってしまったことに気がついた．時系列データを解析するためには，自分が使っていた教科書に書いてあるようなやり方でなく，別の方向から攻めなければならないということに思い至った．

　それまで主に植物を相手に研究していた著者を，三陸の無人島（8 章）や亜南極（写真 1A, 1B）に連れていくと，調査としては野帳の記入以外ほとんど寄与しないし，興味深そうにペンギンを観察しているが，特に何かを発見するわけでもない．鳥を掴めない人にデータロガー装着などとても任せられない．にもかかわらず，従来のバイオロギング研究者と異なる発想で，GPS ロガーや加速度ロガーから得られたデータを解析する手法を考え出している．この頃は，植物から動物に至るすべ

てのことに興味を持つようになり，「モデリングを手段とするナチュラリスト」を目指しているようだ．

　ここで，最近読んだ本（『学問，たのしくなくちゃ』益川敏英著，新日本出版社，2009年）に記されていたことを紹介したい．今から100年ほど前に，フランスでカイコの病気が蔓延し養蚕業が大打撃を受けた．『ファーブル昆虫記』で知られるかのファーブルもお手上げ状態となり，パスツールがパリから招聘された．現地に着くやいなや，パスツールは「カイコを見たい」といった．案内された先で，パスツールは繭を1つ手に取ると，耳元でそれを振り「アッ，音がする」と言ったそうだ．パスツールは，カイコがサナギになって，繭の中にいることを知らなかったらしい．そんな様子を見てファーブルは，「昆虫のことを知らないこのド素人に何ができるのか」と思ったそうだ．ところが，3ヶ月の滞在期間中にパスツールは見事問題を解決し，パリに引き上げていったのである．

　私は，データロガーを様々な動物に付けてきた．学生のときはウミガメ，その後対象動物はペンギンやアザラシへと広がり，今では魚類・爬虫類・鳥類・哺乳類など，手当たり次第にデータロガーを取り付けるようになり，行動学・生理学・生態学・環境学といった脈絡のないテーマに興味が発散している．魚類や爬虫類や鳥類や哺乳類の専門家と一緒に共同研究してきたが，彼らは私のことをそれぞれの動物種については素人だと思っているかもしれない．それは別に構わない．私は，その動物一筋何十年という専門家がみつけられなかったことを，バイオロギングという手段により様々な動物と関わる中で発見し，パスツールになりたいと思っている．本書の著者も，手段こそ異なるものの，同じ路線を目指しているように見える．

　特定の動物種に関する細かい知識など持っていなくても，その動物の行動を左右する根本原理に鋭く切りこむ人，これこそ我々が目指すカッチョいいナチュラリストなのだ．

　　　　　　　　　　　　　　　　佐藤克文（東京大学大気海洋研究所）

2 最小2乗法と最尤法,回帰モデル
──樹木の成長パターンとその多様性

　尤度は,統計モデルにおいて最も基礎的な概念である.1章では,花の咲いている木の本数のような,1本2本という離散的なデータに対する統計モデルと尤度を扱った.本章では,連続的な測定値に対する統計モデルと尤度を解説する.最小2乗法と最尤法が同じ結果をもたらすことに対する理解は,連続型確率分布についての尤度と最尤法の出発点となる.

落葉広葉樹と針葉樹が混生する知床半島の森.

2.1 木の直径と高さ

　森の樹木の大きさの中で，直径の次によく測られているのが高さである．高さは，木から離れた地点から木の最高点を見上げる角度を測り，三角関数を用いて計算したり，あるいは，木の高さを測るために製造された釣り竿のような竿を木の横で木の高さと同じ高さまで伸ばして測る．まっすぐ伸びた針葉樹だと木の最高点がはっきりわかるので，比較的正確に測量できるが，枝を四方八方に広げた広葉樹だと木の最高点がどこなのか判断しにくい．それで，木の横で1人が竿を伸ばし，他の3人くらいでその木を離れて囲み，あちこちから眺めて，どの方向から見ても木の最高点に間違いない点をみつけて測量する[1]．

　種によって直径の成長と高さの成長の早さは異なり，ヒョロヒョロと上に伸びたり，文字通り大地に根を張ったがっちりした形になったりする．そのため，直径と高さの関係を調べる中から，1章同様，種の特性や多様性を知ることができる．環境や密度によっても直径と高さの関係は変わり，さらに，種によって環境の違いに対する成長パターンの違いが異なるといった特性も発見できる．

　最も頻繁に見られる応用は，高さと直径からの木の体積（材積）の推定である．市場では材木は体積で取引されるので，直径と高さを何本かの木で測っておけば，林を伐採したときのだいたいの売上が予想できる．ただ，上で述べたように，高さの測量は直径と比べて面倒である．概して太い木ほど高いのだから，直径と高さの平均的な関係式を作っておけば，直径だけからでもだいたいの材積，つまり売上が予想できるわけである．

2.2 1次式による回帰と最小2乗法

　図2.1は，北海道知床半島の原生的な森（本章の表紙写真）に設置された2haの調査地[2]の中にある，高さ2m以上，直径30cm以下[3]の323本のトドマツの，直径と高さの散布図とデータの一部である．同じ太さでもいろいろな高さになりうるわけだが，だいたい高さは太さに比例して高くなっている．そこで，直径をx (cm)，高さをy (m)とおき，両者を以下のように1次式で関係付け，直径から高さを予測しようと試みる[4]．

---

[1] 見る方向によって最高点の見え方が驚くほど違う．ある方向から見て絶対に竿の先より木のほうが高く見えても，別な方向からは絶対に木のほうが低く見える．樹高を測っていると，「もっと高い」「絶対もっと低い」の論争が絶えず，「こっちに来て見てみろ」「お前こそこっちから見てみろ」と喧嘩になる…．ハイテクの時代ながら，これが一番精度よく木の高さを測れるのが実状である．

[2] この調査地は，久保田康裕氏が1980年代後半から90年代前半にかけて設置したもので，著者は2001年から共同研究に参加している．研究成果は，論文[2–1]〜[2–5], [2–7]などで論じられている．

[3] なぜ30cm以下だけか．当面，上記のように太くて高い木は測りづらいので測るのを避けた，とでも考えていてください．2.8節で，全トドマツのデータを紹介する．なお，本章で「直径」と書かれているのは，1章同様，すべて胸の高さで測った直径である．

[4] 1章同様，樹木に関心のない人は，散布図を描いて関係性の有無を調べたいデータで関心の持てる事例に置き換えて読み進めていただきたい．

(a)

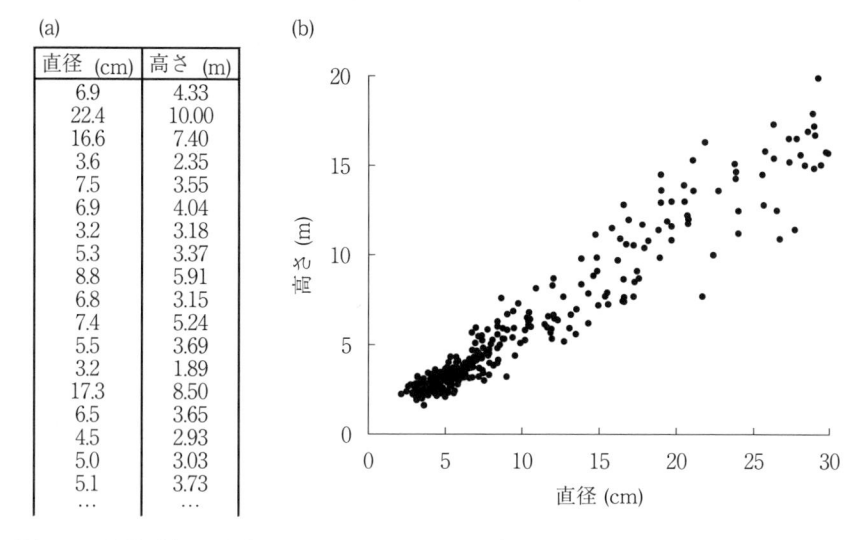

直径 (cm)	高さ (m)
6.9	4.33
22.4	10.00
16.6	7.40
3.6	2.35
7.5	3.55
6.9	4.04
3.2	3.18
5.3	3.37
8.8	5.91
6.8	3.15
7.4	5.24
5.5	3.69
3.2	1.89
17.3	8.50
6.5	3.65
4.5	2.93
5.0	3.03
5.1	3.73
...	...

(b)

図 **2.1** 北海道知床半島に設置された 2ha の調査地内の，直径 30 cm 以下高さ 2 m 以上のトドマツの直径と高さのデータの一部 (a) とその散布図 (b).

$$y = ax + b \tag{2.1}$$

予測であるからには正確なほうがよいので，n 本の木のデータ $\{(x_1, y_1), (x_2, y_2), \ldots, (x_n, y_n)\}$ があったとき，1 次式 $ax_i + b$ の値が観測値 y_i とできるだけ近くなるよう (a, b) を求めたい．慣習的によくやられているのは，(2.1) 式と観測値の差の平方の総和

$$\sum_{i=1}^n (ax_i + b - y_i)^2 \tag{2.2}$$

が予測のはずれ具合の合計を表していると考え，これを最小とする (a, b) を求めるというもので，**最小 2 乗法** (least square method) と呼ばれる．(2.2) を (a, b) の関数と見て $h(a, b)$ とおく．

$$\begin{aligned} h(a,b) &= \sum_{i=1}^n (ax_i + b - y_i)^2 \\ &= a^2 \sum_{i=1}^n x_i^2 + 2ab \sum_{i=1}^n x_i - 2a \sum_{i=1}^n x_i y_i + nb^2 - 2b \sum_{i=1}^n y_i + \sum_{i=1}^n y_i^2 \end{aligned}$$

a と b で偏微分すると，

$$\frac{\partial h(a,b)}{\partial a} = 2a\sum_{i=1}^{n} x_i^2 + 2b\sum_{i=1}^{n} x_i - 2\sum_{i=1}^{n} x_i y_i$$
$$\frac{\partial h(a,b)}{\partial b} = 2nb + 2a\sum_{i=1}^{n} x_i - 2\sum_{i=1}^{n} y_i \tag{2.3}$$

となる．最小になる所ではどちらも 0 となるはずだから，式 (2.3) を = 0 とおいた式を行列の形

$$\begin{pmatrix} \sum_{i=1}^{n} x_i^2 & \sum_{i=1}^{n} x_i \\ \sum_{i=1}^{n} x_i & n \end{pmatrix} \begin{pmatrix} a \\ b \end{pmatrix} = \begin{pmatrix} \sum_{i=1}^{n} x_i y_i \\ \sum_{i=1}^{n} y_i \end{pmatrix}$$

で書いて連立方程式を解くことにより

$$\begin{pmatrix} a \\ b \end{pmatrix} = \begin{pmatrix} \sum_{i=1}^{n} x_i^2 & \sum_{i=1}^{n} x_i \\ \sum_{i=1}^{n} x_i & n \end{pmatrix}^{-1} \begin{pmatrix} \sum_{i=1}^{n} x_i y_i \\ \sum_{i=1}^{n} y_i \end{pmatrix} \tag{2.4}$$

を得る．

図 2.1 のデータについて (2.4) を計算したところ，$(a,b) = (0.55, 0.40)$ となった[5]．このとき (2.1) で表される直線は，図 2.2(a) の実線のようになり，散らばっているデータ点のほぼ真ん中を貫いているから，悪くない予測式である．

以降の説明に便利なので，数学の用語を用意しておく．式 (2.1) のように，y の値を x の値から予測するとき，x を **説明変数** (explanatory variable)，y を **目的変数** (objective variable) という[6]．式 (2.1) のように，2 つの変量を関係づける式は **回帰式** (regression equation)，そのグラフは **回帰直線** (regression line) と呼ばれる．

2.3　2 次の回帰式のほうがよいか

もし上で導いた回帰式がどんな直径にでも使えるのなら，例えば直径 70 cm の大木の高さは，$y = 0.55x + 0.4$ に $x = 70$ を代入して 39.1 m という高さになる．しかし，北海道で直径 70 cm くらいのトドマツは見られるが，40 m もの高さの木は見られない．つまり，高さは直径に比例して高くなるのでなく，

---

[5] なお，今日では (2.4) のような公式を導かなくても，パソコンに入っている計算ソフトで式 (2.2) が最小となる (a,b) を求めるほうが早いかもしれない（図 2.4 参照）．

[6] このように説明変数と目的変数の関係を吟味する統計手法は **回帰分析** (regression analysis) と呼ばれ，たいていの統計学の入門書に解説がある．なお，1 章のモデルは，ロジスティック式の中に 1 次の回帰式があるので，1 次のロジスティック回帰モデル (logistic regression model) と呼ばれる．

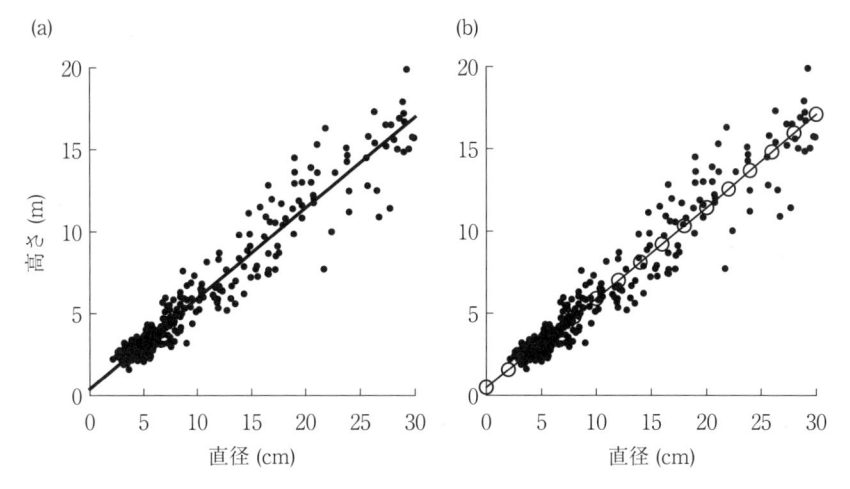

図 2.2 図 2.1b のトドマツの直径と高さの散布図に，(a) では最小 2 乗法で得られた 1 次の回帰式のグラフ（実線）を入れた．(b) では 2 次の回帰式のグラフ（—○—）を入れた．

ある程度太くなると頭打ちしてくるはずである．そうなると 1 次式による予測式は不適切で，頭打ちする函数を用いる必要がある．頭打ちする函数として，例えば 2 次函数

$$y = ax^2 + bx + c \tag{2.5}$$

を用い，同じように予測値と観測値の差の平方の総和

$$\sum_{i=1}^{n}(ax_i^2 + bx_i + c - y_i)^2 \tag{2.6}$$

を予測値のはずれ具合と見て，これを最小とする (a, b, c) を（今度はパソコンのソフトで）求めると，$(a, b, c) = (0.00067, 0.53, 0.49)$ を得た．1 次式を用いると差の 2 乗の総和 (2.2) は 385.2 だったが，2 次式を用いたおかげで式 (2.6) はそれより小さい 384.9 になった．

しかし，この差は小さいように思える．実際，2 つの回帰式のグラフ（図 2.2(a) の実線と図 2.2(b) の—○—で示された曲線（回帰曲線）は，ほとんど変わらないように見える．

1 章同様，パラメータが 1 つ多い 2 次函数を用いれば差が減って当然である[7]．はたして差の平方和が 0.3 減ったことは，パラメータを 1 つ増やしたテマヒマに値するご利益なのだろうか．

1 章では，AIC がこの問題を解決してくれた．この問題も AIC で解決でき

[7] (2.6) で $a = 0$，b と c を 2.2 節で得た 0.55 と 0.40 にすれば，(2.6) は既に 385.2 になっている．a の項を追加すれば，(2.6) の値をさらに減らせられて何の不思議もない（1.8 節参照）．

そうである．それには，統計モデルを作り，その尤度の式を導出し，その対数を最大にするパラメータとそのときの最大対数尤度を求め，AIC を計算すればよい．

2.4 連続型確率変数と正規分布

1 章のロジスティック式を用いたモデルのように，回帰式 $y = ax + b$ や $y = ax^2 + bx + c$ を用いてデータ $\{(x_1, y_1), (x_2, y_2), \ldots, (x_n, y_n)\}$ が得られる確率（尤度）が求められる統計モデルを作りたい．

直径が x のとき高さは $ax+b$ の近くにあってほしいが，ピッタリこの値である必要はなく，実際，データはこの周辺に散らばっている．統計モデリングでは，こうした散らばっている観測値を何らかの確率分布に従う確率変数の実現値と考えてモデル化する．そこで，$ax+b$ や ax^2+bx+c からの散らばり具合を確率変数と考える．その場合，取りうる値は任意の実数となるため，1 章のような離散型でなく，**連続型確率変数** (continuous random variable) になる．

連続型確率変数の場合，確率変数が取りうる値は連続的に無限個あるため，1 章の離散型確率分布のように，「確率変数 Y がある y という値を取る確率 $P(Y=y)$ はいくつである」という形で定めることができない．代わりに，「確率変数 Y の値が y_1 と y_2 の間に入る確率 $P(y_1 \le Y \le y_2)$ はいくつである」という形で定める．そこで，1.13 節にある $p_i = P(Y=x_i)$ の x_i を連続的な y に，$p_i \ge 0$ を $f(y) \ge 0$ に，$\sum_i p_i$ を $\int_{-\infty}^{\infty} f(y) dy$ に直し，$f(y) \ge 0$ と $\int_{-\infty}^{+\infty} f(y) dy = 1$ を満たす関数 $f(y)$ を用いて，「確率変数 Y が y_1 と y_2 の間に入る確率 $P(y_1 \le Y \le y_2)$ は $\int_{y_1}^{y_2} f(y) dy$ になる」という形で**連続型確率分布** (continuous probability distribution) を与える[8]．このような関数 $f(y)$ を，その連続型確率変数の**確率密度関数** (probability density function) という．

連続的な散らばりを表すために最もよく用いられている確率分布は正規分布で，以下の確率密度関数により定義される．

[**正規分布** (normal distribution)]

$$f(y; \mu, \sigma) = \frac{\exp(-(y-\mu)^2/2\sigma^2)}{\sqrt{2\pi\sigma^2}} \tag{2.7}$$

[8] シグマ記号 Σ と積分記号 $\int$ が対応する所が気持ち悪くて理解しづらい人は，高校の微分積分を学び直すか，あるいは「Σ と $\int$ は同じだ」と自分に暗示 (?) をかけ，それでうまくいく応用例を学習していく，という手もある．

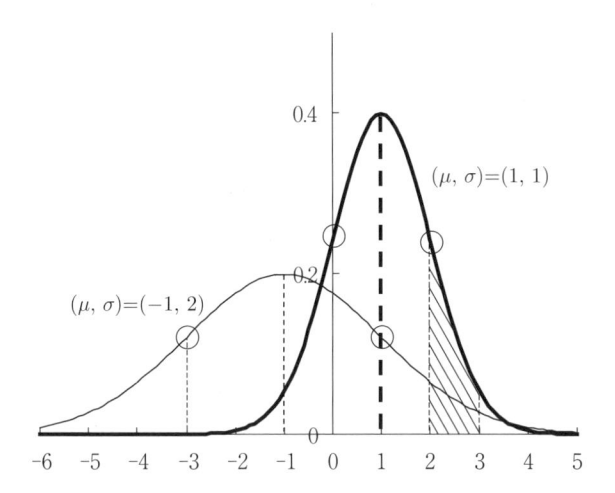

図 2.3 正規分布の確率密度函数のグラフの例. グラフはいずれも $x = \mu$ について対称となる. σ が小さいと尖った形, 大きいとなだらかな山となる. 斜線を入れた部分の面積が, $(\mu, \sigma) = (1, 1)$ のときの, 確率変数の値が 2 と 3 の間にある確率 $\int_2^3 \frac{\exp(-(x-\mu)^2/2\sigma^2)}{\sqrt{2\pi\sigma^2}} dx$ を表す. また, グラフの変曲点 ($x = \mu + \sigma$ と $x = \mu - \sigma$) に◯を付けた.

この $f(x)$ のグラフは, $x = \mu$[9] で最大, かつここについて左右対称な"釣鐘状"になっている (図 2.3). σ[10] が小さいと尖った形, 大きいとなだらかな山型となり, また, よく知られているように, μ から σ のぶんだけ離れた 2 点 ($x = \mu + \sigma$ と $x = \mu - \sigma$) で変曲点となっており, 上に凸から下に凸に形状が変わる.

[9] μ はギリシア文字で「ミュー」と読む. ギリシア文字に不慣れな人は巻末 213 ページの表を参照.
[10] σ はギリシア文字の「シグマ」小文字.

2.5　回帰モデルと最尤法

図 2.2(a) からわかるように, 木の高さは, 直径が x のとき $ax + b$ のまわりに散らばっている. そこで, 直径が x のとき, 高さは (2.7) で $\mu = ax + b$ とした正規分布に従うという統計モデルを考えることにする. a と b は未知パラメータである. また, 散らばり具合はよくわからないので, (2.7) の中の σ も未知パラメータとする. これを**線形**（または **1 次の**）**回帰モデル** (linear regression model) という. すると, 直径が x_i のとき高さ y_i というデータが得られる"確率"は, 式 (2.7) を用いて

$$\frac{\exp(-(y_i-(ax_i+b))^2/2\sigma^2)}{\sqrt{2\pi\sigma^2}} \tag{2.8}$$

になると言いたいが，上述のように，確率密度関数を用いて表されるこの値は，y_i というデータが得られる確率自体を表すわけではない．値が y_1 と y_2 の間に入る確率なら

$$\int_{y_1}^{y_2} \frac{\exp(-(y-(ax_i+b))^2/2\sigma^2)}{\sqrt{2\pi\sigma^2}} dy$$

であるが，ずばり y_i となる確率

$$\int_{y_i}^{y_i} \frac{\exp(-(y-(ax_i+b))^2/2\sigma^2)}{\sqrt{2\pi\sigma^2}} dy$$

は"幅のない線分"の面積に相当し，0である．しかし，Δy を非常に小さい数とすると，y が $y_i - \Delta y/2$ と $y_i + \Delta y/2$ の間の数なら $\dfrac{\exp(-(y-(ax_i+b))^2/2\sigma^2)}{\sqrt{2\pi\sigma^2}}$ の値はだいたい式 (2.8) の値と同じままである．したがって，$y_i - \Delta y/2$ と $y_i + \Delta y/2$ の間の値を取る確率は，だいたい

$$\int_{y_i-\Delta y/2}^{y_i+\Delta y/2} \frac{\exp(-(y-(ax_i+b))^2/2\sigma^2)}{\sqrt{2\pi\sigma^2}} dy \approx \frac{\exp(-(y_i-(ax_i+b))^2/2\sigma^2)}{\sqrt{2\pi\sigma^2}} \cdot \Delta y^{11)}$$

となる[12]．つまり，式 (2.8) の値は，y_i と $\pm \Delta y/2$ しかずれないデータが得られる確率にほぼ比例する．このように，確率密度関数を用いた式は，そのデータとほとんど同じ値を取る確率とほぼ比例するので，1章で尤度と言い換えた「データが得られる確率」の連続型への拡張として適していると考えられる．そこで，確率密度関数の式にデータの数値を代入した値を，連続的確率分布を用いたモデルの尤度と呼ぶことにする[13]．

n 個の独立に取られたデータ $\{(x_1,y_1),(x_2,y_2),\ldots,(x_n,y_n)\}$ に対して回帰モデルを適用するとき，尤度はデータの数値を式 (2.8) に代入したものの積となる．1章同様，尤度はパラメータに依存する関数なので，それを明示して，尤度関数は

$$L(a,b,\sigma) = \prod_{i=1}^{n} \frac{\exp(-(y_i-(ax_i+b))^2/2\sigma^2)}{\sqrt{2\pi\sigma^2}}, \tag{2.9}$$

対数尤度関数は

$$l(a,b,\sigma) = \sum_{i=1}^{n} \ln\left\{\frac{\exp(-(y_i-(ax_i+b))^2)}{\sqrt{2\pi\sigma^2}}\right\}$$

---

[11] 本書では ≈ という記号を「値が近い」「だいたい同じ」という意味で用いる．

[12] この部分の議論は，確率密度関数が連続である場合に成り立つことで，一般に言えることではない．

[13] 確率密度関数の値自体は確率でないが，それで尤度を定め，離散型と同じような議論を展開していく．ここの説明は，その根拠の1つの直観的説明である．確率密度関数の値で定める尤度に，最初は不思議な感じがするだろうし，むしろ素直に"違和感"を感じてほしい．違和感が大きいほど，尤度がわかってくるにつれてその定義の巧妙さに感動し，尤度に基づく統計学を築いてきた先人への畏敬の念も増すというものである．4章へ進んだときにそんな気分になってもらえたら，本書のねらいは成功といえる．

$$= -\frac{\sum_{i=1}^{n}(y_i - (ax_i + b))^2}{2\sigma^2} - n\ln\left(\sqrt{2\pi\sigma^2}\right) \quad (2.10)$$

となる．

　回帰モデルの最尤法では，2.2 節の最小 2 乗法のときと逆に，式 (2.10) の値を最大にするパラメータ (a, b, σ) を求める．また，2.2 節ではパラメータは (a, b) の 2 つだったが，最尤法では σ というパラメータが加わって 3 つになる．なぜかと言うと，回帰モデルでは，直径が x のときの高さ $ax + b$ を予測するのでなく，直径が x のときの高さは $(ax+b, \sigma)$ を 2 つのパラメータとする正規分布に従う確率変数であると考えるからである．言い換えると，高さは $ax + b$ のまわりに正規分布の形で散らばっていると予測しているのである[14]．

　パラメータが 1 つ多いぶん，計算は 2.2 節のときより複雑になるが，対数尤度関数 (2.10) を a や b で偏微分して $= 0$ とおく作業のとき，σ は定数とみなしてよい．すると，第 2 項は a も b も含まないから消えるし，第 1 項の分母にある $2\sigma^2$ も定数と思ってよいので，式 (2.3) を $= 0$ とおいた式と実質的に同じ，

$$\frac{\partial l(a,b)}{\partial a} = \{2a\sum_{i=1}^{n}x_i^2 + 2b\sum_{i=1}^{n}x_i - 2\sum_{i=1}^{n}x_iy_i\}/2\sigma^2 = 0$$
$$\frac{\partial l(a,b)}{\partial b} = \{2nb + 2a\sum_{i=1}^{n}x_i - 2\sum_{i=1}^{n}y_i\}/2\sigma^2 = 0 \quad (2.3')$$

になる．したがって，a と b の最尤推定量は (2.4) と同じ

$$\begin{pmatrix}\hat{a}\\\hat{b}\end{pmatrix} = \begin{pmatrix}\sum_{i=1}^{n}x_i^2 & \sum_{i=1}^{n}x_i\\\sum_{i=1}^{n}x_i^2 & n\end{pmatrix}^{-1}\begin{pmatrix}\sum_{i=1}^{n}x_iy_i\\\sum_{i=1}^{n}y_i\end{pmatrix} \quad (2.4')$$

となる．σ については，σ^2 を 1 つのパラメータと思うほうが計算は楽で，対数尤度関数 (2.10) を σ^2 で偏微分すると，

$$\frac{\sum_{i=1}^{n}(ax_i + b - y_i)^2}{2(\sigma^2)^2} - \frac{n}{2\sigma^2}$$

となる．これを $= 0$ とおくことで，(2.4') で定まる $(\hat{a}, \hat{b})$ を用いて

[14] 復習しておくと，1 章で作った直径が x の木の開花する確率を $f(x)$ とするモデルは，1 本の木について開花を 1，非開花を 0 としたときに，それぞれが確率 $f(x)$ と $1 - f(x)$ のベルヌーイ分布に従う確率変数である，と考えているのである．

$$\hat{\sigma}^2 = \frac{\sum_{i=1}^{n}(\hat{a}x_i + \hat{b} - y_i)^2}{n} \tag{2.11}$$

を得る[15]．ちなみに，この式は，最小 2 乗法で最小にしたい式 (2.2)（最小 2 乗誤差という）をデータ数 n で割った値と同じになっている．

以上をまとめておく．

最小 2 乗法と最尤法

線形回帰モデルにおいて，最小 2 乗法による係数 (a,b) の推定量 (2.4) と，最尤法による最尤推定量 (2.4′) は一致する．パラメータ σ^2 の最尤推定量は，最小 2 乗誤差 (2.2) を用いて (2.11) で与えられる．

[15] $\hat{\sigma}$ の値はこの平方根をとればよい．

2.6 AIC により不必要に複雑なモデルを知る

トドマツの直径と高さの問題に戻る．1 次式を用いた場合，$(\hat{a}, \hat{b}, \hat{\sigma}^2) = (0.55, 0.40, 1.193)$ で，最大対数尤度は -468.8 となった．したがって，AIC はパラメータが 3 つなので

$$-2 \times (-486.8) + 2 \times 3 = 979.6$$

となる．

次に，2 次式 (2.5) を用いて，直径が x のとき高さはパラメータ値が $(ax^2 + bx + c, \sigma^2)$ の正規分布に従うという統計モデルを考える[16]．尤度関数や対数尤度関数は，(2.9) や (2.10) の $ax + b$ を $ax^2 + bx + c$ に直したものになる．

[16] 1 次や 2 次に限らず，一般に p 次の多項式を用いる場合，**多項式回帰モデル** (polynomial regression model) という．

$$L(a, b, c, \sigma^2) = \prod_{i=1}^{n} \frac{\exp(-(y_i - (ax_i^2 + bx_i + c))^2/2\sigma^2)}{\sqrt{2\pi\sigma^2}}$$

$$l(a, b, c, \sigma^2) = \sum_{i=1}^{n} \ln \left\{ \frac{\exp(-(y_i - (ax_i^2 + bx_i + c))^2/2\sigma^2)}{\sqrt{2\pi\sigma^2}} \right\} \tag{2.12}$$

$$= -\frac{\sum_{i=1}^{n}(y_i - (ax_i^2 + bx_i + c))^2}{2\sigma^2} - n\ln\left(\sqrt{2\pi\sigma^2}\right)$$

今度は (2.4′) のような公式を作らず，パソコンの計算ソフトの最大化コマン

2.6 AICにより不必要に複雑なモデルを知る

図 2.4 1次と2次の回帰モデルの最尤法を実行する Excel シートの例．右の方では最小2乗法も実行しており，最尤法と同じ値が得られること（セル C3:D5 と J3:K5 に同じ値が入っている）を確認している．さらに，最小2乗法で最小にした部分（J6 と K6）をサンプル数で割ると（J7 と K7），確かに最尤法で得た分散（C6 と D6）と一致していることも確かめている．

ドで最大値を計算すると，$(\hat{a}, \hat{b}, \hat{c}, \hat{\sigma}^2) = (0.00067, 0.53, 0.49, 1.192)$，最大対数尤度は -486.6 となった．AIC はパラメータが4つなので，

$$-2 \times (-486.6) + 2 \times 4 = 981.2$$

となる．

この値は1次式の場合の AIC 値 979.6 より大きいので，1次の回帰モデルのほうがよいと評価される．したがって，複雑な2次式を使ったご利益はなく，1次式による予測で十分である．

繰返しになるが，最尤法では，(2.4′) のような最尤推定値の公式を作って求めてもよいし，パソコンの計算ソフトを用いて最大化させてもよい．前者は偏微分や連立方程式の解法などの計算を要するが，後者は使うソフトに応じて対数尤度式を最大にするコマンドを書くだけである．一番いいのは，両方やって，確かに同じ答えが得られることを確認することである．さらに言うと，2.5節で示した最小2乗法と最尤法の同値性も，数式だけでなくパソコンによる計算で確認すると，理解が進む．図 2.4 に，最尤法によるパラメータの計算と，最小2乗法によるものを並列させた Excel シートを示す．確かに全く同じ値が得られている．そこでは，最尤法における3つ目のパラメータ σ^2 の最尤推定値と最小2乗誤差に関する関係式 (2.11) が成り立っていることも確かめている[17]．先の計算のように，微分などの数式変形によって最

[17] 図 2.4 の Excel シートでは，数値を斜体にしてある．

尤法と最小2乗法の一致を証明して理解することも大切だが，人によっては，こうした実際の計算で2つの計算方法の結果が確かに一致することを確かめるほうが，納得しやすいのではないだろうか．

ただし，最大や最小を求めるコマンドが数学や統計のソフトに入っているとはいえ，必ずしも正しく計算してくれる保証があるわけでない．よく使われる計算法は，任意に初期値を与え，そこからどんどん値が大きく（最小の場合は小さく）なるパラメータを探していく**ニュートン法** (Newtonian method) や**準ニュートン法** (quassi-Newtonian method) である．ただ，初期値があまりに真の値から遠かったり，初期値の近くに局所的に最大となる所（極大）があったりすると，いつまでたっても計算が終わらなかったり，ソフトが計算を極大で止める可能性がある．

真の最大値や最小値をみつけたのかどうかを確かめる問題は，数学として困難な場合が多い．現象の性質からパラメータのとれる範囲が限られている場合などでは，初期値としてその範囲の中の様々な値を与え，どこから始めても同じ最大値が出てくることを確認する程度の配慮はほしい[18]．

2.7　最尤法をマスターするか最小2乗法で十分か[19]

上記のとおり，最尤法でも最小2乗法でも，求まる回帰式は同じである．最尤法のほうがパラメータが1つ多い分，計算量は多かった．得られるものが同じならどっちでもいいではないか．統計モデルをあえて学習する必要はない．こういう考え方もあろう．

一方，1章と2章では，それぞれ直径と開花率，直径と高さという，異なる現象のデータを扱っているのだが，それらが，最尤法という同じ数学の枠組みを使うことで最も良いパラメータをみつけ，さらにAICによりどの程度複雑なモデルが適切かの判断もできた．こうした普遍性を敏感に感じ取って，「きっと尤度や最尤法やAICはもっともっと広い応用を秘めた手法に違いない」というインスピレーションが湧いた人は，今後の学習もはかどるし，統計モデルを使いこなせるようになるのも早い[20]．

自分のいまのデータは最小2乗法だけで十分だからそれでいい，などと思っていると，ほどなく最小2乗法では処理できないデータに出会い，結局，最尤法を遅れて学習するハメになる[21]．

[18] 異なる最大化アルゴリズムを選択できるソフトなら，いろいろ試すのもいい．パラメータが2つ以上あると，問1.2（図10.1）のように尤度関数のグラフを描くことはできないが，いくつかのパラメータを固定して1〜2つのパラメータの関数にすることで，尤度関数のグラフの概形をある程度見ることもできる（6章の図6.3〜6.5はそんな例）

[19] [0-7] などにも最尤法の意義に関する解説があるので，熟読することを勧める．

[20] 繰返しになるが，新しい統計数理を学ぶときに肝心なのは，計算力や論理力より，こんな感受性なのかもしれない．

[21] 本書では，次の3章で早くもそういう事態となる．

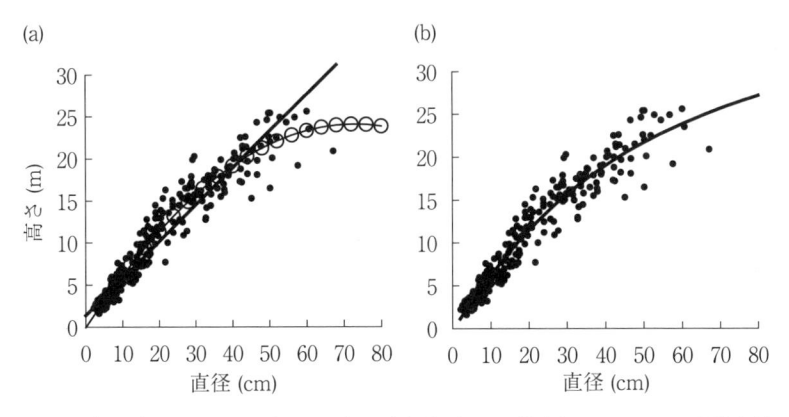

図 2.5 調査地内のトドマツ全 388 本の直径と高さの散布図に，(a) では最尤法で得られた 1 次の回帰式のグラフ（実線）と 2 次の回帰式のグラフ（—○—）を入れた．(b) では式 (2.20) のモデルの回帰曲線を実線で入れた．

2.8 データの下で適度に複雑なモデル

実際のところ，この知床半島の調査地では，調査地に立っているすべてのトドマツ 388 本について直径と樹高を測定しており，全部のトドマツは図 2.5 の散布図のように，明瞭な頭打ち傾向を示す．この全部のデータを使うと，1 次式のモデルでは $(\hat{a}, \hat{b}, \hat{\sigma}^2) = (0.44, 1.39, 1.64)$，2 次式では $(\hat{a}, \hat{b}, \hat{c}, \hat{\sigma}^2) = (-0.0045, 0.66, -0.046, 1.34)$ となり，図 2.5(a) の実線（1 次式）と—○—（2 次式）のように，回帰直線と回帰曲線は顕著な違いを示す．最大対数尤度は -741.6 と -665.1，AIC 値は

$$-2 \times (-741.6) + 2 \times 3 = 1489.1$$
$$-2 \times (-665.1) + 2 \times 4 = 1338.1$$

となり，2 次式のほうがよくなる．

そもそも，高さは太さに対し上昇が頭打ちになることを見込んで 2 次式を用いた．ところが，直径 30 cm 以下のトドマツから得られたモデルの 2 次の係数の最尤推定値は $\hat{a} = 0.00067$ と正の値になっており，これではグラフは下に凸となって，頭打ちとは逆に太さと共に加速度的にどんどん高さが上昇してしまう．常識的に不適切な予測式だが，単純な当てはまりの良さ（最小 2 乗誤差）では 2 次式による予測は 1 次式より勝っていた（2.3 節）．それを AIC は，単純な 1 次式のほうが優れていると評価した．それが，直径 30 cm

以上の木のデータまで含めると，今度は 2 次式の予測式のほうが良いと評価した．

AIC は，あくまで与えられたデータの下でのモデルの相対評価である．データが不十分な（直径 30 cm 以下のデータしかない）ときは，複雑な 2 次式を用いると，太さと共に加速度的に高さが増すという不適切な予測となったが，AIC は，「そのような複雑なモデルでは不適切な予測を与えかねない．むしろ単純な 1 次式による予測のほうがマシである」と判断した．そしてデータが豊富になったとき，今度は頭打ち傾向を捉えられる複雑なモデルが必要と判断した．AIC は手持ちのデータに基づいて，適度に複雑なモデルを示唆してくれるのである．

2.9　確率分布の平均と分散

知床のトドマツの直径と高さの関係が一段落したところで，今後，たびたび使われる用語の解説をしておく．

データ $\{x_1, x_2, \ldots, x_n\}$ があると，その平均 $\sum_{i=1}^{n} x_i/n$ や分散 $\sum_{i=1}^{n}(x_i - \bar{x})^2/n$ は最初に計算される統計量としてよく知られている．分散は，各データの値と平均の差の平方の平均だから，データが平均のまわりにどのくらい散らばっているかを表し，値が大きいほど散らばりは大きくなっている．ただ，厳密には，これらは**標本平均** (sample mean)，**標本分散** (sample variance) と呼ばれるものである．

それに対し，離散型の確率変数の**平均** (mean)（**期待値** (expected value) ともいう）は，出てくる値 x_i にその確率 p_i をかけたものをすべての起こりうる値につい加えた

$$E(X) = \sum_i p_i x_i \tag{2.13}$$

で定義され，その確率変数の"真ん中へん"を表わす[22]．**分散** (variance) は，確率変数の平均のまわりでのばらつきを表すよう

$$V(X) = \sum_i p_i (x_i - E(X))^2 \tag{2.14}$$

で定義する．分散の平方根を**標準偏差** (standard deviation) という．なお，X は確率変数だが平均 $E(X)$ は 1 つの定まった数である．そこで，それを $E(X) = \bar{X}$ と書くことにして

[22] これは高校数学でも学んだはずである．

$$V(X) = \sum_i p_i(x_i - \bar{X})^2 \tag{2.14'}$$

と書くほうがわかりやすいかもしれない．

連続型の場合，確率変数が取りうる値は連続的に無限個ある．こうした場合，2.4 節と同じように，p_i を確率密度関数 $f(x)$，離散的な x_i を連続的な x，和 $\sum_i$ を積分 $\int$ に変えることにより平均という概念を拡張する．すなわち，連続型確率変数の**平均**（**期待値**）を

$$E(X) = \int_{-\infty}^{+\infty} xf(x)dx, \tag{2.15}$$

で定義する．分散は，上の場合と同じように $E(X) = \bar{X}$ とおいて

$$V(X) = \int_{-\infty}^{+\infty} (x - \bar{X})^2 f(x)dx \tag{2.16}$$

で定義する．標準偏差はこの平方根と定める．積分を用いても概念的には離散型のときと変わらないので，平均は"真ん中へん"，分散は平均のまわりの"散らばり具合"を表す．

また，$h(X)$ を X^2 などの確率変数 X の函数とするとき，その期待値は

$$E(h(X)) = \int_{-\infty}^{+\infty} h(x)f(x)dx \tag{2.15'}$$

で定義される．それで，X の分散は X の 2 次函数 $h(X) = (X - \bar{X})^2$ の期待値

$$V(X) = E((X - \bar{X})^2)$$

とも表現できる．$h(X)$ の分散なら

$$V(h(X)) = \int_{-\infty}^{+\infty} (h(x) - E(h(x))^2 f(x)dx = E(\{h(X) - E(h(X))\}^2)$$

である．

式 (2.7) で定まる正規分布の場合，平均の計算は

$$\begin{aligned}E(X) &= \int_{-\infty}^{\infty} x \frac{\exp(-(x-\mu)^2/2\sigma^2)}{\sqrt{2\pi\sigma^2}} dx \\ &= \int_{-\infty}^{\infty} (x-\mu) \frac{\exp(-(x-\mu)^2/2\sigma^2)}{\sqrt{2\pi\sigma^2}} dx + \mu \int_{-\infty}^{\infty} \frac{\exp(-(x-\mu)^2/2\sigma^2)}{\sqrt{2\pi\sigma^2}} dx\end{aligned}$$

と変形すると，前半は $x - \mu = t$ と置換すると奇函数[23]の積分になるため 0

[23] 函数 $f(x)$ が $f(-x) = -f(x)$ を満たすとき，**奇函数** (odd function) といい，$\int_{-\infty}^{+\infty} f(x)dx = 0$ を満たす．

である．後半の積分の部分は確率密度関数の積分なので 1 となる [24]．したがって，期待値が μ になることがわかる．

分散は σ^2（標準偏差は σ）となるのだが，計算は若干，ややこしい．[0–5] などを参照してほしい [25]．なお，確率密度関数のグラフは，平均 μ から標準偏差 σ のぶんだけ離れた 2 点（$x = \mu + \sigma$ と $x = \mu - \sigma$）で変曲点となっているので，標準偏差 σ が与えられれば，グラフの概形はだいたいでよければ手でも描ける．

確率密度関数が (2.7) で与えられる正規分布は，平均 μ，分散 σ^2 の（または，平均 μ，標準偏差 σ の）正規分布と呼ばれる．この言葉を借りると，本章で扱った線形回帰モデルとは，「直径が x のとき，高さは平均 $ax + b$，分散 σ^2 の正規分布に従う確率変数であるという統計モデル」と表現できる．

問 2.1 ベルヌーイ分布（確率分布の式は 1.13 節の式 (1.9)）の平均と分散を求めなさい．

2.10 メカニズムに基づくモデル

樹木の直径と高さの関係は古くから研究され，様々な関係式が考案されている．単に直径から単純な計算で高さを推定したいなら，簡単なわりにいい推定値を出す数式のほうが望ましい [26]．一方，樹木の成長に関する生物科学を志すなら，光合成によるエネルギー獲得など生理学的な分析も進んでおり，そうしたメカニズムに裏打ちされたモデルのほうが望ましい．

例えば，多項式でなく，ベキ函数

$$y = ax^b \tag{2.17}$$

を用いる回帰モデルも森林科学の世界でよく使われるが，これは，$0 < b < 1$ なら (2.17) で表される曲線が頭打ちになるから，というだけではない．一般に，ある時点で大きさ x だった木が dt という短い期間に dx だけ成長したとき，dx/x を相対成長というが，この相対成長が直径 x と高さ y の間で

$$\frac{dy}{y} = b \frac{dx}{x} \tag{2.18}$$

という関係を保ちながら木は成長するという法則性が見出されている．この両辺を時間 dt で割って相対速度に直すと，dt が非常に短い時間なら，微分方

---

[24] 式 (2.7) で定まる函数が $\int_{-\infty}^{+\infty} f(x) dx = 1$ という確率密度関数の条件を満たすことは証明を要するが，この積分はそんなに容易ではない．[0–5] などを参照されたい．

[25] 後の 4 章にある式 (4.17) が，平均 $\mu = 0$ のときの正規分布の分散 $V(X) = \int_{-\infty}^{\infty} x^2 \frac{\exp(-x^2/2\sigma^2)}{\sqrt{2\pi\sigma^2}} dx = \sigma^2$ に相当する．一般の μ でも $-\infty$ から $+\infty$ までの積分なので結果は同じになる．

[26] 本章で 1 次式や 2 次式を用いたのも，単に計算が容易だからという理由である．

程式

$$\frac{1}{y}\frac{dy}{dt} = b\frac{1}{x}\frac{dx}{dt} \tag{2.18′}$$

となる．この解として導出される函数が，式 (2.17) で書かれるベキ函数なのである（問 2.2）．

つまり，(2.17) は頭打ち傾向のある函数だから当てはまりもよいだろう，といった理由でなく，樹木の相対成長に関する経験則やそれを裏づける生物学的メカニズムに基づく関係式（微分方程式）から得られるモデルなのである[27]．

問 2.2 微分方程式 (2.18′) を解くと，式 (2.17) のベキ函数 $y = ax^b$ となることを示しなさい．

樹木の成長に見られる法則性の別なものに，高さには取り得る限界があり（Y_{max} とする），高さの相対成長速度は高さが限界に近づくにつれて低下し，Y_{max} で 0 になるというものがある．これを数式で表すと，(2.18′) を少し変形した，

$$\frac{1}{y}\frac{dy}{dt} = b\frac{1}{x}\frac{dx}{dt}\left(1 - \frac{y}{Y_{max}}\right) \tag{2.19}$$

という微分方程式になる．これを解くと，

$$\frac{1}{y} = \frac{1}{ax^b} + \frac{1}{Y_{max}} \tag{2.20}$$

という関係式が得られ，森林生態学でよく用いられている[28]．

トドマツのデータに式 (2.20) を適用してみる．式 (2.20) の周りの散らばり具合は，回帰モデルと同じように標準偏差 σ の正規分布に従うとしたところ[29]，最尤推定値は $(\hat{a}, \hat{b}, \hat{Y}_{max}, \hat{\sigma}^2) = (0.54, 1.1, 42.5, 1.13)$[30]，最大対数尤度は -668.0，AIC は

$$-2 \times (-668.0) + 2 \times 4 = 1343.9$$

となった．これを 2 次の回帰モデル (2.5) のときの 1338.1 (2.8 節) と比べると，少しだけより悪くなっている．

問 2.3 式 (2.20) を用いた直径と高さの間の回帰モデルの尤度函数を書きなさい．

最尤推定値を用いた式 (2.20) と 2 次の回帰式のグラフは，データのある直径 60 cm くらいまでは，ほとんど同じ形になっている（図 2.5）．もしさらに

[27] メカニズムを見極め，それを数式で表したモデルを「数理モデル」と呼び，データを観てモデルを作る「統計モデル」と区別したりするが，厳密な使い分けの決まりがあるわけではない．以下の図 2.5b では，(2.20) というメカニズムに基づくモデルのパラメータを最尤法で求めており，「統計」と「数理」は分けるべきものではない．なお，4 章末のコラム 3 では，データに適用しにくい数理モデルについて言及している．

[28] こうした背景は，古い本ではあるが [2-6] に解説がある．

[29] この場合の尤度函数はどう書けるか？ 問 2.3.

[30] 線形回帰モデルの最尤推定値などは，統計ソフトの中の機能を使えば，簡単な操作ですぐに求められる．しかし，少し式が変わって (2.20) のようなモデルになったら，最大化の操作を自分でできないと最尤法を実行できない．

太いトドマツがあった場合，2次の回帰モデル $y = ax^2 + bx + c$ は $x = -b/2a$ のとき最大値を取るから，最尤推定値を用いて $-\hat{b}/2\hat{a} = 72.9\,\mathrm{cm}$ で高さは最大となり，それより太いと高さは低くなる．あまり高くなると先端が折れやすくなるといった状況を捉えていると解釈できよう．式 (2.20) のモデルではそのようなことはなく，太くなると Y_max の推定値 $42.5\,\mathrm{m}$ に収束する．もっとも，知床の森のトドマツは高々 $25\,\mathrm{m}$ くらいで，この Y_max に近い高さを有するトドマツは非現実的であるが，条件が整えば潜在的には可能な樹高を示しているのかもしれない．

そもそも，AIC にできることは，考えたモデルの中での相対評価である．考えたモデルがすべて当てはまりの悪いものなら，その中で一番マシなものを選んでも，正確に現象を説明できているとは言えないし，予測としての実用的価値も薄い．しかし，未知なる現象に挑むとき，最初から当てはまりの良い，かつメカニズムに基づいたモデルを作れるものでもない．最初は1次式（線形回帰モデル）のように，メカニズムに基づくわけではないが，式が単純なわりにある程度の当てはまりを期待できるモデルから始め，データの蓄積とメカニズムの解明と並行して，より複雑なモデルを構築していく．AIC によるモデル評価は，新しいデータ収集とメカニズムの研究と，足並みを揃えて進めることが望まれる．

2.11　生物の種多様性を定量的に評価する

ここでは知床半島の調査地のトドマツを扱ったが，直径と高さの関係は，種によって異なるし，環境によっても成長パターンは異なってくる．様々なデータに対して回帰モデルを適用し，それらが異なる種や環境で同じか異なるかを AIC の値で判断していくことで，1章の開花する大きさ同様，種特性や多様性を検討できる．

1章で扱ったカクレミノとヤブツバキについては，同じ調査地内で（全部ではないが）樹高も測定している．そのデータに多項式回帰モデルと式 (2.20) のモデルを適用すると，AIC はいずれも式 (2.20) が最もよく，また，カクレミノとヤブツバキではパラメータを変えるほうが AIC 値は良くなった．

図 2.6 に，トドマツも含めて式 (2.20) のモデルによる直径と高さの回帰モデルの最尤推定された回帰式のグラフ[31]を示した．北海道の針葉樹であるトドマツが全く異なるパターンを示すのは当然であるが，同じ照葉樹林の常緑

[31] 回帰モデルの結果としてしばしば回帰式のグラフが表示されるが，これは高さの予測値ではなく，高さのばらつきを予測する正規分布のパラメータ（その正規分布の平均になる）であることを忘れないでほしい．

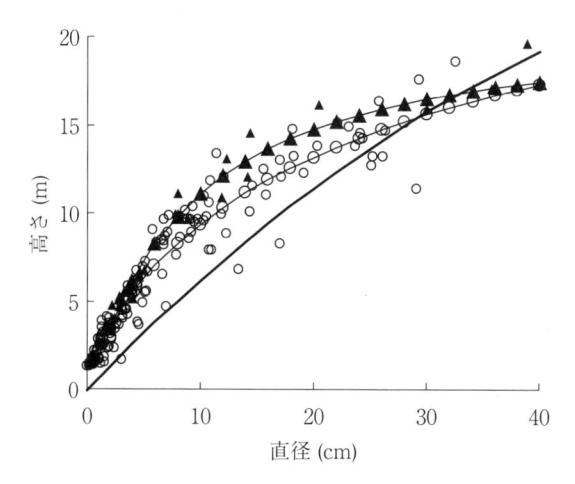

図 2.6　1 章で扱ったカクレミノとヤブツバキについての直径と高さの散布図（▲：カクレミノ，○：ヤブツバキ）と，最尤推定された式 (2.20) のグラフ（—▲—：カクレミノ，—○—：ヤブツバキ）．参考のため，トドマツのグラフ（図 2.5b の実線と同じ）も入れた．

の亜高木種[32]であるヤブツバキとカクレミノでも，際立った成長パターンの違いを示している．カクレミノは全般に細くても背が高いが，ヤブツバキには太いわりに背の低い個体が多数見られ，個体によるばらつきが大きい（標準偏差 $\sigma = 0.83$ で，カクレミノの 0.60 より大きい）．現場を歩いていても，ヒョロヒョロとしたカクレミノにしばしば出会うし，周囲に太い木のない明るい所には，太いヤブツバキが全身にくまなく花を咲かせている．

[32] 大木と灌木（高さは 2 m くらいにしかならない）の中間で，大木と同じように周辺で最も高い木となっている場合もあれば，大木の横であまり大きくならずに花を咲かせたりもする．

これは，カクレミノは，早く背を伸ばしてよい光環境に届こうという成長戦略なのに対し（その分，ヒョロヒョロしていてちょっとしたダメージで折れてしまう），ヤブツバキは堅実な成長路線と言えようか．

AIC で統計モデルを相対的に比較することで，こうした種の多様な成長パターンを定量的に評価できる．今日の生物の種多様性研究は，単に面白い種を発見したり，森でみつかる種の数の多い少ないを議論するのでなく，こうしたデータに基づく定量的評価を軸にする時代に入っている．

問 2.4　1 章のロジスティックモデルによる開花率のモデルだが，図 2.7 のように，元データから 2.5 cm ごとに開花した割合を計算し，得られた割合に正規分布で散らばりを表す線形回帰モデルを当てはめ，最尤法で最適なパラメータを求めるというアイデアもある．このアイデアにはどのような問題があるか．

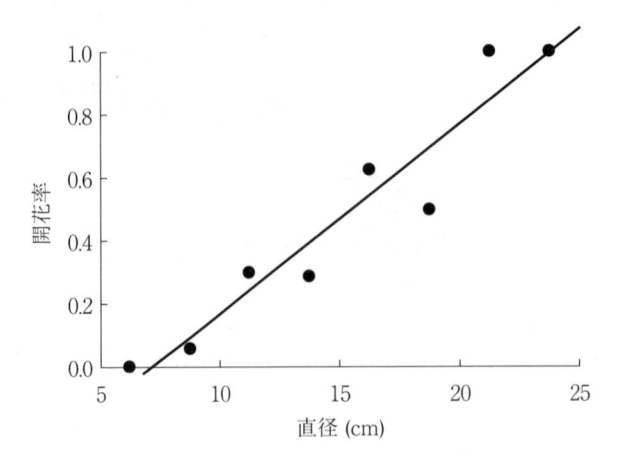

図 2.7 1 章の開花データに対し，5 cm から 25 cm までの 2.5 cm ごとの観察された開花率と直径について線形回帰モデルを適用し，パラメータを最尤推定したときの回帰式のグラフ．

問 2.5 2 次の回帰モデルの最尤推定値を見ると $\hat{c} = -0.046$ となっているが，これだと直径が 0 に近いとき高さがマイナスになってしまい，不自然である．この不合理を解消する方法を考えなさい．$c \geq 0$ という制約を入れて最尤法を実行するというアイデアはどうか．

3 モデリングによる定性的分類と定量的評価——ペンギンの泳ぎ方のいろいろ

　統計モデルを作り，AICによるモデル評価を経ることで，1章では樹木の種の特性や多様性に関する発見，2章では樹木における直径からの高さの予測式を作り，成長パターンの種間に見られる多様性を発見したりした．本章では，統計モデリングにより，データをまず定性的に分類し，それから各分類に応じた定量的評価を行う事例を紹介する．

インド洋の南，亜南極に位置するクローゼ諸島のキングペンギン．腹ばいになっているペンギンもたくさんいる．

右の2羽は，まだ海で泳いだことのない子供ペンギン．さっそうと海に入っていく親ペンギンの後で，海に入ろうか入るまいか躊躇している．体は既に親をしのぐほど大きいのに，仕草にはあどけなさが残る．

3.1　ペンギンは大洋で 500 m 潜る

　ペンギンがヨチヨチ歩く姿は人の目に可愛く映る．ところが，ペンギンはひとたび水中に入ると，文字通り水を得た魚のように（といってもペンギンは鳥だが）矢のような速さで水中を進む．水族館でも水中を泳ぐペンギンを見られるが，実際の海におけるペンギンの動きははるかに鋭い．目にも止まらぬ速さで水面下を突き進んだかと思うと瞬間的に曲ったり反転したり，はたまた急速潜航して姿を消す．と思っていると数十 m の遠くに突然浮上する．ペンギンの主な食料は，オキアミや魚など，水中の動物である．要するにペンギンは水中の動物なのである[1]．

　ペンギンは，巣から食料を求めて大洋に出る．さて，可愛いペンギンは，何メートルくらい潜るのだろうか．海面から 5 m くらいまでの所をバチャバチャしている様子なら想像がつく．でもときには 30 m くらいなら潜るのだろうか．100 m も潜ったりすることもあるのだろうか．まさかあの可愛いペンギンが何百メートルも潜ることはないだろう…

　ところで，そもそもこんなことは，どうやったら調べられるだろう．深さ 500 m の水槽を水族館に作って「500 m は潜らなかった」と観察をするわけにはいくまい．潜水艦を借りて海中でペンギンが潜ってくるまで待っていたいが，実現させる目途は全く立っていない…

　情報源は，「データロガー」と呼ばれる動物搭載型装置である．陸上で営巣しているペンギンは，人の手で簡単に捕まえられる[2]．背中の羽毛に特殊なテープでロガーを装着し，解放する．ロガーを背負ったまま大洋に出かけてもらい，戻ってきたところで再び捕まえる．ロガーは毎秒の深度を記録しており，パソコンに専用ケーブルでつないでデータを落とす．

　図 3.1(a) はこうして得た深度データの一例である[3]．驚くことに，あの可愛いペンギンが 500 m(!) も潜っている．しかも，延々 12 日 (!) も大海原を泳いできているのである．

　深度は毎秒記録されているから，図 3.1(a) には全部で 99 万 1838 個の点がある．その中の 1 ヶ所を拡大したのが図 3.1(b) で，その中をさらに拡大したのが図 3.1(c) で，これくらい拡大してようやく潜水の様子が見えてくる．

　そこで，全体（図 3.1(a)）の中からまず潜水時間が 180 秒以上の潜水を選び[4]，その中から 4 つの潜水を選んで本章で吟味することにした．図 3.2 に，時間と共に変化する潜水深度を表示した．

[1] 陸上のヨチヨチした姿は，営巣のために止むを得ず陸上という苦手な空間に来ている，仮の姿なのである．ペンギンの目には，水中を泳ぐヒトの姿は（オリンピック選手であっても）さぞかしヨチヨチした可愛いものに映っていることだろう．

[2] ただし不用意に近づくとヨチヨチ歩きから一転，くちばしで攻撃してくる．目でも突かれようものなら一大事である．

[3] 本章で扱うデータは南極域の皇帝ペンギンのもので，ペンギンの中では最も体が大きい．データは，2005 年，南極域において佐藤克文および Paul Ponganis らが収集した皇帝ペンギン 1 個体の潜水データである．

[4] 983 回あった．

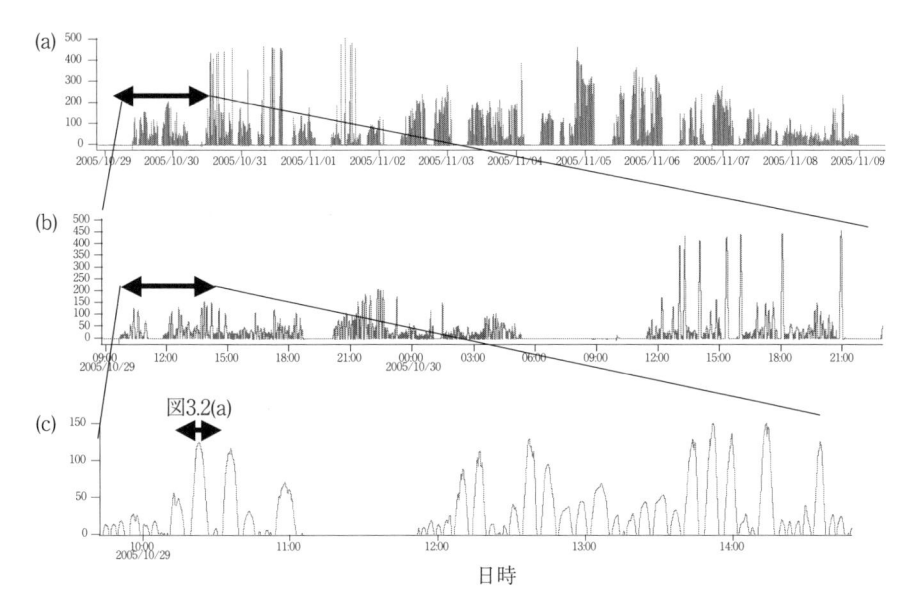

図 3.1 南極のエンペラーペンギンの 12 日間の潜水記録．水平軸は日時．縦軸は潜った深度 (m)．水平軸が 0 m（海面）で，上に行くほど深く潜っている．上から下の順に一部を拡大していった．一番下の図の一部を拡大したものが図 3.2(a) である．

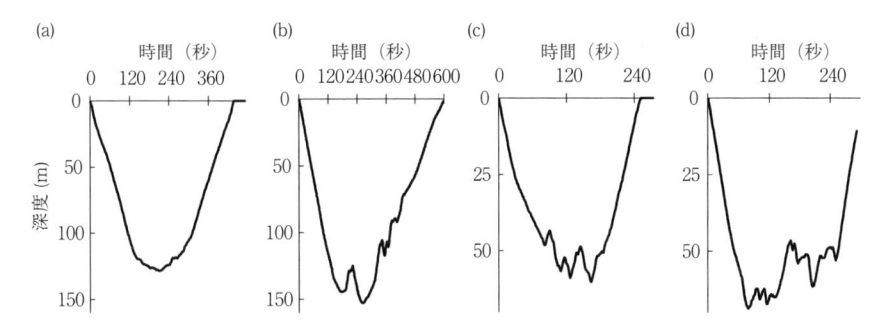

図 3.2 図 3.1 に示されている旅の中の 4 つの潜水における深度の記録．図 3.1 とは逆に，水平軸を一番上に置き，海面から潜降すると下向きになるようにした．(a) は図 3.1 の一番下の図の中で印を付けた潜水の拡大図．

　各グラフの最初（左）の方に見られる深度が単調に深くなる部分は潜降で，最後の単調に浅くなる部分は浮上である．潜降と浮上の間で，しばらく深い所に滞在している．おそらく餌を探しているのであろう．実際，深い所では上下にジグザグとした動きをしており，餌を求めて動き回っている姿が目に浮かぶ．しかし一方では，(a) のように深い所まで潜降しても，そこでほとん

ど滞在することなく浮上する潜水もある．(a) は移動するための潜水だろうか．あるいは，潜ったけど食料になる生き物が見当たらなくてがっかりした潜水であろうか．

深度の変化する様子を追っていると，海中 100 m や 400 m という人間にとって未知の世界でのペンギンの未知なる生活が伺える．もっともっと知りたいと思うようになる．

初期のデータロガーは深度や水温を記録するだけだったが，より様々な情報を記録できるよう，新しいロガーが開発されてきている．カメラロガーは，動物から写真を撮影する．加速度ロガーは，動物の運動を記録する．動物の背中に装着すると，動物の姿勢（体軸角度）や，ペンギンが泳ぐためにフリッパーを羽ばたく際の加速・減速の挙動から羽ばたきの頻度も推定できる[5]．

5) データロガーを用いる新しい動物学を「バイオロギング学」という．[3-1]〜[3-4] 参照．

3.2　3次元移動軌跡を描けるデータ

地磁気ロガーは，磁北との角度を記録する．この情報に加速度ロガーから推定される動物の体軸角度を併せると，動物の体がどちらを向いているかがわかる．ロガーは同時に毎秒の速さも記録しているので，これらを順につないでいけば，動物が移動した軌跡を3次元空間の中で再現できる（図3.3）．

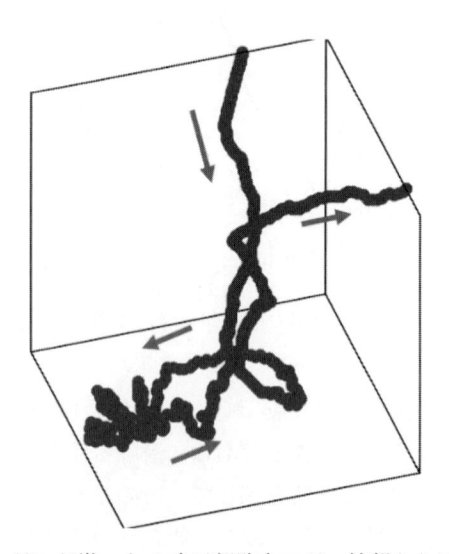

図 3.3　ペンギンが潜った3次元経路をロガー情報から再現した例．

もっとも，残念ながら現実はそんなに甘くない．ペンギンが潜り始めた地点と浮上した地点がわかっているデータを見ると，算出された浮上地点は実際と一致していない．海流などもあって，動物が必ずしも体軸方向に動いているわけではないのが大きな要因であろう．しかし，算出された体軸方向は動物自身がその瞬間，進みたいと思って体を向けている方向である．そこで，3 次元軌跡という動物が行動した結果ではなく，毎秒毎秒，動物の進む方向がどう変化しているかに注目する．見方を変えると，進みたい方向という動物の意志を追うのである．つまり，動物の行動を知る科学から，動物の意志を知る科学に発展させようという野心である．

3.3 方向変化の分布とその分散

3 次元空間での角度はややこしく，また 3 番目の軸である上下方向は浮上や潜降なので，直進や転回といった 2 次元平面（東西南北）方向とは質が違う．話を簡単にするため，ここでは東西南北方向を扱うことにする．また，どっちを向いているかでなく，どれだけ方向を変えたか，毎秒の方向の変化（角速度）に注目する[6]．完全に直進しているとき，角速度はほとんど 0 を示し，「その方向に行きたい」という強い意志があると解釈できる．90 度/秒の角速度は左へ曲がることを意味し[7]，「左のほうに行きたい」という意志が働いたと思える．小刻みにジグザグすると角速度はプラスとマイナスの間を変動する．餌探索をしているせいだろうか．

図 3.4 は，図 3.2 の各潜水における，東西南北方向の変化（角速度）の時系列図である．激しく方向を変える潜水 (b や d) もあれば，そうでない潜水 (a) もある．潜航中や浮上中は直進的で深い所では左右に揺れている潜水がある (b) 一方，潜降から浮上までずっと左右に揺れている潜水もある (c, d)．そこで図 3.5 では，角速度を 10 度/秒ごとのクラスに分け，各クラスに入る個数を数え，潜水ごとに集計してヒストグラムで表してみた．

これらのグラフは観察された角速度の分布[8]を表し，0° を中心とする左右対称な形になっている．角張ったヒストグラムを滑らかにならした曲線を想像すると，それらは，2 章で使った正規分布の確率密度関数のグラフ（図 2.3）に似た形状になっている．(a) は 0° の周りの集中が強く，直進が多そうである．(c) はまっすぐが少なく方向転換が激しい潜水である．(b) と (d) は直進も多いが 180 度近い反対向きもけっこう見られる．

[6] どっちを向いたかに注目した話は 8 章で行う．すぐ後で述べるように，方向データのほうが角速度より取扱いが難しい．

[7] 数学の慣習に従い，反時計回りを正の角度としている．

[8] データがどんな値を取っているかを「データの分布」といい，図 3.5 のようなヒストグラムで表す場合が多い．統計学では，確率分布や累積分布関数（3.5 節）など，数学用語としても「分布」という言葉を多用する．

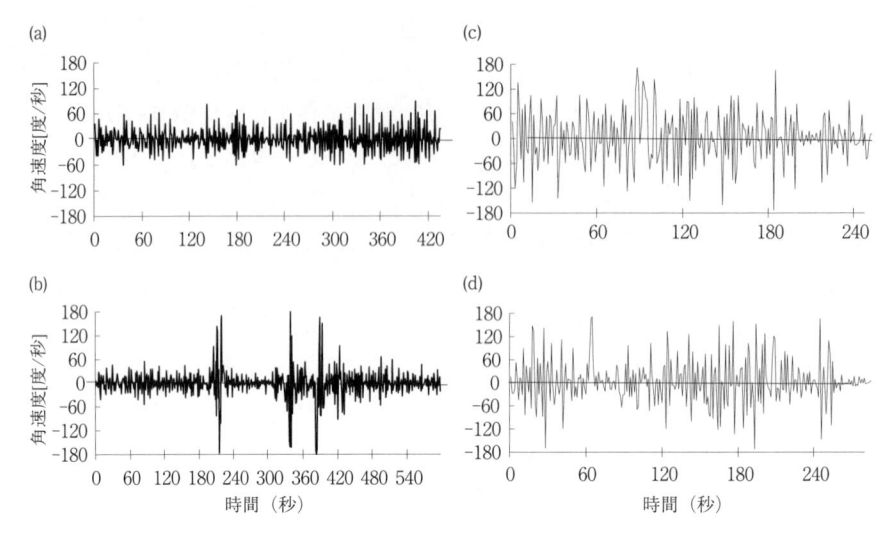

図 3.4 図 3.2 の潜水における東西南北方向の角速度の時間変化.

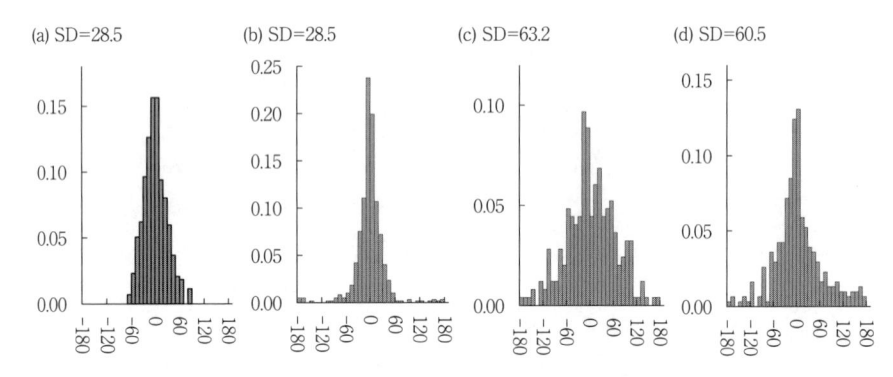

図 3.5 図 3.2 と図 3.4 に表示した 4 つの潜水における角速度の分布．区間幅 10[度/秒] のヒストグラムで，ラベルは 6 つおきに区間の最小値を示した．標準偏差を (SD=) で書き入れた.

9) 厳密には標本標準偏差．2.9 節で言及したように，正規分布では，標準偏差の値はそのままグラフの形状（変曲点までの長さ）を反映するので，分散より直観的にわかりやすい場合が多い．

10) 厳密には角度のデータなので，通常の標準偏差や分散の計算は正しくない．なぜなら (179°, 181°) というデータの標準偏差は小さいはずだが，(179°, −179°) と表して，通常の標準偏差を計算すると大きな値になる．どちらが正しいのだろう．実はどちらも正しくない．本章では角度の変化（角速度）を扱っているので 0° の周りに集中する．それでこの問題はあまり深刻でないので，とりあえず避けて通れる．角度データの取扱いについては 8 章で紹介する．

どのくらい直進（0 度）から逸脱した回数が多かったかの評価は，散らばり具合の評価なので，標準偏差[9]で評価してみる．すると，(c) と (d) では確かに標準偏差が 60 以上と大きく，(a) と (b) では 30 くらいと小さい[10]（図 3.5）．

深く潜って餌探し行動をとったから進行方向が頻繁に変化し，標準偏差が大きくなったのかもしれない．そう思って，983 回あった 180 秒以上の潜水について，最大深度と標準偏差の散布図を描いてみると（図 3.6(a)），案外と比例関係が弱い．浅いわりに大きな標準偏差を持つ潜水も少なくない．あ

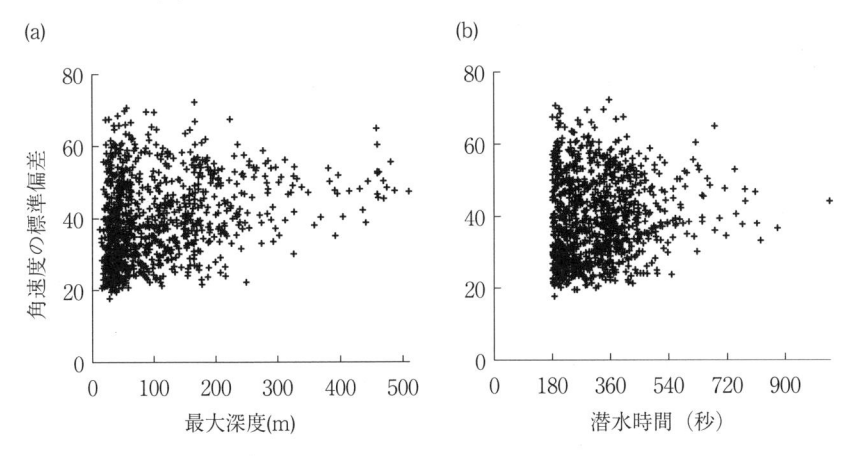

図 3.6 180 秒以上の 983 回の潜水について,角速度の標準偏差と最大潜水深度 (a) および潜水時間 (b) の散布図.

　るいは,長く潜っているなら餌探しも含めていろいろな行動をとったろうから標準偏差も多くなって当然とも考えられるが,これまた顕著な関係は見えてこない(図 3.6(b)).図 3.5 に示してある標準偏差に,各潜水のどんな特徴(欲を言えば潜水しているペンギンの意志)が反映されているのか,わからなくなってきた.

　しかし,そもそも図 3.5 をよくみると,(c) のようなでっぷりした分布と (d) のようにほっそりした中に大きな散らばりを示す分布も,同じような 60 くらいの標準偏差になっている.(a) と (b) も見た目にはけっこう異なる分布だが,ほぼ同じ標準偏差になっている.

　実は,標準偏差や分散は,データの散らばり具合を表すという解釈でいちおうよいのだが,簡単なようで意外と捉えにくく,しばしば誤解釈を招く.もっとも,データの分布が正規分布になっている[11]なら,問題はほとんどない.なぜなら,正規分布は,2.4 節および 2.9 節のように平均と標準偏差という 2 つのパラメータで定められるが,平均は曲線の形状に影響を与えないので,形状は標準偏差だけで決定される.散らばりが多ければ標準偏差は大きく,散らばり具合と標準偏差は比例する.一方,データの分布が尖っていたり平たかったり,ピークが 2 つも 3 つもあったり中央がへこんでいたりしていると,標準偏差の解釈を誤る可能性が出てくる.

　実際,図 3.7 はどう見ても 4 つの性質の異なる分布であるが,標準偏差だけを見ると,だいたいどれも 2 になっている[12].

[11]「データが正規分布になっている」という意味は次節で与える.

[12] 図 3.5 の中でも,(a) と (b),(c) と (d) は形状が異なるのに同じくらいの標準偏差だった.

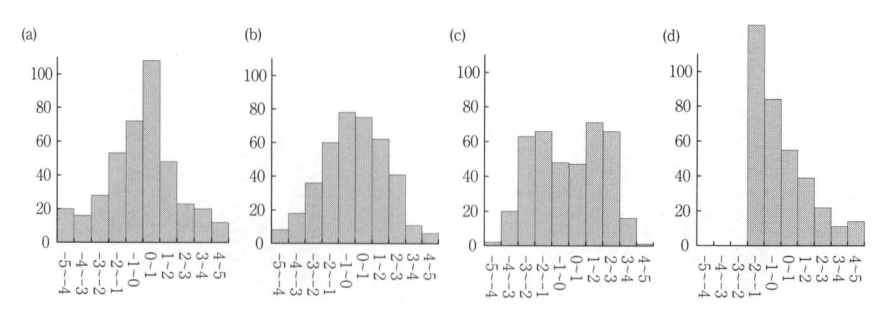

図 3.7 以下の 4 つはどう見ても全く性質の異なる分布に見えるが，平均と標準偏差は，いずれもほとんど同じで 0 と 2 くらいである．

そこでまず，図 3.5 に示されている 4 つのデータが，正規分布になっているのか確かめてみたい．

3.4　正規分布モデル

直観的にわかりやすい確認法は，図 3.5 のヒストグラムに正規分布の確率密度関数のグラフを重ねて描き入れ，だいたい一致しているかどうか眺めるというものである．そこで，いろいろな標準偏差の正規分布のグラフを描いて，ヒストグラムに近いものを探してみる[13]．どんな標準偏差のグラフを描いても著しく形が違うなら，そのデータは正規分布でない，したがって標準偏差だけで散らばり具合を評価することは不適切ということになる．

[13] 1.4 節の図 1.5 のときと同じような探索である．

図 3.8 では，図 3.5 の中の 2 つの潜水について，この探索を実行しているところである．左は図 3.5(a) の潜水だが，$\sigma = 25$ か 30 の正規分布がほぼ同じ形になりそうである．ちなみに，この分布の標準偏差は 28.5 である．右は図 3.5(d) の潜水だが，どのグラフもヒストグラムからかけ離れた形状である．標準偏差の 60.5 に近い $\sigma = 60$ も，かなりずれている．

しかし，試していない中にもっと似た形状の物があるかもしれない．最もよい場合ですら形状が著しく違っていることを確認しないと，正規分布ではダメだという判断をできない．それでは，どのような計算をすれば，"最も良い"正規分布（の標準偏差）を決められるだろう．

2.2 節のように，棒グラフの値と曲線の値の差の 2 乗の総和を最小にする標準偏差の値を計算することが考えられる．しかし，それでは，クラスの決め方によってあてはまる曲線が違ってくるかもしれず，好ましいやり方とは

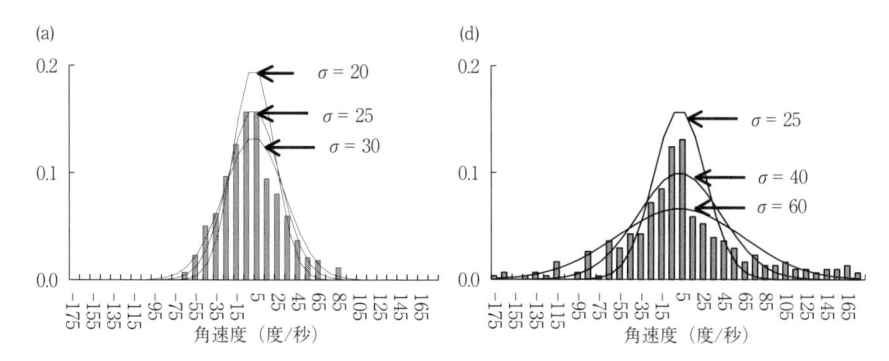

図 **3.8** 図 3.5 の中の 2 つの潜水 (a) と (d) について，ヒストグラムと同じような形のグラフを示す正規分布を探しているところ．割合をヒストグラムで表示した場合，正規分布の確率密度関数は，式 (2.7) でなく，それにヒストグラムのクラス幅である 10 をかけた値をグラフにすると，（函数の値は変わってしまうが）グラフの形状を損なうことなく，2 つを重ねて表示できる（なぜクラスの幅をかけるかは各自考えよ）．水平軸では，1 つおきにクラスの中央値を表示している．

言い難かった[14]．

図 3.5 に示してある角速度の分布が「正規分布になっている」ということは，数学の言葉で書くと，「それらのデータはある正規分布に従う確率変数の実現値の集合である」ということである[15]．すると，図 3.5 の分布データに最も近い正規分布をみつけるという問題は，この仮定の下で"最も良い"モデルの中のパラメータ（標準偏差）の値を求める問題となる．これはまさしく，統計モデルと最尤法の問題にほかならない．

データがある正規分布に従う確率変数の実現値であると仮定する統計モデルを，**正規分布モデル** (normal distribution model) という．

図 3.4 や図 3.5 で示されているデータの 1 個 1 個が，平均 μ，標準偏差 σ の正規分布[16]に，それぞれ独立に従っていると仮定する[17]．このとき，観察値 x が得られる確率は，正規分布の式 (2.7) から

$$e^{-(x-\mu)^2/2\sigma^2}/\sqrt{2\pi\sigma^2}$$

である．ただし 2 章で注意したように，厳密にはこれは確率密度函数の値であるから確率ではない．しかし，連続的な確率分布の場合の尤度は，確率密度函数の値で定義するので，データ $\{x_1, x_2, \ldots, x_n\}$ に対する尤度は，これらをかけ合わせた

$$L(\mu, \sigma) = e^{-(x_1-\mu)^2/2\sigma^2}/\sqrt{2\pi\sigma^2} \cdot e^{-(x_2-\mu)^2/2\sigma^2}/\sqrt{2\pi\sigma^2}$$

[14] 問 2.4 参照．

[15] 1 章からの繰返しになるが，モデルを学び始める頃は，こうした考え方になかなか馴染めないようである．

[16] すぐ後で $\mu = 0$ に固定するが，とりあえず一般の正規分布モデルについて説明する．

[17] 実際のペンギンは毎秒独立に方向を決めるのでなく，前は右に曲がったから今度は左を見る，前は右に曲がってその勢い（慣性）があるからまた右に曲る，というふうに前の状態に依存して次の行動を決めているだろう．しかし，ここではそうした時間に沿った動きでなく，潜水全体の特徴を抽出する．前の時間の行動の現在への影響については，8 章で少し言及する．

$$\cdots e^{-(x_n-\mu)^2/2\sigma^2}/\sqrt{2\pi\sigma^2}$$
$$= \prod_{i=1}^{n}(e^{-(x_i-\mu)^2/2\sigma^2}/\sqrt{2\pi\sigma^2}) \tag{3.1}$$

となる[18]．

(3.1) の対数をとって，対数尤度函数は

$$l(\mu,\sigma) = \ln\{\prod_{i=1}^{n}(e^{-(x_i-\mu)^2/2\sigma^2}/\sqrt{2\pi\sigma^2})\} = \sum_{i=1}^{n}\ln(e^{-(x_i-\mu)^2/2\sigma^2}/\sqrt{2\pi\sigma^2})$$
$$= -\sum_{i=1}^{n}(x_i-\mu)^2/2\sigma^2 - n\ln(2\pi\sigma^2)/2 \tag{3.2}$$

となる．この値が最大となる μ は，(3.2) を μ で偏微分して 0 とおくと $\frac{\partial l}{\partial \mu} = \sum_{i=1}^{n}(x_i-\mu)/\sigma^2 = 0$ となり，最尤推定量

$$\hat{\mu} = \sum_{i=1}^{n} x_i/n \tag{3.3}$$

が得られる．要するに，通常の平均と同じ式（標本平均の式）になる．σ は，2 章同様，σ^2 で 1 つのパラメータと思い，σ^2 で偏微分すると，2 章と同じような計算となり，

$$\frac{\partial l}{\partial \sigma^2} = \sum_{i=1}^{n}(x_i-\mu)^2/2(\sigma^2)^2 - n/2\sigma^2 = 0$$

から最尤推定量は

$$\hat{\sigma}^2 = \sum_{i=1}^{n}(x_i-\hat{\mu})^2/n \tag{3.4}$$

となり，こちらも通常の分散と同じ式（標本分散の式）が得られる[19]．標準偏差はこの平方根をとった

$$\hat{\sigma} = \sqrt{\sum_{i=1}^{n}(x_i-\hat{\mu})^2/n} \tag{3.4′}$$

である．

図 3.5 からもわかるように，角速度のデータはほぼ 0 を中心に対称になっており，平均値を計算するとだいたい 0 になっている．そこで計算を簡単にするため，以下では平均 μ は $= 0$ と固定し，σ^2 だけを未知パラメータとす

[18] 1章と2章のモデルでは，データが対（直径と開花，直径と高さ）になっていて，モデルは両者を結ぶ回帰式と確率分布から成り立っていた．本章では観察値自体を確率変数の実現値とみなし，パラメータは確率分布の中にしかなく，1～2章のモデルより単純な構造となっている．4章で述べるが，1～2章のモデルは，「直径が与えられた条件の下での開花率や木の高さの分布」になっており，よく使われるわりに数学としての定式化はややこしい．

[19] データを手にしたときに最初に計算するのが（標本）平均と（標本）分散であるが，これらは，データに正規分布モデルを適用したときのパラメータ μ と σ^2 の最尤推定値というわけである．だから，我々が日常的にやっている平均や分散の計算は，実は正規分布モデルを適用して最尤法を実行する作業だったのである．なお，分散の計算は n でなく $n-1$ で割るように習った読者も多いと思う．それは**不偏推定値**（unbiased estimator）と呼ばれるもので，最尤推定値とは異なる数学的根拠を伴う推定値である．[0–5] などを参照．

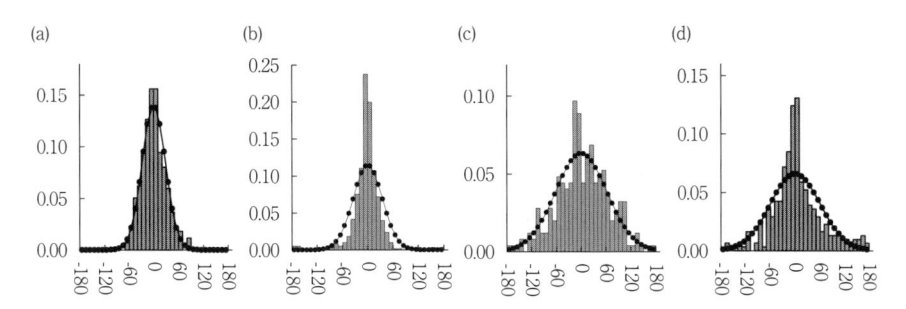

図 3.9 図 3.5 の 4 つの分布へ正規分布モデルを適用し，最尤推定された確率密度函数をクラス幅（10 [度/秒]）倍したグラフを ━●━ で，観察された角速度の分布を図 3.5 と同じ棒グラフで示した．角速度のクラスは，区間の最小値を 6 つおきに表示した．

るモデルを適用する．対数尤度函数は

$$l(\sigma^2) = -\sum_{i=1}^{n} x_i^2/2\sigma^2 - n\ln(2\pi\sigma^2)/2, \tag{3.5}$$

分散の最尤推定量は

$$\hat{\sigma}^2 = \sum_{i=1}^{n} x_i^2/n, \tag{3.6}$$

標準偏差は

$$\hat{\sigma} = \sqrt{\sum_{i=1}^{n} x_i^2/n} \tag{3.6'}$$

である．

　なお，以下の計算は，この公式を用いてもよいし，数学や統計ソフトの最大化コマンドを用いて対数尤度 (3.5) を最大にする σ^2 を計算してもよい．最大化はどの初期値から始めるかに依存するが，図 3.5 のような，見た目にも正規分布のようなデータ正規分布モデルを適用すると，通常，初期値で大きく結果が変わる事態は起こらず，(3.4) や (3.6) で与えられる正しい値に辿り着く[20]．それでも，いくつかの異なる初期値から始め，いつも同じ最大に至る事を確認するくらいのことはやってほしい．

　図 3.5 のヒストグラムに，それぞれのデータから最尤推定した標準偏差の正規分布の確率密度函数のグラフを描き入れたのが図 3.9 である．(a) ではほぼ一致している．(c) ではやや苦しいが "ほぼ" ピッタリにも見える．(b) や (d) は全く当てはまっていない．左右対称の釣鐘型ではあっても，正規分布では表せない形状だったのである．

[20] なお，すぐ後の混合正規分布では，まさしくこの問題にひっかかる．

ただし，あくまでデータはランダムな実現値の集合と考えられるので，少しくらい本来の確率密度関数のグラフと異なる形になるのは止むをえない．いくら見た目に違っていても，正規分布からのランダムな実現値では形成しえない形状であると断言はできないし，逆に見た目に似ていても，ランダムな実現値ゆえ仕方ないレベルを超す逸脱があるのかもしれない．

3.5 シミュレーションにより適合度を観る

見た目ではなく統計学的に当てはまり具合[21]を確かめるには，シミュレーションがわかりやすい．最尤推定された正規分布に従う確率変数の実現値を，ランダムに[22]データ数と同じ数だけパソコンで発生させる．そうして作った数値の集合が，実際のデータと"似たような"分布になっているかを確かめるのである．

正規分布に従う確率変数のランダムな実現値（正規分布からのランダムな**サンプル** (sample)，または正規乱数という）は，たいていのソフトで作成できるようになっている．ただそこで注意がいるのは，ソフトによってはシード値というものを決める必要があり，何もしないといつも同じシード値のままであるため，毎回まったく同じ乱数を発生させてしまうものがある．何度もシミュレーションを繰り返したはずが，毎回同じ乱数を使っていたとあっては洒落にもならない[23]．

Excelの場合，0と1の間の一様な乱数なら，=rand()という数式でも作成できる．ここで，一様乱数とは，一様分布という確率分布からのランダムなサンプルのことで，文字通り，ある区間の中から一様にランダムに選んできたサンプルである[24]．

(a, b) での**一様分布** (uniform distribution)

$$f(x) = \begin{cases} 1/(b-a) & (a < x < b) \\ 0 & (x \leq a,\ x \geq b) \end{cases} \tag{3.7}$$

問 3.1 区間 (a, b) での一様分布の期待値を求めなさい．

Excelの=rand()というコマンドで作る乱数は，F9というキーを押すだけで自動的に更新されるため，ワンタッチで新しいシミュレーションの結果を眺められ，特定の乱数のときの結果しか見ないリスクを回避できる．

---

[21] 適合度 (goodness-of-fit) という．適合度を確かめるよく知られている手法に，**カイ2乗適合度検定** (χ^2 tset of goodness-of-fit) があるが ([0–5] の5章参照)，本書では，手元のパソコンで簡単に行えるシミュレーションによる方法を紹介する．

[22] 「ランダムに」を数学として正確に定義しようとすると，けっこう面倒である．ここでは，「毎回，前の値と何の関係もなく」くらいに思っていてかまわない．

[23] 2000年代前半のある日，大学のパソコンの授業で，Excelの「分析ツール」を使って乱数を作成したところ，50台のパソコンのすべてが「全く同じ乱数」(!)を作った．その光景は圧巻だったが，でたらめに並んだ数というイメージを与える目的と正反対の効果をもたらした．

[24] もちろんこれは，一様乱数の数学としての定義になっていないが，当面，一様乱数については，こうした直観的な理解で差し支えない．正規乱数など，一様乱数以外のランダムなサンプルについては，「パソコンのソフトが作ってくれるもの」でなく，以下に述べる作り方を理解した上で使ってほしい．

ただし，この機能は 0 と 1 の間の一様乱数の生成に限られる．それ以外の乱数を作るには，0 と 1 の間の一様乱数を，問題にしている確率分布からのランダムなサンプルになるよう，変換する必要がある．

便利で広く使われている手法の 1 つが，逆函数法である．確率密度函数 $f(x)$ を積分した

$$F(x) = \int_{-\infty}^{x} f(t)dt \tag{3.8}$$

を **累積分布函数** (cumulative distribution function) という[25]．$F(x)$ は 0 以上の函数 $f(x)$ を下 $(-\infty)$ から積分するので，0 から始まって単調に増加し，最後 $(+\infty)$ は 1 に収束する．したがって逆函数 $F^{-1}(x)$ を持つ．

確率密度函数 $f(x)$ で定まる確率分布からのランダムなサンプルを n 個作りたいとき，まず 0 と 1 の間の一様乱数を n 個作り，それらを $t_1, t_2, \ldots, t_n$ とする．累積分布函数 $F(x)$ は確率密度函数 $f(x)$ が大きい所では急激に大きくなるので，逆函数 $F^{-1}(x)$ は逆にわずかずつしか大きくならない．そのため，一様な乱数 $(t_1, t_2, \ldots, t_n)$ に対して，逆函数 $F^{-1}(t_1), F^{-1}(t_2), \ldots, F^{-1}(t_n)$ を取ると，これらの値は，確率密度函数の大きい所に集中し，元の確率分布からのランダムなサンプルとなるのである（図 3.10）．

このようにして正規分布からの乱数を発生させ，得られた数値を図 3.9 と同じクラスに分け，各クラスに入る個数を数える．この操作を 1 回行うエクセルシートの例を図 3.11 に示す．F9 キーを押すだけで乱数は新しく更新され，見ているグラフの形も変化する．10 回くらい手で操作していると，よく当てはまっているか，はずれているかの手応えを感じ取れる．

それでも，得られるのはあくまで当てはまり具合の"感触"でしかない．ランダムなサンプルを生成する過程でどのくらいのズレが生じるかをより正確に調べるには，同じ操作を 1000 回行い，毎回，各クラスに何個の数値が入ったか数えて記録する．すると，各クラスに 1000 個の整数データが得られる．実際のデータがその正規分布モデルからのランダムなサンプルだったなら，各クラスの個数は，この 1000 回の範囲内のはずである[26]．

そこまで稀な現象かどうかでなく，100 回に 1 回起こるかどうかの稀さなら，シミュレーションは 100 回で十分だが，100 回しかやらないと，運良く（悪く？）1 回だけ異常にたくさんの正規乱数が特定のクラスに入ってしまったりするかもしれない．むしろ，1000 回やって，各クラスの上から 5 番目と下から 5 番目の個数を求めて境にする．この範囲を超す個数は 10/1000，つまり 100 回に 1 回も起こらない稀なものだし，上下 5 個を利用するので，運

[25] 単に **分布函数** (distribution function) ともいう．ただ，そうすると「分布」という語があちこちに出てきて混乱するので，本書では「累積」を付けて呼ぶ．

[26] もしもどの 1000 個よりも大きい個数や小さい個数だったら，そんな事は文字通り，1000 回に 1 回も起こらない．

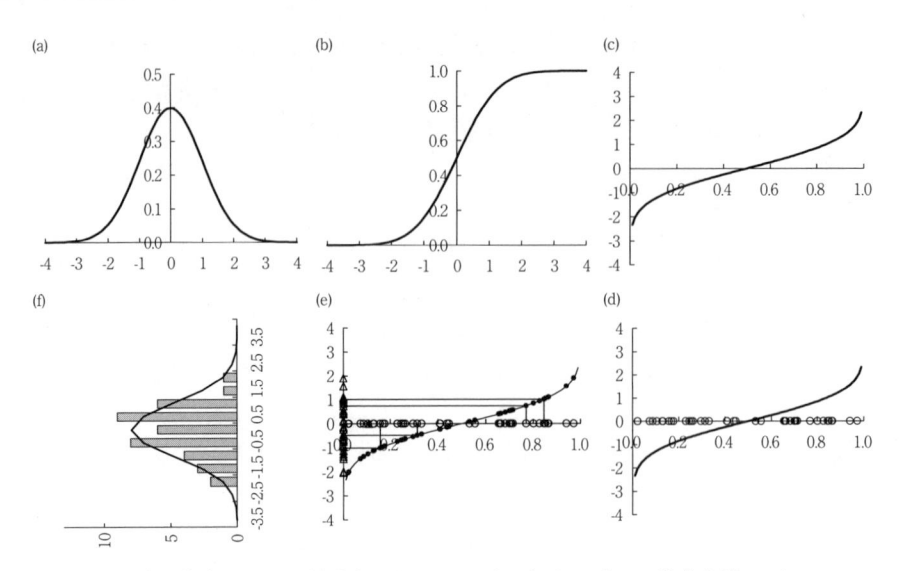

図 3.10 逆函数法による正規分布からのランダムなサンプルの作成方法．下の3つのグラフを右から左へ見る．上側にある (a) は $(\mu, \sigma) = (0, 1)$ の正規分布の確率密度函数のグラフ，(b) はそれを積分した累積分布函数のグラフ，(c) はその逆函数 $F^{-1}(x)$ のグラフ．まず横軸の $(0, 1)$ に一様な乱数を作る（(d) と (e) の○）．それらに対応する逆函数の値（(e) の縦軸上の△）の分布のヒストグラムを描くと (f)，元の正規分布に近い形状になっている．

[27] 上下2.5%を外すということ．

悪く（良く?）その中に異常な個数が入るリスクも回避できる．95%未満でしか起こらない境なら，上から25番目と下から25番目を使えばよい[27]．

すべての観察値がこうして定める範囲内なら，モデルはだいたい合っていると考えられる．逆にはずれている所があれば，どこがどのくらい多すぎ，どこがどのくらい少なすぎるかの目安になる．図3.12に図3.11のエクセルシートを改良して，このシミュレーションを実行する例を示す．

このような計算を図3.9の中の3つの例について実行した結果を図3.13に示す．0付近で鋭く尖っていた (d) は確かにはずれている．よく当てはまっていた (a) は確かに当てはまっているが，よく見ると，90度あたりでの観察数は多すぎるようである．(c) では0度付近の観察数が多すぎるように見えたが，確かに多すぎた（でも (d) に比べると"わずかに"多すぎた）．

確率分布で不確実さを含めたモデルがデータによく当てはまっているかどうかを直接確かめるには，モデルから大量のサンプルを生成し，本当に実際のデータが，モデルが生成する数値と同じような分布になっているかどうかを調べるのが，見た目にハッキリした結果を得られてわかりやすい．かつて

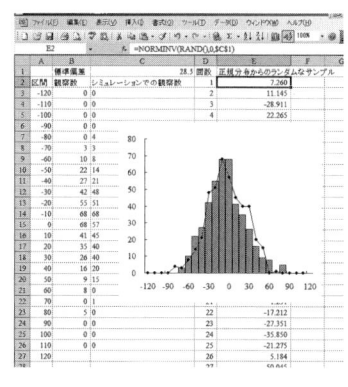

```
C3: =COUNTIF(E$2:E$436,"<"&$A4)-
    COUNTIF(E$2:E$436,"<"&$A3)
E2: =NORMINV(RAND(),0,$C$1)
```

図 3.11 正規分布モデルの当てはまり具合をシミュレーションで確かめる Excel シートの例．E 列で標準偏差がセル C1 の数値の正規分布からのランダムなサンプルを逆函数法で作成している（正規分布の累積分布函数の逆函数は =NORMINV( ) で計算できる）．各クラスに何個のサンプルが属するかは，=COUNTIF( ) という式を用いて C3 のように入力すると，下にコピーするだけですべてのクラスで計算できる（"と&という記号の使い方に注意．いわゆる Excel の裏ワザのひとつである）．F9 のキーを押すと，毎回異なる正規乱数を作成でき，グラフも変化する．

図 3.12 図 3.11 では 1 回しかできなかった操作を，正規乱数の作成を下に移動し，その真上にクラスごとの個数を数えるセルを持ってくることで，F 列をコピーして右に貼り付けていけば，何回でも好きな回数に増やせる形にした．それらの上から 25 番目や下から 25 番目は，上側 2.5% と下側 2.5% を求めるセル D3 や E3 のような数式で計算できる．なお，古いバージョンのエクセルでは列は 256 しか用意されていないので，1 枚のシートで 1000 回のシミュレーションはやりにくい．新しいバージョンでは何回でも可能だが，計算速度は遅くなる．

乱数を派生させるだけでも高価なコンピュータとプログラマーを要したような時代では，このような直接的な確認は，一般の人には難しかった．しかしこれだけ気楽に自分のパソコンのソフトで乱数を発生させシミュレーションできる時代である．自分で乱数を派生させてシミュレーションを行い，不確実さを伴うモデルがどういうデータを生成するものなのかを体験してほしい[28]．

[28] 統計モデリングで必要なパソコン操作は，第 1 に最大最小の計算，第 2 がこの乱数発生である．

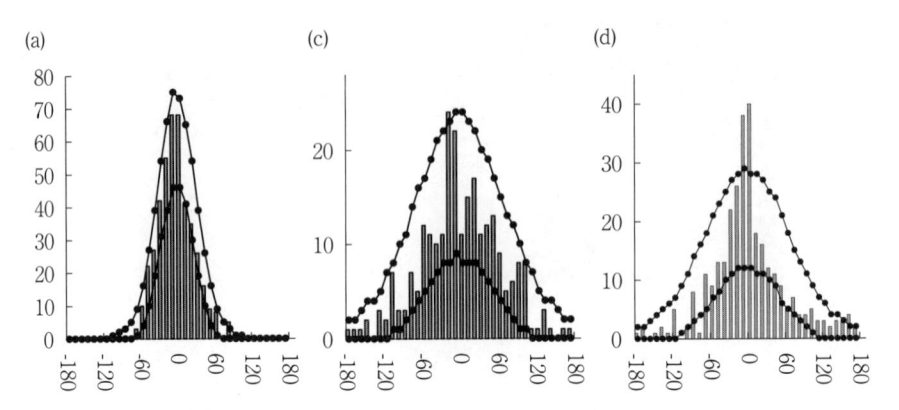

図 3.13 正規分布モデルの当てはまり具合をシミュレーションにより確認している例．図 3.5 の中の図番号をそのまま用いてた．棒グラフは観察数（図 3.5 と同一），上下 25% の個数を結んだものを ――●―― で示した．角速度のクラスは，それぞれの最小値を 6 つおきに表示した．

蛇足ながら，シミュレーションは，見事なプログラムでさっと片づけてしまうより，図 3.11 のように，最初の 10 回くらいは手でチマチマ作成するくらい不器用なやり方のほうが，モデルを実体験できるだけに，よりお勧めである[29]．

3.6 混合正規分布モデル

ペンギンの進行方向の角速度の分布が，必ずしも正規分布になっていないことがわかった．当てはまっていない統計モデルのパラメータの最尤推定値で現象を定量的に評価したのでは，適切な解釈を伴わないかもしれない[30]．せっかく角速度を見ることで潜水ごとの特性を発見したところである．このまま捨てるには惜しいアイデアに思える．もう少し考察を進めてみたい．

左右対称で釣鐘型だが，正規分布でない分布を特徴付けるには，当てはまりの良い確率分布が必要である．図 3.13 からわかるように，当てはまりが悪い原因の 1 つは，正規分布に比べ 0（平均）のあたりでの集中度が高く，かつ 0 から遠い 180 に近い値も多いことにある．平均から遠い値も取る分布を「裾野の広い分布 (fat-tailed distribution)」と表現したりするが，そんな分布の 1 つに，2 成分の混合正規分布がある．

[29] 統計モデリングで必要なパソコン操作の第 3 は，繰返し計算のプログラミングである．ただ，これはもはやプログラムに強い人でないと届かない領域かもしれないので，人の力を借りて行えばよい．それでも，100 回くらいの繰返しなら自分の手でやるくらいの忍耐力を持ち，100 回より多く必要になったときに他人の力を借りるような心づもりでいてほしい．

[30] 実際，角速度の散らばり具合を（正規分布モデルの中のパラメータの最尤推定値である）標準偏差の値で代表させた議論は，図 3.5 の (a) と (b)，(c) と (d) を，それぞれ同じように評価してしまったように，不適切だった．

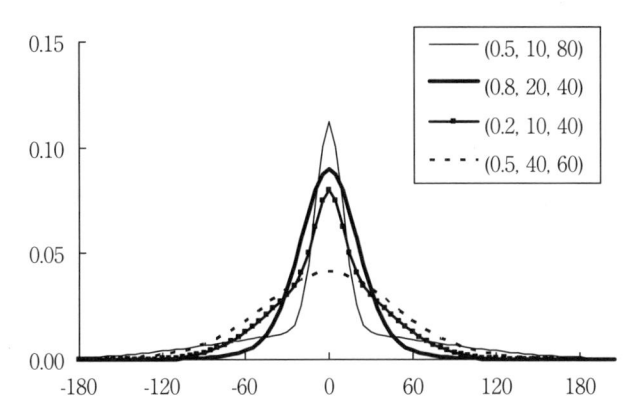

図 3.14 混合正規分布は様々な形状を生成する．パラメータの値は (a, σ_1, σ_2) の順に示している．

混合正規分布 (mixed normal distribution)

$$ae^{-x^2/2\sigma_1^2}/\sqrt{2\pi\sigma_1^2} + (1-a)e^{-x^2/2\sigma_2^2}/\sqrt{2\pi\sigma_2^2} \quad \text{[31]} \tag{3.9}$$

$$(0 \leq a \leq 1,\ 0 < \sigma_1,\ 0 < \sigma_2)$$

要するに，全体の中で割合 a は平均 0，標準偏差 σ_1 の正規分布，残る $1-a$ は平均 0，標準偏差 σ_2 の正規分布に従うというもので，単に 2 つの正規分布を足しただけのものであるが，この確率分布は多様な形状を生成する．図 3.14 に 3 つのパラメータ (a, σ_1, σ_2) を変えたときに出てくる分布の例を示した．鋭く尖ったものから尖りながらも裾野の厚い分布，あるいはでっぷりしたものまで，様々な形を作られる様子が伺える．

元のデータに戻って図 3.4 を見ると，角速度が 0 に近い直進的な進行が始まるとしばらくそんな状態が続くし，大きく方向を変え始めると，やはりそんな徘徊 (?) 状態がしばらく続く．つまり，潜水中，ペンギンは 2 つの行動モードを持ち，全体の中で割合 a が小さい標準偏差 σ_1 の正規分布に従う方向をあまり変えない直進モード，残りが大きい標準偏差 σ_2 の正規分布に従う方向を変える徘徊モードという解釈を，2 成分混合正規分布モデルは与えられる．つまり，2 成分混合正規分布モデルは，生物学的にも，データを観ていても，理にかなっている．

混合正規分布モデルの尤度関数は，

$$L(a, \sigma_1, \sigma_2) = \prod_{i=1}^{n}(ae^{-x_i^2/2\sigma_1^2}/\sqrt{2\pi\sigma_1^2} + (1-a)e^{-x_i^2/2\sigma_2^2}/\sqrt{2\pi\sigma_2^2}) \tag{3.10}$$

[31] 一般には平均 μ_1，分散 σ_1 の正規分布と平均 μ_2，分散 σ_2 の正規分布を a と $1-a$ というウエイトをかけて足したものとして定義されるが，本書では $\mu_1 = \mu_2 = 0$ の場合のみ扱うので，式 (3.9) の形とした．

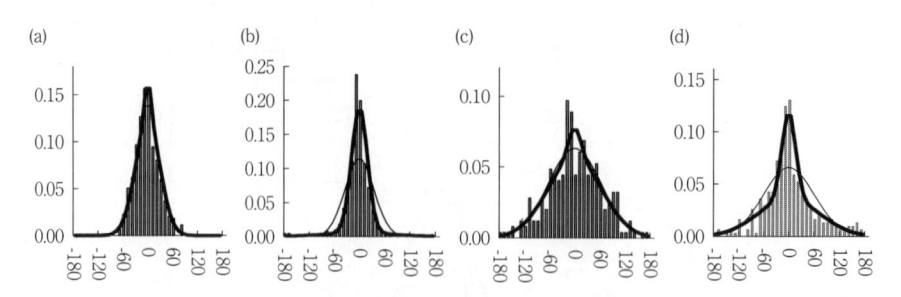

図 3.15 2 成分混合正規分布モデルを 4 つの潜水の角速度分布に適用した結果．最尤推定された 2 成分混合正規分布の確率密度関数をクラス幅 (= 10) 倍したグラフを太線，観察された角速度の分布を棒グラフ (図 3.5, 3.9 と同一)，最尤推定された 1 成分正規分布のグラフを細線 (図 3.9 の ──●── と同一) で示した．角速度のクラスは，それぞれの最小値を 6 つおきに表示した．

対数尤度関数は

$$l(a, \sigma_1, \sigma_2) = \sum_{i=1}^{n} \ln(ae^{-x_i^2/2\sigma_1^2}/\sqrt{2\pi\sigma_1^2} + (1-a)e^{-x_i^2/2\sigma_2^2}/\sqrt{2\pi\sigma_2^2}) \quad (3.11)$$

である．正規分布モデルの尤度関数の計算では，指数関数と対数を取る操作がキャンセルして式 (3.2) のような形に変形できたが，今度は対数の中に指数関数の和の形が入っているので，簡単にならない．しかし，いまのパソコンの数学ソフトは，この程度の計算でも対数尤度を最大にする 3 つのパラメータ (a, σ_1, σ_2) を返してくれる．

ただ，初期値によって返す値が異なる問題は深刻になる．極大値で計算が止まってしまう問題だけでなく，パラメータに制約 $0 \leq a \leq 1$ が付くため，この範囲に対数尤度を最大にする解がある保証がなくなるという問題も派生する．正規分布の和という単純さとは裏腹に，混合正規分布には厄介な問題が伴う[32]．

ここでは，初期値を，σ_1 は 1 成分正規分布モデルで得た σ の値にし，σ_2 を σ_1 より (1) 大きな値にする，(2) 小さな値にする，の 2 通り (a は 50%) で最大化をやって，同じ値が返ってくれば，おそらく最尤法はうまく機能したのだろうと考え，図 3.15 に，こうして得た 2 成分モデルのグラフを描き入れたものを示す．正規分布モデルでは大きくはずれていた (b) や (d) の分布が，今度はよく当てはまっている．パソコンに表示されたパラメータの値と AIC の値を表 3.16 にまとめた．

[32] 実は，混合正規分布は本書では触れられない問題を抱えており，単純にソフトの最大化コマンドで最尤法を実行することや，AIC の値だけでモデルを評価することは好ましくない．以下 3.7 節の議論は，最尤推定とモデル評価による定性的分類と定量的評価の意義のデモンストレーションと思ってほしい．

3.7 定性的分類と定量的指標

2成分モデルでうまく説明できるようになった潜水を図3.4に戻って検討してみる．例えば (b) は，$\sigma_1 = 19.1$ という直進モードが全体の80%を占め，残りが $\sigma_2 = 88$ という徘徊モードである．図3.4bでは597秒に及ぶ潜水の中で3回ほど大きく方向を変える時間帯があり，それぞれおよそ20秒だから，全体で確かに1割強が徘徊モードになっている．この2つのモードを混合正規分布が捉えているのであろう．(d) は (b) ほど2つのモードが明瞭でないが，その不明瞭な2つのモードの割合とそれぞれの分散を統計モデルにより推定したわけである[33]．

一方，1成分モデルでもよく当てはまっていた (a) や (c) では，図3.15を見ればわかるように，2成分にしてもほとんど形状が変わっていない．図3.4に戻ってみると，(a) は全体を通して $\sigma = 28.5$ という標準偏差の小さい直進型，(c) は全体を通して $\sigma = 63.2$ という大きい標準偏差の徘徊モードという結果は，確かに納得のいくものである．

このように，複数のモデルを当てはめることで，潜水を定性的に2つに分類し，それぞれについて，1つまたは3つのパラメータで，定量的にその潜水を評価する指標が得られるわけである[34]．すなわち，まずペンギンの意志が一貫していたか，2つのモードがあったかで定性的に分類する．一貫していても直進的な場合から徘徊的な場合まであり，それを標準偏差というパラメータ値で評価する．2つのモードが混在する場合は，(a, σ_1, σ_2) という3つの数値で，それぞれのモードの割合，直進の強さ，徘徊の程度を定量化する．

ここで，すべての潜水に機械的に2成分混合正規分布モデルを適用しても，潜水の定量的評価はできないという点に注意してほしい．なぜなら，1成分で十分な潜水に2成分モデルを適用すると，意味のないパラメータ値が返ってくるからである．表3.16の (a) の潜水がその例で，第1成分は0に近い割合で，第2成分の標準偏差は1成分モデルと同一である．つまり，第1成分の $\sigma_1 = 7.96$ にはほとんど意味はなく，別な値（1でも100でも）にしても対数尤度はほとんど変わらない．同じことは (c) の潜水についても見て取れる．だから，(a, σ_1, σ_2) の最尤推定値を比較することで，例えば餌環境と徘徊モードの関係を調べようとしても，その中には (a) の $\sigma_1 = 7.97$ や (c) の $\sigma_1 = 15.19$ のような意味のない数値が含まれており，適切な分析はできないのである．

[33] 表3.16にある (d) の最尤推定値を見ると，$1 - a = 66.3\%$ だから，全体の2/3くらいが徘徊モードのはずである．図3.4dを改めて見ていると，確かに2/3くらいが大きな分散を示しているような気になってくる．

[34] 1成分と2成分の正規分布モデルのAIC値を比べると（表3.16），確かに (a) と (c) では1成分のほうがAICの値が小さい．ただ，混合正規分布モデルでは，単純にAICの値の大小でのモデル評価は好ましくない．この節の議論は，あくまで複数のモデルを相対的に評価することの効用の紹介と思ってほしい．

表 3.16 4つの潜水について混合正規分布モデルを適用したときのパラメータの最尤推定値と AIC 値.

潜水番号	(a)	(b)	(c)	(d)
正規分布モデル				
標準偏差	28.5	34.9	63.2	60.5
混合正規分布モデル				
σ_1	7.97	19.09	15.19	16.25
σ_2	29.79	87.68	65.80	73.45
a	8.8%	88.4%	8.2%	33.7%
AIC				
正規分布モデル	4152.3	5937.0	2762.2	3381.5
混合正規分布	4152.4	5625.3	2763.7	3337.2

　1 章では，ある現象をデータに基づいて定量的に分析するとき，モデルを作ってその中のパラメータの最尤推定値で行うべきと主張した．しかし，本章前半の標準偏差のように，当てはまりの悪いモデルの最尤推定値では，不適切な評価をやりかねない．逆に，当てはまりが良くても，不必要に複雑なモデルには，無意味な最尤推定値が含まれているかもしれない．適度に複雑なモデルを選択することの意義がわかってくる．

　ロガーデータから統計モデルを考案し，それらの相対的評価を経ることで，動物の意志を感じ取る新しい動物行動学の萌芽を感じる．これまでの動物学は，結局のところ，人間から見た，人間視点での動物学だった．しかし，ロガーは動物に乗っており，動物と共に動く．まさしく動物の行動を動物の視点で記録している．ここに動物目線の動物学が誕生する[35]．

35) 本章の発見は，塩見こずえ，佐藤克文氏らとの議論の中から生まれたものである．

問 3.2　正規分布の確率密度関数の値は図 2.3 のように平均 μ から σ 離れると急速に 0 に落ち，標準偏差の 1.96 倍より平均から離れた値は 5% 以下の確率でしか取らない $\left(\int_{\mu-1.96\sigma}^{\mu+1.96\sigma} \frac{\exp(-(x-\mu)^2/2\sigma^2)}{\sqrt{2\pi\sigma^2}} dx \approx 0.95 \right)$ ことが知られている．このことから，だいたいの当てはまり具合なら，わざわざシミュレーションをやらなくても判定できる．例えばどんな方法が考えられるか．

問 3.3　本文の中でも指摘したが，本章のモデリングには，ペンギンが海の中を泳ぐ姿に反する仮定が置かれている．思いつくままに列挙し，文章にして表現しなさい．

問 3.4　同様に，2 章の回帰モデルとそれに基づく考察に対し，いま，素朴に抱いている疑問を文章にしてまとめなさい．繰返しになるが，必ず文章にして表現すること．頭の中で考えるだけや，解答を読み流すくらいなら，飛ばして先へ進むほうがよい．

コラム 2

数理が苦手なフィールドワーカーは $P = 0.08$ と $\varDelta \text{AIC} < 2$ に悩む

「自分が立てた仮説を検証するということは，その説と逆の"帰無仮説"を立て，その仮定のもとで観察された現象が起こる確率を計算し，それが非常識に小さければ帰無仮説は棄却され，検証したい仮説は生き延びる」というのが私が学生時代に習ったことである（5.9 節参照）．何と曲がりくねった理屈かと思う反面，厳格さもあると感じた．そして，確率（P 値）が非常識に小さいとき，有意という言葉を用い，通常 0.05 未満を有意とみなすと習った．

その後，野外データを数多く扱ってきた．すると，動物学者としての直観では帰無仮説は棄却されるはず（多くの野外調査ではそう期待してデータをとる），その確率が $P > 0.05$ となり，かつ動物学的にも合理的な説明がつかない場合にしばしば見舞われる．なぜだろう．単にサンプル数が少ないせいだけかもしれない．それなら，データを同じ分布にしてサンプル数だけ 2 倍にしたら有意になるだろうか，という悪あがきをしたこともある．

最近はパソコンが確率を正確に推定してくれるので，$P = 0.08$ などという結果が出たときは大いに考えてしまう．有意性の基準（危険率）を 0.05 とするのに合理的な理由はないと習った気がするし，人命にかかわるような，例えばマグロの水銀濃度がその海域で高いか，などは危険率 0.1 で判断しても良いとする教科書があったりする．

さらに悩むのは，例えば回帰係数が有意（0 であるという帰無仮説が棄却された）であるかどうかに加え，決定係数（本書では取り上げられていないが，回帰分析においてモデルが全変動の何パーセントを説明できるかの指標として用いられる．R^2 と表記される場合が多い）の大きさが微妙な場合である．その大きさが 0.1 の場合と 0.6 の場合を同じに扱ってよいのだろうか．有意であっても決定係数が小さいときなど，特にその効果について強く主張したくない場合には，「効果は統計的には有意だが，生物学的には重要ではない」と結論づけることもある．

厳格な検定論がある一方で，こんな恣意的な結論でいいのか．こんな悩みを多かれ少なかれ多くのフィールド研究者が抱えている．この悩みを解決してくれそうなのが，AIC によるモデル選択かもしれないと期待していた．とりわけ，検証したい仮説があっても，野外ではコントロールできない要因が多い．そんなとき，関係しそうな多くの独立変数のデータをとっておいて，統計的にコントロールするという作戦である．こういう場合に"よさげ"なモデルを選んでくれるこのアプローチは，帰無仮説の棄却に慣れた古いフィールドワーカーにはちょっととっつきづらいが，便利そうである．

ところが，悩みは解消されなかった．今度はモデルの間の AIC の値の差（$\varDelta\text{AIC}$

と書かれる）がそれほど大きくない（例えば 2 より小さい）ときである．よく出会う事例が，重回帰モデルにおいて，所定の説明変数の係数を 0 にした場合とそうでない場合とで AIC 値を比べ，AIC 値が最小となるモデルで係数が 0 でない説明変数を意味のあるものと考える場合である．モデルを選択するプロセス自体は申し分のないものである．しかし，往々にして，ある説明変数を入れるモデルと入れないモデルの AIC 値の差がわずかな場合に出くわす．

我々としては，特定の要因が重要であるかないか，という言明をしたい．「これこれの独立変数を含むモデルAのほうがあれこれの独立変数を含むBより AIC がこれこれの分だけもっともらしい，だからこれこれの要因はその程度には関連していそうだ」．確かにそうかもしれない．でも，それで終わりたくない．この点，帰無仮説の検定結果のほうが，古いタイプのフィールドワーカーにはわかりやすい（が正しい道なのかどうかはわからない）．

本書からも，「どのみち人間が作ったモデルなんか間違っているに決まっているから，AIC 値の微々たる差で悩むヒマがあったら，もっといいモデルを考えたり，いいデータを取ればいい」という声が聞こえてくる．モデル選択結果を述べて，この要因は重要であるが，どう重要であるかは読者自身で判断してくれ，という時代になるのだろうか．

さらに根本的な悩みがある．直観や経験から原因となりそうな独立変数を入れるのだが，やはり因果関係の有無を知りたい．AIC で選択されたモデルは，重要な要因を抽出しているかもしれないが，それと因果関係は別なのではなかろうか．

そう悩み始めると，ステップバイステップで作用メカニズムを明らかにしていく実験室でのエレガントな研究に憧れる．室内での操作実験は因果関係を検証していると感じる．それはなぜか？ ある 1 つの要因だけを変えているので，他の説明変数が入り込む隙がない．他の要因が効くかもしれないが，少なくともその要因が効いているかどうかについて判断できる．これが 1 つの理由である．しかし，それだけではない．操作（原因）の後に，すぐ続いて反応（結果）が起きているからである．

この時間遅れも，野外観察データでは分析しづらい．どのくらい時間遅れを持たせた説明変数が選択されるかを見ることも可能だが，その時間遅れが因果関係を説明するメカニズムと何らかの関係があるかについては，想像する程度である．

それでも，フィールドワークによってしか解決できない生態系に関する課題は多い．そうなるとやはり，とりあえず想定されそうな因果関係を入れたモデルを作って，モデル選択した後に，再度新しいデータを取り直して真の因果関係に迫る．新しいデータを取り直すために 10 年といった年月が必要となる場合もあるが，こんなのが結局のところ，現実的なアプローチかもしれない．

フィールドデータを大量に取り，実験室で精密な実験をこなし，$P = 0.08$ に迷い，$\Delta AIC < 2$ に考え込む．フィールドワーカーの悩みは尽きない．

綿貫 豊（北海道大学水産学部）

4 AICの導出――どうして対数尤度からパラメータ数を引くのか

1章では天下り的にAICの定義式(1.6)を与えた．この章では，その根拠を解説する．「AICは使い方だけ知っておけば十分」という考え方でいると，いつまでたってもその使い方を自分のものにできない．確かに，数学的に完璧に理解することは非数理系の人には困難である．肝心なのは，直観的（直感的では困る）に自分なりの理解を作ることである．数理系の人は，本章のような直観的理解に満足せず，AICの数理に関する証明をしっかり学習してほしいし，さらに，AICではどうして最大対数尤度からパラメータ数を引くのかを数学を専門としない人に説明するとき，自分ならどう説明するか，本書とも他の本とも違う独自の説明法の開発に挑んでほしい．

赤池統計学は，赤池弘次氏（上の写真と，下に写真の最前列右）と下の写真のような人をはじめとする様々な人たちが議論を交わす中で育成されてきた．

4.1 AICは4つのアイデアに基づいている

あるデータが与えられ，それを説明するためにモデルをいくつか作ったとき，赤池情報量規準 AIC は，

$$-2 \times (最大対数尤度) + 2 \times (モデルの中のパラメータ数) \qquad (4.1)$$

で定義される[1]．この値の最も小さいモデルを最良と評価する．

いままで見てきたように，統計モデルをデータに適用する作業は，2 段階に分かれる．

[1] 確率分布を含む数式でデータを生成する過程を数学的に表現する．
[2] その中のパラメータの中で最も尤もらしい値を求める．

[2] の作業は最尤法と呼ばれる．[1] の作業を，本書では「モデルを作る」と呼んでいる．本書で「モデル」と書くとき，それは一般には未知パラメータを含み，数式では，データの数値が入る y と，a や b などのパラメータの間に，セミコロンを挟んで $f(y; a, b)$ のような表記をした．

AIC によるモデル評価では，パラメータが対数尤度を最大にする値（最尤推定値）になっているものを用いる．最尤推定値は記号 $\wedge$（"ハット"と読む）を付けて表し，パラメータを最尤推定値に固定したモデルは，パラメータが未知の場合と区別して，セミコロンでなく縦棒 (|) を挟んで $f(y|\hat{a}, \hat{b})$ のように書くことにする．パラメータが最尤推定値以外の値に固定されたモデルは，AIC によるモデル評価では用いないが，本章で AIC の数理を説明するときには必要になる．「モデル」，「最尤推定値を用いたモデル」，「パラメータを a, b に固定したモデル」の 3 つが登場するが，これらは，数学の記号を使うと，$f(y; a, b)$，$f(y|\hat{a}, \hat{b})$，$f(y|a, b)$ というふうに識別できる[2]．

あるパラメータ値のときのモデル $f(y|a, b)$ の尤もらしさを，その元でデータが生成される確率を連続的な場合も含めて定式化した「尤度」で評価することにした．実際の計算はその対数を取った対数尤度で行うほうが便利なので，1 つひとつのモデルに対し対数尤度を最大にするパラメータを求めた．そうすると，単に対数尤度の最大値を大きくするだけなら，例えば 1 次式より 2 次式，2 次式より 3 次式を用いるモデルのほうが大きくできる．複雑な式を用いたら，それに見合うだけのご利益がほしい．そこで，モデルの複雑さをパラメータ数で評価し，最大対数尤度からパラメータ数を罰則として引く．

---

[1] 1 章の (1.6) と同じ式だが再記しておく．

[2] 数学の記号を用いるほうが言葉で書くより識別しやすい．"数学の記号は便利なものだ"と感じてもらえるだろうか．

慣習的に最後に全体を -2 倍するが，基本的には，AIC は最大対数尤度から
パラメータ数を減じたものと言える．罰則を与えてもなお良い最大対数尤度
値を示すモデルを"良い"と評価するわけである．

ところで，なぜデータが得られる確率のようなものである尤度の対数という
実数と，パラメータ数という整数が，1 対 1 に対応する (1 と -1 の割合で加
える) のだろう．[最大対数尤度 – パラメータ数] でなく，[最大対数尤度 $-2\times$
パラメータ数] や [最大対数尤度 $-0.5\times$ パラメータ数]，あるいはパラメータ
数も対数を取って [最大対数尤度 – ln(パラメータ数)] ではダメなのだろうか．

AIC に関する数学書 ([0–1], [0–2], [0–3]) を開くと，1 対 1 でよいという
証明や解説がある．ただ，概してそのあたりは数式が延々と続き，数理統計
学の専門用語や定理が登場し，数学に精通していないと解読は難しい印象を
与える．それで，「数学的に厳密なことを知らなくても使う分には不自由ない
し，どのみち数学的に証明された事なのだから，AIC の数学的根拠は学習せ
ず，計算だけパソコンの中の計算ソフトでできれば十分である」といった姿
勢になりがちである．

しかし，どうして (4.1) という数式でモデルを評価してよいのか，その基
盤となっている発想やアイデアを知らずに，はたして適切に数値結果を現場
の問題に還元し解釈できるものだろうか．

AIC の式 (4.1) の提唱には，以下のように 4 つのアイデアが込められてい
る[3]．

① 対数尤度に対して「データが得られる確率の対数」でなく，「作ったモデル
の真のメカニズムからのズレの相対評価の近似値」という解釈を与える．
② データから求める最大対数尤度はあくまで近似値であり，① でいうとこ
ろの相対評価の間には誤差があるのだが，この誤差には偏りがあって，い
くらデータの数を増やしても誤差は 0 に収束しない．したがって，最大
対数尤度をこの偏りの分だけ補正する必要がある．
③ この補正は，最も単純にはパラメータ数で近似できる．
④ したがって，モデルを相対評価する最初の一歩は，(4.1) という簡易な式
で実践してよい．

この中で，① と ② を理解するのに，ややこしい数式変形は必要ない (以
下の 4.4～4.6 節)．数学が難しいのは ③ だけである．この ③ のおかげで非
常に簡単なモデル評価規準が得られ，④ にあるように，伝統的な統計学[4]と
一線を画する新しい統計学の手法が誕生し普及した．それが，残念なことに，

[3] 4 つも詰まっているのだから，理解に苦しめられて当然なのである．

[4] 「統計的仮説検定論」と呼ばれるもので，いまでも統計学の入門書の大半はその解説である．なお，AIC を用いる統計学は，仮説検定論と一線を画しても対立するものではない．本書では 5 章で簡単に言及する．

いつしか式 (4.1) ばかり（つまり 4 つの中の ④ だけ）が一人歩きし，他の 3 つは利用者（特に日本の利用者）から避けられるようになってしまった．

一方，④ を裏返して読むと，(4.1) 式の AIC は決して万能でない，ということである．実際，AIC は当初は an information criterion，つまり情報量規準の最初の一つ，の略号だったとも言われている．たまたま赤池 (Akaike) の頭文字も A であったため，いつしか赤池の A として定着してしまったが，あくまで既存の統計学に捕らわれない，新しい統計科学の第 1 歩が式 (4.1) だった．

今日，パソコンが普及し，3 章で実演したように，パソコンに付随しているソフトで気軽にシミュレーションができる時代となった．数式変形の難解な ③ も，シミュレーションで体験的な理解が可能なのである．つまり，式 (4.1) が導かれる根拠を理解し AIC の意義を体得することは，決して数理統計学を修めた人だけの特権ではなく，数学を専門としない人でも直観的に理解できる．必要なのは，自分なりにシミュレーションを実践してみる勇気である．以下，4.8〜4.9 節でその 1 例を示す．すると，AIC の式の根拠が感覚的に認識でき始めるだけでなく，AIC の限界（第 1 歩なのだから当然限界がある）も見えてくる．それにより，実際のデータに対してモデルを作って AIC で評価する過程での考察力も増すという，お得な体験である[5]．4.11 節以降は，③ の背景にある数理を，雰囲気やキーワードだけでも知っておきたいという人のためのものである．

[5] AIC の背後にある考え方は，赤池氏自身による解説論文（[4–1]〜[4–3]）や，最近出版された [4–4] などを読むことで，様々な角度から窺い知ることができる．

4.2 統計モデルが実データと"合っている"とは？

① から順に説明を始める前に，統計モデルについて復習しておく．

ある現象が不規則な変動を伴う場合，それを予測するモデルは，観察値がある確率分布に従って発生するという形で不確実性を表す．つまり，統計モデルの予測は，1 個の数値でなく確率分布で与えられる．したがって，3 章で実演したように，データの分布がモデルの予測分布と合致しているかどうかで，モデルがデータによく合っているかどうか，確かめられる．この基本的事項が，実際にデータを扱う現場で，案外と認知されていない．

よくある誤解に，2 章で扱った線形回帰モデル $y = ax + b$ は，「x に対して y の値が $ax + b$ であると予測する」というものがある．特に最小 2 乗法を習い最小 2 乗法で計算していると，説明変数の観察値 $(x_1, x_2, \ldots, x_n)$ と目的変数の観察値 $(y_1, y_2, \ldots, y_n)$ に対して，$ax_i + b$ ができるだけ y_i に近くなるよ

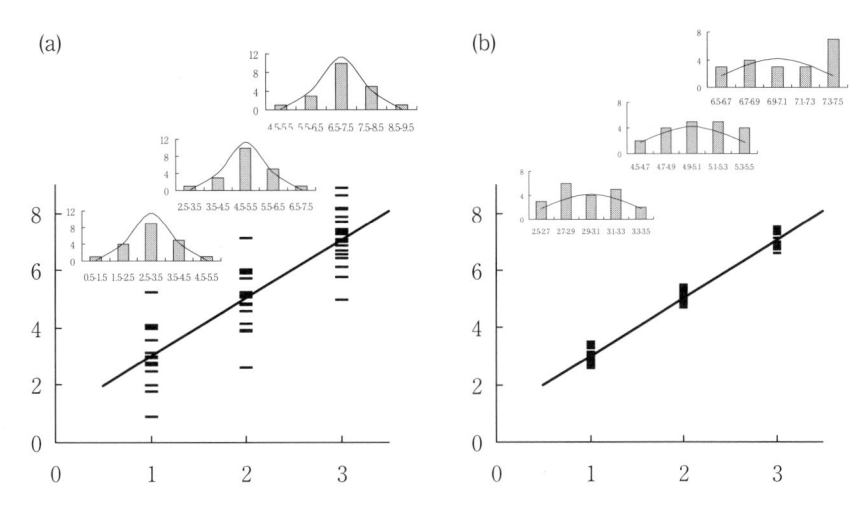

図 4.1 横軸（説明変数）の 3 個の観察値に対し，目的変数の観測値が複数得られているデータ（―で表示）が (a), (b) の 2 セット与えられた．それぞれに 2 章の線形回帰モデルを適用し，最尤推定された回帰直線を示した．上側に，3 個の説明変数の観察値における目的変数の観察値の分布をヒストグラムで表し，最尤推定された標準偏差の正規分布の確率密度函数に区間幅とデータ数をかけたグラフを重ねて表示した．

う (a, b) を決めるから，どうしてもこう考えがちである．しかし，回帰モデルは，そういうモデルではない．$X = x$ と与えられたとき，Y は"平均 $ax + b$，標準偏差 σ の正規分布に従ってばらつく"と予測しているのである．2 章のように，最尤法では，まさしくこう記述した上で記述どおりに尤度式 (2.9) を書き，標準偏差 σ もパラメータとして推定するから，誤解は減るはずである．それでも，$ax + b$ を「モデルが定めるただ 1 つの予測値」と考えてしまいがちである．

さまざまな x の観察値 x_i に対して対応する y の値 y_i が $ax_i + b$ に近いモデルが「良いモデル」なのではない．理想を言えば，ある x に対してたくさんの y が観察されたとき[6]，その分布が平均 $ax + b$，標準偏差 σ の正規分布に従っているモデルが，"データによく合っている""良い"モデルなのである．実際の線形回帰では，データに対し直線がその真中を通るように a と b が決められているように見えるが，実は 2 章でやったように，$ax + b$ からの散らばり具合が従う最も尤もらしい σ の値も求めている．

図 4.1 では，2 つの異なる真のモデルから生成されたデータ（同じ x の値に対してたくさんの y が観察されたとしている）に正規分布で散らばりを表

[6] 現実には 1 個しか観察値のない場合が多い．

す線形回帰モデルを適用し，最尤推定された回帰直線を描き入れた．(b) では観察値が回帰直線のまわりに集中しているが，回帰モデルとしてうまくいっているとは言い難い．なぜなら，回帰式からの散らばり具合が正規分布にほど遠いからである．回帰式からの散らばりは大きいが，(a) では散らばり方が正規分布によく合っているので，正規分布を用いた回帰モデルとしては，"よく合っている" のである[7]．

4.3 統計モデリングの目標

観察している現象には，ある数式で表される真のメカニズムがあり，かつ，そのメカニズムには不確実性が確率分布の形で含まれていて，我々は，それに従って発生している現象を観察していると考える．その確率密度函数を $g(y)$ とし[8]，**真のモデル**[9] と呼ぶことにする．

一方，我々が作るモデル $f(y)$[10] も，データは確率変数のランダムな実現値とみなしており，3章のようにモデルの中の確率分布に従ってシミュレーションを実行すれば，散らばった数値を生成できる．この数値の分布が実際のデータの分布に近ければ当てはまりの良いモデルであるわけだが，データは真のモデル $g(y)$ の実現値である．確率分布として $f(y)$ と $g(y)$ が近ければ，当然生成される数値の分布も似たものになる．

つまり，モデリングの目標とは，"$g(y)$ という確率分布と同じような散らばりを示す数値を生成する確率分布 $f(y)$ を構築することである"，と言える[11]．

4.4 カルバック–ライブラー情報量と平均対数尤度

では，2つの確率分布 $g(y)$ と $f(y)$ の近さを，どう測ればよいだろう．2つの数の違いなら差を取ればよい．しかし，$g(y)$ も $f(y)$ も確率密度函数という函数である．2つの函数の違いを測るのによく用いられているのは，L^2 ノルムと呼ばれる

$$\int_{-\infty}^{+\infty} (g(y) - f(y))^2 dy \qquad (4.2)$$

という式で表されるものである．最小2乗法と同じように，2つの函数の値の差の平方をすべての値で加えている（積分している）．あるいは，2つの函

---

[7] (a) と (b) ではデータが異なるので，どっちが良いか AIC で評価することはできない．

[8] ここでは連続的確率分布のときの書き方をする．離散的な場合は，以下の積分 $\int dy$ を $\sum_i$ に直せばよい．なお，y は高次元のベクトル $\boldsymbol{y}$ でもよい．その場合，以下の積分 $\int d\boldsymbol{y}$ は多重積分 $\int d\boldsymbol{y} = \int \cdots \int dy_1 \cdots dy_n$ の意味となる．

[9] 1.12 節にも書いたが，「モデル」という言葉自体に人工物のニュアンスが伴い，自然界の真理を呼ぶのに「真のモデル」は適切とは言い難い．ただ，他にいい言葉を思い浮かばなかったので，本書でもこの言葉を用いる．

[10] 4.3 節と 4.4 節で「モデル」と書いてあるのは，パラメータを1つに固定したモデルである．パラメータを用いる場面がないので，$f(y|a,b)$ のような表記でなく略して $f(y)$ と書いている．

[11] この書き方にすぐには納得できないかもしれない．実際のモデルが3章のように確率分布の数式で簡単に書けることはあまりなく，本章でこれから解説するように，1章や2章のモデルでも「確率分布 $f(y)$」という形で書こうとすると，けっこう苦労する．しかし，観察値を何らかの確率変数の実現値であると考えてモデルは構築されている点には常に留意してほしい．

数の値の差の最大値

$$\max_y |g(y) - f(y)|$$

も2つの函数の近さの評価としてよく用いられる.

いま扱っている $g(y)$ と $f(y)$ は，いずれも確率密度函数である．かつ，現実問題ではいろいろ作った $f(y)$ の中で，最も $g(y)$ に近いものを選びたい．つまり $g(y)$ を基準に複数の $f(y)$ を評価したい．このような場合，**カルバック–ライブラー情報量** (Kullback-Leibler informatics)

$$I(g,f) = \int_{-\infty}^{+\infty} \ln(g(y)/f(y))g(y)dy = \int_{-\infty}^{+\infty} \{\ln(g(y)) - \ln(f(y))\}g(y)dy \tag{4.3}$$

と呼ばれる尺度が，以下のような理由から有効である．

カルバック–ライブラー情報量は，いわゆる「エントロピー」と密接に関係している数式で，式 (4.3) が 0 になるのは $g(y) = f(y)$ のときであり，かつ，このとき最小であることが知られており，2つの分布の近さを測る尺度として古くから使われている[12]．

数式としては，$g(y)$ という確率密度函数を基準に確率密度函数 $f(y)$ の近さを測るという形になっている．いまは真のモデル $g(y)$ の下での話なので，起きにくい y [13] での話はあまり本筋に影響しない．そこで，$g(y)$ をかけてから積分することで，起こりやすい y [14] のあたりでの $g(y)$ と $f(y)$ の差を重視した測り方をしている．これに対し，式 (4.2) のような尺度は，$g(y)$ または $f(y)$ の値が大きい所での差が重視され，$g(y)$ も $f(y)$ も 0 に近いような y での $g(y)$ と $f(y)$ の差はほとんど影響を与えない（図 4.2(b)）．この点，カルバック–ライブラー情報量では対数をとっているので，$g(y)$ や $f(y)$ が 0 に近くてもその部分が拡大されて評価される．ただし $g(y)$ が小さいと $g(y)$ をかけてから積分するのでやはり無視されがちで，その中庸のような感じになっている[15]（図 4.2(a)）．

[12] これらの事項については [0–1] の pp.28–32, [0–2] の pp.28–30 などを参照．

[13] $g(y)$ の値の小さい y の意．

[14] $g(y)$ の値の大きい y の意．

[15] [0–1] の p.31, [0–2] の pp.31–33, [0–3] の pp.73–76 にカルバック–ライブラー情報量で測った 2 つの確率分布の近さの．図 4.2 とは別な実例があるので参照するとよい．

問 4.1 図 4.2 の中で使われているコーシー分布（確率密度函数は $f(y) = 1/\pi(1+y^2)$）について，式 (2.15) に従って期待値を計算するとどうなるか．

式 (4.3) を

$$I(g,f) = \int_{-\infty}^{+\infty} \ln(g(y))g(y)dy - \int_{-\infty}^{+\infty} \ln(f(y))g(y)dy \tag{4.4}$$

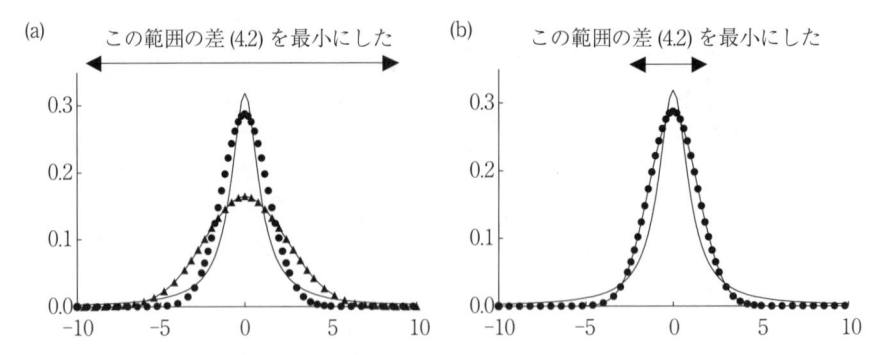

図 4.2 (a) コーシー分布（確率密度関数は $f(y) = 1/\pi(1+y^2)$，太線）と最も近い正規分布を，(4.3) のカルバック・ライブラー情報量で求めた場合（—△—）と，式 (4.2) で求めた場合（●●●）．積分は $(-10, 10)$ の範囲でのリーマン和で近似した．—△—は全体的に合わせようとしている．一方，●●●は 0 付近でよく合っているが，y の範囲が大きくなると早々に 0 に収束し，0 から遠い所は重視していない．その証拠に，積分範囲を $(-2, 2)$ に狭めた式 (4.2) を最小にするもの（(b) の細線—）は，●●●とほとんど重なっている（—●—という曲線にしか見えない）．

と書き直す．第 1 項は未知であるが真のモデル $g(y)$ にのみ依存し，人間が構築したモデル $f(y)$ に依存しない．したがって，2 つのモデル $f_1(y)$ と $f_2(y)$ のどちらがより真のモデルに近いかだけなら，第 2 項 $\int_{-\infty}^{+\infty} \ln(f_1(y))g(y)dy$ と $\int_{-\infty}^{+\infty} \ln(f_2(y))g(y)dy$ の小さいほうを近いとみなしていい．式 (4.4) の第 2 項

$$\int_{-\infty}^{+\infty} \ln(f(y))g(y)dy \tag{4.5}$$

を**平均対数尤度** (mean log-likelihood) という．

なお，一般に数式 $f(y)$ は未知パラメータ θ（p 個あるときは p 次元のベクトル $\boldsymbol{\theta} = (\theta_1, \ldots, \theta_p)$）を含む．平均対数尤度 (4.5) は，正確にはパラメータ値を 1 つに固定したモデル $f(y|\boldsymbol{\theta})$ と真のモデル $g(y)$ の近さの相対評価だから，

$$\int_{-\infty}^{+\infty} \ln(f(y|\boldsymbol{\theta}))g(y)dy \tag{4.5'}$$

と書くほうがよい[16]．

[16) すると，平均対数尤度も $\boldsymbol{\theta}$ を決めるごとに 1 つの数値を定めるから，データを与えたときの尤度同様，$\boldsymbol{\theta}$ の関数とみなせる．本書では，(4.5′) にデータのサンプル数 n をかけた関数を $la(\boldsymbol{\theta})$ と書いて 4.5 節以降で用いる．]

4.5 平均対数尤度はデータの対数尤度で近似できる

平均対数尤度 (4.5) は $g(y)$ を含んでいるので，当然のことながら，真のモ

デルを知らずして真のモデルとの差は比較できない．しかし近似なら可能である．なぜなら，式 (4.5) の積分は，確率密度関数が $g(y)$ である確率変数 Y の函数 $\ln(f(Y))$ の期待値という形になっており，期待値なら，よく知られている大数の法則により，たくさんのサンプルを取れば，それらの標本平均で近似できるからである．

[**大数の法則** (law of large numbers)] [17]

確率変数 $X_1, X_2, \ldots, X_n$ が平均 μ，分散 σ^2 のある同じ確率分布に従い互いに独立とする．それらの標本平均の式で定義される $\overline{X}_n = \sum_{i=1}^{n} X_i/n$ という確率変数について，以下が成り立つ．

任意の小さな正の数 ε に対して，$P(|\overline{X}_n - \mu| > \varepsilon) \to 0 \; (n \to \infty)$[18]．

n が大きくなると，$\overline{X}_n$ が μ から任意の小さな数より離れてしまう確率が 0 になるということは，$\overline{X}_n$ の実現値は，サンプル数 n が大きいと，たいていの場合，μ に近い値になっていると考えられる[19]．確率変数 $\overline{X}_n$ の実現値は，$\overline{X}_n$ の定義式からわかるように，元の確率分布に従う確率変数のランダムな n 個の実現値の標本平均にほかならない．それが元の確率分布の平均 μ に近いのだから，ある確率分布の平均を知りたいときは，十分多くのランダムなサンプルの標本平均で近似できるというわけである．

我々が手にしているデータ $\{y_1, y_2, \ldots, y_n\}$ は，真のモデル $g(y)$ に従って起こっている現象を n 回観察して得たものなので，データは確率分布 $g(y)$ からの n 個のランダムなサンプルの集合とみなせる．確率分布 $g(y)$ に従う確率変数 Y の函数 $\ln(f(Y|\boldsymbol{\theta}))$ の，n 個のランダムなサンプル $\ln(f(y_1|\boldsymbol{\theta})), \ln(f(y_2|\boldsymbol{\theta})), \ldots, \ln(f(y_n|\boldsymbol{\theta}))$ についての標本平均は

$$\frac{\sum_{i=1}^{n} \ln(f(y_i|\boldsymbol{\theta}))}{n} \tag{4.6}$$

である．一方，$\ln(f(Y|\boldsymbol{\theta}))$ の期待値は，2.9 節のように

$$\int_{-\infty}^{\infty} \ln(f(y|\boldsymbol{\theta})) g(y) dy$$

で与えられるが，これは平均対数尤度 (4.5') にほかならない．したがって，大数の法則より，$n \to \infty$ のとき，

---

[17] 大数の法則と並んで統計学の教科書に必ず載っている定理に，**中心極限定理**がある．これは，(数学としてちょっとした条件は付くが) どんな分布でも，標本平均をとると，その分布は正規分布で近似できるというものである．本書では直接には用いないので，紹介は割愛した．

[18] このような収束のことを，**確率収束** (convergence in probability) という．

[19] 証明は [0-4]，[0-5] などを参照．確率収束という数学の概念まで正確に理解したいという人以外は，経験的に納得できる事でもあり，証明なしに使ってかまわない．

$$\frac{\sum_{i=1}^{n} \ln(f(y_i|\boldsymbol{\theta}))}{n} \to \int_{-\infty}^{\infty} \ln(f(y|\boldsymbol{\theta}))g(y)dy \qquad (4.7)$$

が成り立ち,サンプルが多ければ,平均対数尤度 (4.5′) は (4.6) で近似できるわけである.

ところで,モデル $f(y;\boldsymbol{\theta})$ の独立なサンプル $\{y_1, y_2, \ldots, y_n\}$ に対する尤度は $\prod_{i=1}^{n} f(y_i;\boldsymbol{\theta})$,対数尤度は $\sum_{i=1}^{n} \ln(f(y_i;\boldsymbol{\theta}))$ であり,これらは $\boldsymbol{\theta}$ を決めると 1 つの数値になるので $\boldsymbol{\theta}$ の関数とみなせ,それらを尤度関数,対数尤度関数と呼んだ.本章の記法に従うと,$\boldsymbol{\theta}$ を 1 つに決めた $f(y|\boldsymbol{\theta})$ という表記を用いて,それぞれ以下のように表される.

$$L(\boldsymbol{\theta}) = \prod_{i=1}^{n} f(y_i|\boldsymbol{\theta})$$

$$l(\boldsymbol{\theta}) = \sum_{i=1}^{n} \ln(f(y_i|\boldsymbol{\theta}))$$

つまり,(4.7) 左辺の分子は 1〜3 章で扱ってきた対数尤度にほかならない.したがって,平均対数尤度はデータの対数尤度をサンプル数 n で割った値で近似できることがわかった.

$$\int_{-\infty}^{\infty} \ln(f(y|\boldsymbol{\theta}))g(y)dy \approx \sum_{i=1}^{n} \ln(f(y_i|\boldsymbol{\theta}))/n = l(\boldsymbol{\theta})/n^{20)} \qquad (4.8)$$

[20) 本書では,≈ という記号を「だいたい同じ」(近似) の意味で用いている.]

2 つのモデルを同じデータの下で比べるときサンプル数 n は共通だから,対数尤度の高いモデルほど真のモデルに近い良いモデルであると言ってよいことがわかった.

こうして,「データが得られる確率の対数」の定式化でしかなかった対数尤度が,実はカルバック–ライブラー情報量によって真のモデルとの近さを相対的に評価しているという知見が得られた.また,最尤法は,自分で作ったモデルが真のモデルと(近似的に)最も近くなるようパラメータを決める作業とも言える.これが AIC の背景にあるアイデア ① である.

4.6　最大対数尤度による近似は不十分

ところが,この議論には落とし穴がある.繰返しになるが,一般にモデル

$f(y)$ は未知パラメータ $\boldsymbol{\theta}$ を含み,それをデータから最尤法で決定した値 $\hat{\boldsymbol{\theta}}$ に固定した $f(y|\hat{\boldsymbol{\theta}})$ を用いる.つまり,(4.7) の中の $\boldsymbol{\theta}$ は,一般には最尤推定値 $\hat{\boldsymbol{\theta}}$ で,それはデータ $\{y_1, y_2, \ldots, y_n\}$ に依存して定まる.$\hat{\boldsymbol{\theta}}$ がデータに依存することを強調するため,n 個のデータを $\boldsymbol{y}_{1:n} = (y_1, y_2, \ldots, y_n)$ と n 次元のベクトルで表し,最尤推定値を $\hat{\boldsymbol{\theta}}(\boldsymbol{y}_{1:n})$ と書くことにする.

式 (4.7) における収束は,パラメータ $\boldsymbol{\theta}$ が固定された状態で n が大きくなるなら正しい.しかし,最尤推定値を用いると,左側は

$$\sum_{i=1}^{n} \ln(f(y_i|\hat{\boldsymbol{\theta}}(\boldsymbol{y}_{1:n})))/n$$

右側は

$$\int_{-\infty}^{+\infty} \ln(f(y|\hat{\boldsymbol{\theta}}(\boldsymbol{y}_{1:n})))g(y)dy$$

である.極限 $n \to \infty$ をとるということは,データ $\{y_1, y_2, \ldots, y_n\}$ の数が増える,すなわち,ベクトル $\boldsymbol{y}_{1:n} = (y_1, y_2, \ldots, y_n)$ が変わることを意味する.すると当然最尤推定値 $\hat{\boldsymbol{\theta}}(\boldsymbol{y}_{1:n})$ も変わり,関数 $f(y|\hat{\boldsymbol{\theta}}(\boldsymbol{y}_{1:n}))$ も変わる.

もういちど,式 (4.7) を見てほしい.$\boldsymbol{\theta}$ は 1 つに決まっていて,$f(y|\boldsymbol{\theta})$ という 1 つの確率変数の関数が決まっている.だから,ランダムなサンプルの数を増やすことで,積分で表される期待値(式 (4.7) の右辺)を左辺の標本平均で近似できた.$\boldsymbol{\theta}$ が n と共に変わってしまうと,積分の中にいる関数自体が変わってしまう.これでは大数の法則を適用できない.つまり,(4.7) に最尤推定値を代入した

$$\frac{\sum_{i=1}^{n} \ln(f(y_i|\hat{\boldsymbol{\theta}}))}{n} \to \int_{-\infty}^{\infty} \ln(f(y|\hat{\boldsymbol{\theta}}))g(y)dy$$

が成り立つと言ったら,それは正しくなく,正確には $\hat{\boldsymbol{\theta}}$ を $\hat{\boldsymbol{\theta}}(\boldsymbol{y}_{1:n})$ と書いて

$$\frac{\sum_{i=1}^{n} \ln(f(y_i|\hat{\boldsymbol{\theta}}(\boldsymbol{y}_{1:n})))}{n} \to \int_{-\infty}^{\infty} \ln(f(y|\hat{\boldsymbol{\theta}}(\boldsymbol{y}_{1:n})))g(y)dy \qquad (4.9)$$

と書かれなければならない.このように書けば,n が $f(\ |\ )$ の中に入っていない式 (4.7) とは異なる形になっており,(4.9) という収束は成り立たないことが見て取れる.

したがって,最大対数尤度を n で割った (4.6) を平均対数尤度 (4.5′) の近

似として用いてよいという根拠は出てこない．つまり，モデルの良さの指標の近似値として，最大対数尤度は不適切である．この指摘が，AIC の背景にあるアイデアの ② である．

4.7 最大対数尤度を補正して使う

それでは，せっかくのアイデア ① も役に立たないのだろうか．(4.8) や (4.9) の両辺（両側）を n 倍した平均対数尤度の n 倍という $\boldsymbol{\theta}$ の函数を

$$la(\boldsymbol{\theta}) = n\int_{-\infty}^{\infty} \ln(f(y|\boldsymbol{\theta}))g(y)dy \tag{4.10}$$

と書くことにする[21]．

(4.9) の両辺に n をかけると，(4.9) の収束が間違いなので，最大対数尤度

$$l(\hat{\boldsymbol{\theta}}(\boldsymbol{y}_{1:n})) = \sum_{i=1}^{n} \ln(f(y_i|\hat{\boldsymbol{\theta}}(\boldsymbol{y}_{1:n}))) \tag{4.11}$$

のサンプル数 n をいくら増やしても

$$la(\hat{\boldsymbol{\theta}}(\boldsymbol{y}_{1:n})) = n\int_{-\infty}^{\infty} \ln(f(y|\hat{\boldsymbol{\theta}}(\boldsymbol{y}_{n:1})))g(y)dy \tag{4.12}$$

に収束しないわけだが，大数の法則から (4.8) を導く所までは正しく，また，$\hat{\boldsymbol{\theta}}(\boldsymbol{y}_{1:n})$ が n に依存するとは言っても，ある程度大きいサンプル数 n なら，データが増えた（変わった）ところで最尤推定値はそう変動しないだろう．だから，(4.11) と (4.12) はそうかけ離れたものではないはずである．それでは，その差

$$l(\hat{\boldsymbol{\theta}}(\boldsymbol{y}_{1:n})) - la(\hat{\boldsymbol{\theta}}(\boldsymbol{y}_{1:n})) = \sum_{i=1}^{n} \ln(f(y_i|\hat{\boldsymbol{\theta}}(\boldsymbol{y}_{1:n}))) - n\int_{-\infty}^{\infty} \ln(f(y|\hat{\boldsymbol{\theta}}(\boldsymbol{y}_{1:n})))g(y)dy \tag{4.13}$$

はどのくらいになるのだろう．

この値も，当然データ $\boldsymbol{y}_{1:n} = (y_1, y_2, \ldots, y_n)$ に依存する．過大推定や過少推定もあれば，ピタリと一致していることもあろう．いま持っているデータはそのどの場合か．真のモデルがわかっていないのだから，当然判定しようがない．

それでも，もし，様々なデータについて"平均する"とどのくらいずれてい

[21] $f(y|\hat{\boldsymbol{\theta}}(\boldsymbol{y}_{1:n}))$ というモデルがどのくらい真のモデルに近いかは，同じデータ（当然サンプル数 n も同じ）の下で複数のモデルを相対評価するので，(4.5′) でなく (4.10) で評価してもよい．

るかがわかるなら，データから求めた最大対数尤度に，その平均的にずれる量だけ補正すれば，1つの無難な補正となるはずである．

　この補正量が，最も単純にはパラメータ数でよいという発見と証明が，AICにおけるアイデアの ③ である．これにより，式 (4.1) のような極めて計算の容易な指標が正当化され，そのデータの下ではどの程度複雑なモデルが妥当かというモデル評価が簡単に行えるという，よく知られている AIC の意義 ④ となるのである．

4.8　正規分布モデルの平均対数尤度と対数尤度

　最大対数尤度と平均対数尤度の差 (4.13) の評価を一般の場合で行う前に，平均対数尤度や，それとデータの対数尤度函数の差がどんな感じのものなのか，具体例でイメージを掴んでおくことにする．

　真のメカニズムを司る確率分布 $g(y)$ が正規分布

$$g(y) = e^{-y^2/2\sigma_0^2}/\sqrt{2\pi\sigma_0^2}$$

である事がわかっているという（現実にはありえない）状況の下で，データ（ランダムなサンプル）を発生させる．そのデータに何らかのモデル $f(y;\boldsymbol{\theta})$ を適用し，平均対数尤度の n 倍という函数 $la(\boldsymbol{\theta})$ (4.12) と，実際のデータから得られる対数尤度函数 $l(\boldsymbol{\theta})$ (4.11) を比べてみる．適用するモデルとして，ここでは（たまたまではあるが真のモデルと同じ数式で表現できる）正規分布モデルを用いることにする[22]．正規分布モデルには，平均と分散の2つの未知パラメータがあるが，パラメータが2つあるとグラフを描きにくいので，ここでは平均0はわかっていたとして，分散 σ^2 だけをパラメータとする正規分布モデル

$$f(y;\sigma^2) = e^{-y^2/2\sigma^2}/\sqrt{2\pi\sigma^2}$$

を適用することにする[23]．

　データ $\boldsymbol{y}_{1:n} = (y_1, y_2, \ldots, y_n)$ があったとき，この正規分布モデルの対数尤度函数は

$$l(\sigma^2) = \sum_{i=1}^n \ln(e^{-y_i^2/2\sigma^2}/\sqrt{2\pi\sigma^2}) = \frac{\sum_{i=1}^n y_i^2}{2\sigma^2} - \frac{n\ln(2\pi\sigma^2)}{2} \quad (4.14)$$

[22] こんなにうまく真のモデルに近いモデルを作れる場面など滅多なことで出会わないだろうが．

[23] いよいよもって仮定が現実から離れていく・・・

となり，σ^2 の分数と対数を含む函数になっている．3.4 節の計算と同じだが，$\frac{d}{d\sigma^2}l(\sigma^2) = 0$ とおくことで，最尤推定量

$$\hat{\sigma}(\boldsymbol{y}_{1:n})^2 = \sum_{i=1}^{n} y_i^2/n \tag{4.15}$$

を得る．

一方，平均対数尤度の n 倍 $la(\boldsymbol{\theta})$ は

$$la(\sigma^2) = n\int_{-\infty}^{\infty} \ln(f(y|\sigma^2))g(y)dy$$

$$= n\int_{-\infty}^{\infty}\left\{-\frac{y^2}{2\sigma^2} - \frac{\ln(2\pi\sigma^2)}{2}\right\}\frac{e^{-y^2/2\sigma_0^2}}{\sqrt{2\pi\sigma_0^2}}dy \tag{4.16}$$

のように，積分を含む式で表される函数となる．この積分は以下のように 2 つに分けることで実行でき，簡単な函数に整理される．

$$la(\sigma^2) = -n\left\{\frac{1}{2\sigma^2\sqrt{2\pi\sigma_0^2}}\int_{-\infty}^{\infty} y^2 e^{-y^2/2\sigma_0^2}dy + \frac{\ln(2\pi\sigma^2)}{2}\int_{-\infty}^{\infty}\frac{e^{-y^2/2\sigma_0^2}}{\sqrt{2\pi\sigma_0^2}}dy\right\}$$

前半の積分は，よく知られている公式[24]

$$\int_{-\infty}^{\infty} x^2 e^{-ax^2}dx = \frac{\sqrt{\pi}}{2\sqrt{a^3}} \tag{4.17}$$

を用いると $\frac{\sqrt{\pi}\sqrt{(2\sigma_0^2)^3}}{2}$ となるので，第 1 項は $\sigma_0^2/2\sigma^2$ となる．後半の積分は単なる正規分布の密度函数の積分なので 1 となるため，第 2 項は $\ln(2\pi\sigma^2)/2$ となる．したがって，

$$la(\sigma^2) = -\frac{n}{2}\left(\frac{\sigma_0^2}{\sigma^2} + \ln(2\pi\sigma^2)\right) \tag{4.18}$$

という，やはり σ^2 の分数と対数で表される函数が得られた．

図 4.3 は，$\sigma_0 = 1$，$n = 100$ のときの $la(\sigma^2)$ と，ある n 個のサンプルに対する $l(\sigma^2)$ のグラフである[25]．モデルの正確な評価は，$la(\sigma^2)$ で行う．ところが一般には $la(\sigma^2)$ はわからないので，我々はデータから得られる $l(\sigma^2)$ という曲線を用い，$\hat{\sigma}(\boldsymbol{y}_{1:n})^2$ のときを最良と判断する．ところが，このときのモデルの正しい評価は $la(\hat{\sigma}(\boldsymbol{y}_{1:n})^2)$ であり，それは σ_0^2 のときの $la(\sigma_0^2)$ より劣っている[26]．つまり，図 4.3 の中で縦の太線で示された長さの分だけ，モデルを過大評価しているのである．

[24] 証明は，大学 1~2 年生対象の解析学の教科書ならたいてい出ている．なお，(4.17) で $a = 1/2\sigma^2$ とおけば $\int_{-\infty}^{\infty} x^2 e^{-x^2/2\sigma^2}dx = \sigma^2\sqrt{2\pi\sigma^2}$ となり，正規分布（2.7）の分散が σ^2 になることがわかる．

[25] $l(\sigma^2)$ はサンプル $\boldsymbol{y}_{1:n}$ に依存するが，$la(\sigma^2)$ は依存しない．

[26] $la(\sigma^2)$ の式 (4.18) を σ^2 で微分して 0 とおいた $-\sigma_0^2/(\sigma^2)^2 + 1/\sigma^2 = 0$ から，$\sigma^2 = \sigma_0^2$（真のモデルの値）で $la(\sigma^2)$ は最大となるという（当然の）結果を確かめられる．

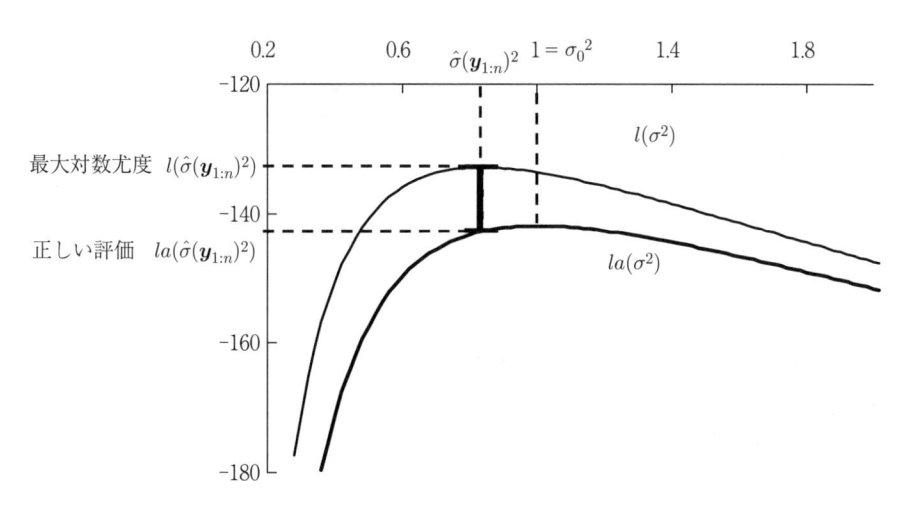

図 4.3 真のモデルが平均 0, 分散 1 の正規分布のときに平均 0, 分散 σ^2 の正規分布モデルを適用したときの, ある $n = 100$ のサンプル $\boldsymbol{y}_{1:n} = (y_1, \ldots, y_n)$ に対する対数尤度関数 ($l(\sigma^2)$, 細線) と, 平均対数尤度の n 倍 ($la(\sigma^2)$, 太線).

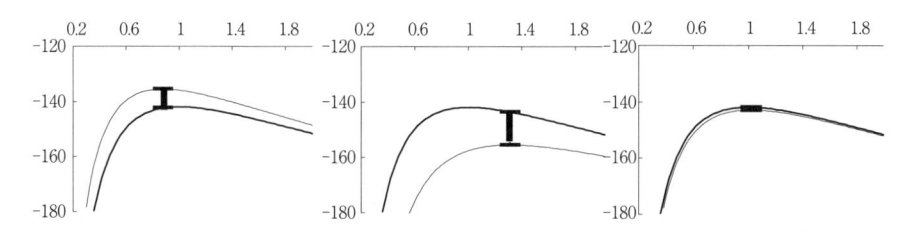

図 4.4 図 4.3 と同じ状況の元で, サンプル数 $n = 100$ の 3 つの異なるデータに対する対数尤度関数のグラフ(細線)と平均対数尤度の n 倍という関数のグラフ(太線). 最尤推定値における両者の差(縦の太線の長さ)は, データによって様々に変動する. 左では図 4.3 より小さな過大評価, 中央では逆に過小評価している. 右ではほぼ正確に評価している.

この太線の長さは, データが変わると当然変わる. 図 4.4 は, 同じ真のモデルからシミュレーションで作った別な 3 つのデータセットの場合の $l(\sigma^2)$ のグラフだが [27], データによって, 過大評価もあれば過小評価もあり, はたまたほぼ正しく評価する場合もある. こうしたシミュレーションの結果を見ていると, この誤差に何らかの規則性や一貫した偏りがあるようには思えない. もし, 誤差が 0 のまわりを変動し, サンプル数が大きくなると 0 に収束するなら, $la(\hat{\sigma}(\boldsymbol{y}_{1:n})^2)$ の近似値として $l(\hat{\sigma}(\boldsymbol{y}_{1:n})^2)$ は適切である. ところが, シミュレーションを繰り返し, 誤差の平均をとっていくと, 最初の 100 回では 0 にまあまあ近い 1.337 だった平均が, 1000 回 2000 回繰り返すと, しだいに

[27] $la(\sigma^2)$ はデータに依存しないので, 図 4.3 から図 4.4 まですべて同じ.

小さくなってくれず，0.902, 1.106 のように，1 に近い所をうろつくようになる．1 とは，いま適用している正規分布モデルのパラメータ数にほかならない．

ただ，正規分布では高々パラメータは 2 つしか持たないため，この誤差がパラメータ数で近似できる様子を見るには限界がある．その点，多項式回帰モデルなら，自由にパラメータ数を増やしていける．

4.9　実例で近似の不成立を見るための準備

この節では，真のモデルとして，説明変数 x が与えられると，目的変数 y は 4 次多項式

$$q(x) = x^4 - 2x^3 - 3x^2$$

の値を平均とし，標準偏差 $\sigma_0 = 3$ の正規分布に従って観察値は散らばるという現象を用いる[28]．この現象で作られたデータに対し，0 次から 6 次までの多項式回帰モデルを適用してみる．

[28] $q(x)$ のグラフの概形は図 4.5 や図 4.7 のようになっている．

まず，この真のモデルを確率密度函数 $g(y)$ で表すとどう書けるだろう．説明変数 x が与えられると，目的変数 y は $q(x)$ の値を平均とし，標準偏差 σ_0 の正規分布に従うから，$g(y) = \dfrac{e^{-(y-q(x))^2/2\sigma_0^2}}{\sqrt{2\pi\sigma_0^2}}$ でいいように思える．ところが，この式では $g(y)$ の中に x が入っている．x にはデータの数値が入り，x が変わると，y は平均が $q(x)$ の正規分布という異なる確率分布に従う．この意味で，y の分布は，x をある値に決めた条件の下で決まる分布[29]となる．それで，これを

$$g(y|x) = \frac{e^{-(y-q(x))^2/2\sigma_0^2}}{\sqrt{2\pi\sigma_0^2}}$$

と書くことにする．

[29] 数学としての条件付き確率や条件付き分布については 7.5 節で述べる．当面は文字通り，条件の下の確率分布と思っておいてかまわない．

さらに，実際のデータは $\{(x_1, y_1), (x_2, y_2), \ldots, (x_n, y_n)\}$ という，こうした x と y の n 個の組であり，各 y_i はそれぞれ異なる x_i という条件の下での分布となる．つまり，3 章の正規分布モデルでは，正規分布に従う確率変数が 1 つあり，その実現値が n 個あった．ところが，回帰モデルでは，説明変数 x の値が違うと目的変数 y の従う確率分布が違ってくる．したがって，n 個の異なる確率変数に従う実現値が，それぞれ 1 つずつあるという状況にある．

そこで，n 次元の確率変数を扱うことにする．連続型の確率変数では，そ

の確率密度関数は，n 次元空間で積分したら 1 となるような非負の関数，つまり，$f(\boldsymbol{t}) \geq 0$ と $\int f(\boldsymbol{t})d\boldsymbol{t} = \int \cdots \int f(t_1, t_2, \ldots, t_n)dt_1 dt_2 \cdots dt_n = 1$（積分範囲は n 次元空間全体）を満たすものとなる．

n 組のデータを $(\boldsymbol{x}_{1:n}, \boldsymbol{y}_{1:n}) = ((x_1, x_2, \ldots, x_n), (y_1, y_2, \ldots, y_n))$ と書くことにする．これを発生させた真のモデルを表す確率分布は，各 y_i を派生させる確率分布の確率密度関数が

$$\frac{e^{-(t_i - q(x_i))^2 / 2\sigma_0^2}}{\sqrt{2\pi\sigma_0^2}}$$

と書けるので，それら n 個をかけ合わせた

$$\frac{e^{-(t_1 - q(x_1))^2 / 2\sigma_0^2}}{\sqrt{2\pi\sigma_0^2}} \cdot \frac{e^{-(t_2 - q(x_2))^2 / 2\sigma_0^2}}{\sqrt{2\pi\sigma_0^2}} \cdot \cdots \cdot \frac{e^{-(t_n - q(x_n))^2 / 2\sigma_0^2}}{\sqrt{2\pi\sigma_0^2}}$$

のようになる[30]．

こうして，「平均 $q(x)$，標準偏差 $\sigma_0 = 3$ の正規分布に従う n 組のデータを生成する」という真のモデルは，説明変数のデータ $\boldsymbol{x}_{1:n}$ が与えられたとき，n 次元の確率密度関数を使って

$$g(\boldsymbol{t}|\boldsymbol{x}_{1:n}) = g(t_1, t_2, \ldots, t_n | x_1, x_2, \ldots, x_n) = \prod_{i=1}^{n} \frac{e^{-(t_i - q(x_i))^2 / 2\sigma_0^2}}{\sqrt{2\pi\sigma_0^2}} \quad (4.19)$$

と書けることがわかった[31]．

この定式化の中で，データ $\boldsymbol{y}_{1:n}$ は，1 つの n 次元ベクトルというサンプルとして扱われている．つまり，式 (4.10) におけるサンプル数 n は 1 になる．n 組の観察値があるが，1 個と数えるのである[32]．

次に，適用する多項式回帰モデルを同じように定式化する．h 次の多項式 $p_h(x) = a_0 + a_1 x + a_2 x^2 + \cdots + a_h x^h$ による回帰モデルとは，説明変数の値が x という条件の下で，目的変数 y は平均 $p_h(x)$，分散 σ^2 の正規分布に従うというものであるから，データが 1 つしかないときの密度関数は，$\boldsymbol{a} = (a_0, a_1, \ldots, a_h)$ として

$$f(y|x; \boldsymbol{a}, \sigma^2) = \frac{e^{-(y - p_h(x))^2 / 2\sigma^2}}{\sqrt{2\pi\sigma^2}}$$

となる[33]．

n 組のデータ $(\boldsymbol{x}_{1:n}, \boldsymbol{y}_{1:n})$ が与えられたとき，多項式回帰モデルは，真のモデル同様，n 次元の確率密度関数

[30] y_i が i 番目のデータを表すので，それと区別するために t という文字を用意した．

[31] 「n 次元」と「条件付き」が入り，4.8 節の正規分布モデルに比べ一気にややこしくなった感じを受けると思う．4.2 節でも述べたように，回帰モデルはよく使われるわりに，意外と数学的定式化がややこしいモデルなのである．

[32] こうしたあたりも，回帰モデルの意外な難しさの 1 面である．

[33] x は 1 つに決まってくるから記号 | の後に書き，未知パラメータはセミコロン ; の後に書いている．

$$f(\boldsymbol{t}|\boldsymbol{x}_{1:n};\boldsymbol{a},\sigma^2) = \prod_{i=1}^{n} \frac{e^{-(t_i-p_h(x))^2/2\sigma^2}}{\sqrt{2\pi\sigma^2}} = e^{-\sum_{i=1}^{n}(t_i-p_h(x_i))^2/2\sigma^2} \cdot \frac{1}{(\sqrt{2\pi\sigma^2})^n} \tag{4.20}$$

で表される．したがって，尤度函数は

$$L(\boldsymbol{a},\sigma^2) = \prod_{i=1}^{n} \frac{e^{-(y_i-p_h(x))^2/2\sigma^2}}{\sqrt{2\pi\sigma^2}} = e^{-\sum_{i=1}^{n}(t_i-p_h(x_i))^2/2\sigma^2} \cdot \frac{1}{(\sqrt{2\pi\sigma^2})^n}$$

となり，対数尤度函数は，この対数をとった

$$l(\boldsymbol{a},\sigma^2) = \sum_{i=1}^{n} \ln(f(y_i|x_i;\boldsymbol{a},\sigma^2)) = -\left\{ \frac{\sum_{i=1}^{n}(y_i-p_h(x_i))^2}{2\sigma^2} + n\ln(\sqrt{2\pi\sigma^2}) \right\} \tag{4.21}$$

となる．

なお，(4.19) や (4.20) で表される確率分布は，多変量正規分布と呼ばれるものの 1 つである．

多変量正規分布 (multi-variate normal distribution)

$$f(\boldsymbol{t}) = \frac{1}{(2\pi)^{n/2}|\boldsymbol{\Sigma}|^{1/2}} \exp\{-\frac{(\boldsymbol{t}-\boldsymbol{\mu})^t \boldsymbol{\Sigma}^{-1}(\boldsymbol{t}-\boldsymbol{\mu})}{2}\} \tag{4.22}$$

という n 次元の確率密度函数で定められる n 次元の確率分布を，n 次元の多変量正規分布という．ここで $\boldsymbol{t}$ は n 次元ベクトルで表される n 次元の確率変数，$\boldsymbol{\mu}$[34] は n 次元ベクトル，$\boldsymbol{\Sigma}$[35] は n 次の正方行列で，$|\boldsymbol{\Sigma}|$ はその行列式，$\boldsymbol{\Sigma}^{-1}$ は逆行列を表す．

式 (4.19) は，式 (4.22) で $\boldsymbol{\mu} = \begin{pmatrix} q(x_1) \\ \vdots \\ q(x_n) \end{pmatrix}$ $\boldsymbol{\Sigma} = \begin{pmatrix} \sigma_0^2 & & 0 \\ & \ddots & \\ 0 & & \sigma_0^2 \end{pmatrix}$, (4.20)

は $\boldsymbol{\mu} = \begin{pmatrix} p_h(x_1) \\ \vdots \\ p_h(x_n) \end{pmatrix}$, $\boldsymbol{\Sigma} = \begin{pmatrix} \sigma^2 & & 0 \\ & \ddots & \\ 0 & & \sigma^2 \end{pmatrix}$ と置いたものにほかならない．

ここで次の用語を用意する．

共分散 (covariance) 2 つの確率変数 Y_1 と Y_2 に対して，

$$E(Y_1, Y_2) = E((Y_1 - \overline{Y}_1)(Y_2 - \overline{Y}_2))$$

---

[34] $\boldsymbol{\mu}$ はギリシア文字「ミュー」のゴシック体．

[35] $\boldsymbol{\Sigma}$ はギリシア文字 σ（シグマ）の大文字．和を表す記号として用いられるが，ここでは 1 つの行列を表し，フォントもイタリックのゴシック体になっている．

を，Y_1 と Y_2 の共分散といい，$\mathrm{cov}(Y_1, Y_2)$ で表す．ここで $\overline{Y}_1$，$\overline{Y}_2$ はそれぞれ Y_1, Y_2 の期待値である[36]．

共分散は，Y_1 が Y_1 の平均 $\overline{Y}_1$ より大きいとき Y_2 も Y_2 の平均 $\overline{Y}_2$ より大きく，逆に $Y_1 < \overline{Y}_1$ のとき $Y_2 < \overline{Y}_2$ という傾向があると，正になる[37]．逆に $Y_1 > \overline{Y}$ のとき $Y_2 < \overline{Y}_2$ で $Y_1 < \overline{Y}_1$ のとき $Y_2 > \overline{Y}_2$ という傾向があると負になる[38]．こうした傾向がないとき，共分散は 0 となる[39]．

分散共分散行列 (variance-covariance matrix)

n 個の確率変数 $Y_1, Y_2, \ldots, Y_n$ に対して，

$$\begin{pmatrix} V(Y_1) & \mathrm{cov}(Y_1,Y_2) & \cdots & \mathrm{cov}(Y_1,Y_n) \\ \mathrm{cov}(Y_1,Y_2) & V(Y_2) & \cdots & \mathrm{cov}(Y_2,Y_n) \\ \vdots & \vdots & \ddots & \vdots \\ \mathrm{cov}(Y_1,Y_n) & \mathrm{cov}(Y_2,Y_n) & \cdots & V(Y_n) \end{pmatrix}$$

を，$Y_1, Y_2, \ldots, Y_n$ の分散共分散行列という．

(4.22) の $\boldsymbol{\Sigma}$ はこの多変量正規分布の分散共分散行列になること，また，平均は $\boldsymbol{\mu}$ になることが知られている[40]．

本題に戻って，対数尤度関数 (4.21) を最大にするパラメータ $(\boldsymbol{a}, \sigma^2)$ の値は，偏微分して 0 とおくことにより，

$$\boldsymbol{X}^t = \begin{pmatrix} 1 & 1 & \cdots & 1 \\ x_1 & x_2 & \cdots & x_n \\ \vdots & \vdots & \ddots & \vdots \\ x_1^h & x_2^h & \cdots & x_n^h \end{pmatrix}$$

として（$\boldsymbol{X}^t$ は $\boldsymbol{X}$ の転置行列を表す）

$$\begin{cases} \hat{\boldsymbol{a}}(\boldsymbol{x}_{1:n}, \boldsymbol{y}_{1:n}) = (\hat{a}_0, \hat{a}_1, \ldots, \hat{a}_h)^t = (\boldsymbol{X}^t \boldsymbol{X})^{-1} \boldsymbol{X}^t \boldsymbol{y}_{1:n} \\ \hat{\sigma}(\boldsymbol{x}_{1:n}, \boldsymbol{y}_{1:n})^2 = \sum_{i=1}^n (y_i - \hat{p}(x_i))^2 / n \end{cases} \quad (4.23)$$

で与えられることが知られている ($\hat{p}_h(x) = \hat{a}_0 + \hat{a}_1 x + \hat{a}_2 x^2 + \cdots + \hat{a}_h x^h$)[41]．したがって，最大対数尤度は，(4.21) にこの最尤推定量を代入した

$$l(\hat{\boldsymbol{a}}, \hat{\sigma}^2) = -\frac{n(1 + \ln(2\pi\hat{\sigma}^2))}{2} \quad (4.24)$$

[36] 共分散をそれぞれの標準偏差で割った $\mathrm{cov}(Y_1/Y_2)/\sqrt{V(Y_1)V(Y_2)}$ を，確率変数 Y_1 と Y_2 の相関係数 (correlation coefficient) という．

[37] 「正の相関がある」という．

[38] 「負の相関」という．

[39] 共分散は確率変数自体の値が大きいと大きい値になるが，相関係数は標準偏差で割っているため，-1 と 1 の間の数値になる．

[40] 文献 [0–4], [0–5] などを参照．

[41] 2 章では 1 次式の場合に (2.4) を導出したが，一般の p 次式でも同じような計算でこの公式を導く事ができる．文献 [0–5] などを参照．

となる[42]. これが式 (4.13) の第 1 項である.

一方，平均対数尤度のデータ数倍[43] $la(\boldsymbol{\theta})$ は，いまは真のモデルがわかっている状況なので，4.8 節の正規分布モデルの場合と同じように，厳密に積分を実行して計算できる．(4.10) 式の $la(\boldsymbol{\theta})$ は，いまの多項式回帰モデルの場合，

$$la(\boldsymbol{a}, \sigma^2) = \int_{-\infty}^{+\infty} \ln(f(\boldsymbol{t}|\boldsymbol{x}_{1:n}; \boldsymbol{a}, \sigma^2))g(\boldsymbol{t})d\boldsymbol{t}$$

となるが，$\ln(f(\boldsymbol{t}|\boldsymbol{x}_{1:n}; \boldsymbol{a}, \sigma^2))$ の部分は (4.21) の $\{y_i\}$ を $\{t_i\}$ に置き換えたものに他ならないから，

$$= -\int_{-\infty}^{\infty} \cdots \int_{-\infty}^{\infty} \left\{ \sum_{i=1}^{n} \frac{(t_i - p_h(x_i))^2}{2\sigma^2} + n\ln(\sqrt{2\pi\sigma^2}) \right\} \left\{ \prod_{i=1}^{n} \frac{e^{-(t_i - q(x_i))^2/2\sigma_0^2}}{\sqrt{2\pi\sigma_0^2}} \right\} dt_1 \cdots dt_n$$

$$= -\int_{-\infty}^{\infty} \cdots \int_{-\infty}^{\infty} \left\{ \sum_{i=1}^{n} \frac{(t_i - p_h(x_i))^2}{2\sigma^2} + \frac{n\ln(2\pi\sigma^2)}{2} \right\} \frac{e^{-(t_1 - q(x_1))^2/2\sigma_0^2}}{\sqrt{2\pi\sigma_0^2}} dt_1$$

$$\cdots \frac{e^{-(t_n - q(x_n))^2/2\sigma_0^2}}{\sqrt{2\pi\sigma_0^2}} dt_n$$

$$= -\left\{ \int_{-\infty}^{\infty} \cdots \int_{-\infty}^{\infty} \sum_{i=1}^{n} \frac{(t_i - p_h(x_i))^2}{2\sigma^2} \frac{e^{-(t_1 - q(x_1))^2/2\sigma_0^2}}{\sqrt{2\pi\sigma_0^2}} dt_1 \cdots \frac{e^{-(t_n - q(x_n))^2/2\sigma_0^2}}{\sqrt{2\pi\sigma_0^2}} dt_n \right.$$

$$\left. + \frac{n\ln(2\pi\sigma^2)}{2} \int_{-\infty}^{\infty} \cdots \int_{-\infty}^{\infty} \frac{e^{-(t_1 - q(x_1))^2/2\sigma_0^2}}{\sqrt{2\pi\sigma_0^2}} dt_1 \cdots \frac{e^{-(t_n - q(x_n))^2/2\sigma_0^2}}{\sqrt{2\pi\sigma_0^2}} dt_n \right\}$$

(4.25)

という 2 つの n 重積分の和となる．

この n 重積分は案外と容易に計算できる[44]．

式 (4.25) の前半の n 重積分では，$\sum_{i=1}^{n}$ の中の第 i 項では t_i だけを含み他の $n-1$ 個の変数は含まない．したがって n 重のうちの $n-1$ 重は別個に積分でき，しかもそれらは正規分布の密度函数の積分にほかならないので，すべて 1 となる．

$$\int_{-\infty}^{\infty} \cdots \int_{-\infty}^{\infty} \left\{ \sum_{i=1}^{n} \frac{(t_i - p_h(x))^2}{2\sigma^2} \right\} \frac{e^{-(t_1 - q(x_1))^2/2\sigma_0^2}}{\sqrt{2\pi\sigma_0^2}} dt_1 \cdots \frac{e^{-(t_n - q(x_n))^2/2\sigma_0^2}}{\sqrt{2\pi\sigma_0^2}} dt_n$$

$$= \sum_{i=1}^{n} \left\{ \int_{-\infty}^{\infty} \frac{(t_i - p_h(x_i))^2}{2\sigma^2} \frac{e^{-(t_i - q(x_i))^2/2\sigma_0^2}}{\sqrt{2\pi\sigma_0^2}} dt_i \cdot \int_{-\infty}^{\infty} \frac{e^{-(t_1 - q(x_1))^2/2\sigma_0^2}}{\sqrt{2\pi\sigma_0^2}} dt_1 \right.$$

$$\left. \overset{i}{\cdots} \int_{-\infty}^{\infty} \frac{e^{-(t_n - q(x_n))^2/2\sigma_0^2}}{\sqrt{2\pi\sigma_0^2}} dt_n \right\}$$

---

[42] 右辺に $\hat{\boldsymbol{a}}$ がいないように見えるが，(4.23) の 2 番目の式の式の形で，$\hat{\boldsymbol{a}}$ は $\hat{\sigma}^2$ の中に入っている．

[43] 先ほど注意したように，いまの回帰モデルではサンプルは n 次元ベクトル 1 個なので，(4.10) の中における n は 1 となり，(4.10) は (4.5′) と同じになる．

[44] このあたりの数式計算に"目まい"を感じる人は，とりあえず飛ばして 4.10 節へ進んでかまわない．

$$
= \sum_{i=1}^{n} \int_{-\infty}^{\infty} \frac{(t_i - p_h(x_i))^2}{2\sigma^2} \frac{e^{-(t_i - q(x_i))^2/2\sigma_0^2}}{\sqrt{2\pi\sigma_0^2}} dt_i.^{45)}
$$

各 i について，前半の $t_i - p_h(x_i)$ の部分を，$q(x_i)$ を引いて足すという形にすると，以下のように3つに分けられる．

45) 真ん中の式の中の $\overset{i}{\vee}$ は「i 番目だけ除く」の意味．

$$
\begin{aligned}
&\int_{-\infty}^{\infty} \frac{(t_i - p_h(x_i))^2}{2\sigma^2} \frac{e^{-(t_i - q(x_i))^2/2\sigma_0^2}}{\sqrt{2\pi\sigma_0^2}} dt_i \\
&= \int_{-\infty}^{\infty} \frac{(t_i - q(x_i) + q(x_i) - p_h(x_i))^2}{2\sigma^2} \frac{e^{-(t_i - q(x_i))^2/2\sigma_0^2}}{\sqrt{2\pi\sigma_0^2}} dt_i \\
&= \int_{-\infty}^{\infty} \frac{(t_i - q(x_i))^2 + 2(t_i - q(x_i))(q(x_i) - p_h(x_i)) + (q(x_i) - p_h(x_i))^2}{2\sigma^2} \frac{e^{-(t_i - q(x_i))^2/2\sigma_0^2}}{\sqrt{2\pi\sigma_0^2}} dt_i \\
&= \frac{1}{2\sigma^2} \Bigg\{ \int_{-\infty}^{\infty} (t_i - q(x_i))^2 \frac{e^{-(t_i - q(x_i))^2/2\sigma_0^2}}{\sqrt{2\pi\sigma_0^2}} dt_i \\
&\quad + 2(q(x_i) - p_h(x_i)) \int_{-\infty}^{\infty} (t_i - q(x_i)) \frac{e^{-(t_i - q(x_i))^2/2\sigma_0^2}}{\sqrt{2\pi\sigma_0^2}} dt_i \\
&\quad + (q(x_i) - p_h(x_i))^2 \int_{-\infty}^{\infty} \frac{e^{-(t_i - q(x_i))^2/2\sigma_0^2}}{\sqrt{2\pi\sigma_0^2}} dt_i \Bigg\}
\end{aligned}
$$

第1項の中の積分は，変数を平行移動し（$t_i \to t_i - q(x_i)$, 積分は $-\infty$ から $+\infty$ で不変），公式 (4.17) を用いると σ_0^2 となる．第2項の中の積分は，やはり平行移動 $t_i - q(x_i)$ を行えば奇関数の積分になるので0である．第3項の中の積分は単に正規分布の密度関数の積分なので1である．したがって，(4.25) の前半部分は

$$
\frac{1}{2\sigma^2} \sum_{i=1}^{n} \left(\sigma_0^2 + (q(x_i) - p_h(x_i))^2 \right) = \frac{n\sigma_0^2}{2\sigma^2} + \frac{\sum_{i=1}^{n}(q(x_i) - p_h(x_i))^2}{2\sigma^2}
$$

となる．

(4.25) の後半部分の n 重積分は，（積分すれば1となる）確率密度関数の n 個の積の積分なので1となり，定数部分 $\dfrac{n \ln(2\pi\sigma^2)}{2}$ がそのまま残る．こうして，

$$
la(\boldsymbol{a}, \sigma^2) = -\frac{n\sigma_0^2}{2\sigma^2} - \frac{\sum_{i=1}^{n}(q(x_i) - p_h(x_i))^2}{2\sigma^2} - \frac{n \ln(2\pi\sigma^2)}{2}
$$

$$= -\frac{1}{2}\left\{n\ln(2\pi\sigma^2) + \frac{n\sigma_0^2}{\sigma^2} + \frac{\sum_{i=1}^{n}(q(x_i) - p_h(x_i))^2}{\sigma^2}\right\}$$

が得られた．したがって，(4.13) の第 2 項は，これに $\boldsymbol{a}$ と σ^2 の最尤推定値 (4.23) を代入した

$$la(\hat{\boldsymbol{a}}, \hat{\sigma}^2) = -\frac{1}{2}\left\{n\ln(2\pi\hat{\sigma}^2) + \frac{n\sigma_0^2}{\hat{\sigma}^2} + \frac{\sum_{i=1}^{n}(q(x_i) - \hat{p}(x_i))^2}{\hat{\sigma}^2}\right\} \tag{4.26}$$

となる．

4.10　最大対数尤度と平均対数尤度の差をみる

　さて，具体的に数値データを与え，シミュレーションにより，最大対数尤度 $l(\hat{\boldsymbol{a}}, \hat{\sigma}^2)$ (4.24) と平均対数尤度の n 倍 $la(\hat{\boldsymbol{a}}, \hat{\sigma}^2)$(4.26) の値の差がどのくらいになるか，調べてみる．

　本来，真のモデル $g(y)$ を 1 次式や 4 次式に変えてシミュレーションするべきところである．ただ，1 つの 4 次函数の中でも，直線に近い部分がある（後の図 4.7 参照）．それで，1 つの 4 次函数の異なる部分を使う事で，真のモデルが 1 次式に近い場合と 4 次曲線らしい凹凸を有する場合で比べられるし，そうすると，1 つのプログラムで済ませられる．そこで，データ数は $n = 200$ とし，0.8 と 2.0 の間を 200 等分した点を $\{x_1, x_2, \ldots, x_n\}$ とする場合と，-1.6 と 3.2 を 200 等分した場合の 2 つを試してみる．図 4.5 は，こんなシミュレーションのプログラムの一例である．

　図 4.5 と表 4.6 に，シミュレーションの結果の例を示した．最大対数尤度 $l(\hat{\boldsymbol{a}}, \hat{\sigma}^2)$ は，当然のことながら，多項式の次数が上がるほど高くなっている．$la(\hat{\boldsymbol{a}}, \hat{\sigma}^2)$ の値はこれらより低い値のときもあれば高いときもある．$la(\hat{\boldsymbol{a}}, \hat{\sigma}^2)$ が真のモデルとの近さを示す正しい指標であり，$la(\hat{\boldsymbol{a}}, \hat{\sigma}^2)$ は，図 4.5 や表 4.6 左の例では 1 次式が最も高くなっている．表 4.6 右の例では 4 次のときが最も高い．6 つのモデルに関する $l(\hat{\boldsymbol{a}}, \hat{\sigma}^2)$ と $la(\hat{\boldsymbol{a}}, \hat{\sigma}^2)$ が評価した順位は異なっている．

　図 4.7 には，真のモデルの期待値（$q(x) = x^4 - 2x^3 - 3x^2$）とシミュレーションで作ったデータの例，このデータから求めた 1 次回帰モデルと 4 次回

n := 200　データ数　　　i := 1..n

q(x) := x⁴ − 2·x³ − 3x²　　真のモデル　　　σ0 := 3　真のモデルの標準偏差

p := 6　　h := 0..p　多項式回帰モデルの次数

A := −1.6　　B := 3.2　　$x_i := A + \frac{(B-A)}{n+1} \cdot i$　　説明変数の範囲と値

データを作る　　　$y_i := q(x_i) + \text{rnorm}(n, 0, \sigma 0)_1$　　rnormは正規乱数を作るコマンド

多項式回帰のための行列の計算

$X_{i, h+1} := (x_i)^h$

$a^{(h+1)} := \left[(\text{submatrix}(X,1,n,1,h+1))^T \cdot \text{submatrix}(X,1,n,1,h+1)\right]^{-1} \cdot (\text{submatrix}(X,1,n,1,h+1))^T \cdot y$

(4.24)の1行目

$y_{i, 2+h} := \sum_{hh=1}^{h+1} (a_{hh, h+1} \cdot X_{i, hh})$　最適化された定数から6次までの7つの多項式回帰モデルのx_iにおける回帰式の値

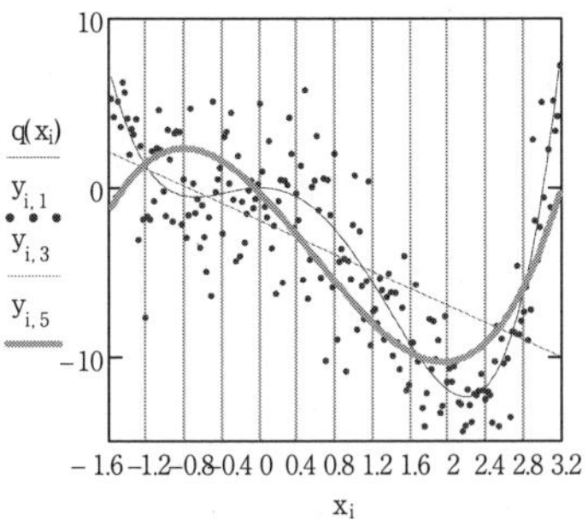

回帰モデルの分散の最尤推定値
(4.23)の2行目

$\sigma^2_{h+1} := \dfrac{\sum\limits_{i=1}^{n}(y_{i,1} - y_{i,2+h})^2}{n}$

最大対数尤度の計算(4.24)

$L_{h+1} := \dfrac{-n \cdot (\ln(2 \cdot \pi \cdot 2\sigma_{h+1}) + 1)}{2}$

平均対数尤度の計算
(4.26)

$L_{1+h, 2} := -\dfrac{1}{2} \cdot \left[n \cdot \ln(2 \cdot \pi \cdot 2\sigma_{h+1}) + \dfrac{n\sigma 0^2}{2\sigma_{h+1}} + \dfrac{\sum\limits_{i=1}^{n}(q(x_i) - y_{i,2+h})^2}{\sigma^2_{h+1}} \right]$

$L = \begin{pmatrix} -634.936 & -641.351 \\ -589.697 & -601.865 \\ -579.063 & -590.898 \\ -539.564 & -558.295 \\ -493.618 & -507.415 \\ -493.152 & -507.949 \\ -493.013 & -508.108 \end{pmatrix}$　左列が最大対数尤度、右列が平均対数尤度

図 **4.5**　多項式回帰モデルの最大対数尤度と平均対数尤度を計算するシミュレーションプログラムの例．Mathcadというソフト（PTC社）では，数式をキーボードとマウスを使って編集すると，それが自動的に計算プログラムとなって計算が進む．これは1回の試行の場合で，1000回繰り返すときはもう少し複雑になる．

4 AIC の導出——どうして対数尤度からパラメータ数を引くのか

表 4.6 サンプル数 200 のデータに対する最大対数尤度 $l(\hat{a}, \hat{\sigma}^2)$ (4.24), 平均対数尤度の n 倍 $la(\hat{a}, \hat{\sigma}^2)$ (4.26), 両者の差の例. 左は説明変数の範囲が $[0.8, 2.0]$ のとき, 右は $[-1.6, 3.2]$ のとき.

多項式の次数	最大対数尤度 $l(\hat{a}, \hat{\sigma}^2)$	平均対数尤度 $la(\hat{a}, \hat{\sigma}^2)$	差	最大対数尤度 $l(\hat{a}, \hat{\sigma}^2)$	平均対数尤度 $la(\hat{a}, \hat{\sigma}^2)$	差
0	-571.8	-569.6	-2.1	-642.3	-640.7	-1.6
1	-498.7	-504.1	5.4	-595.7	-600.9	5.2
2	-498.6	-504.4	5.7	-583.7	-589.9	6.1
3	-497.97	-504.40	6.44	-542.8	-557.0	14.2
4	-497.961	-504.413	6.452	-482.3	-507.1	24.8
5	-497.958	-504.416	6.458	-482.2	-507.2	25.0
6	-497.92	-504.45	6.53	-481.2	-508.6	27.4

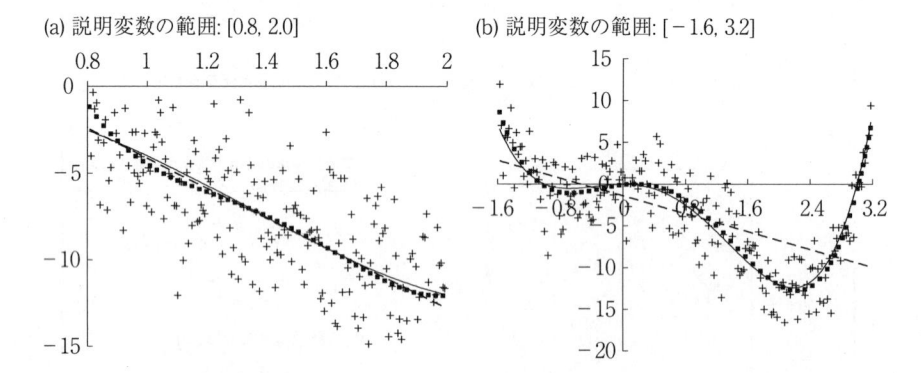

(a) 説明変数の範囲: $[0.8, 2.0]$

(b) 説明変数の範囲: $[-1.6, 3.2]$

図 4.7 4 次函数 $q(x) = x^4 - 2x^3 - 3x^2$ で与えられる値(細い実線)を平均とし, そこから標準偏差 3 で散らばりを与えたデータ(+)に対する, 線形回帰モデルと 4 次多項式回帰モデルの最尤推定された回帰式のグラフ(まっすぐな細い破線が線形, 曲った••• が 4 次多項式の場合).

帰モデルの回帰式のグラフ, 以上 4 つが示されている. (a) の場合, 考えている区間で 4 次函数 $q(x)$ がほとんど直線的にしか変動していないので(細線), あえて ••• のような曲線を用いなくても, 破線のような(ほとんど真のモデルの平均($q(x)$, 実線)と同じ期待値のため重なっていてよく見えない)1 次式のモデルで十分という様子が伺える. グラフが直線的に見えても, あくまで真のモデルは 4 次函数である. にもかかわらず, 4 次多項式による回帰モデルより線形回帰モデルのほうが真のモデルに近いという不思議な結果である[46].

右の図のような区間では 4 次函数的な変動がデータにも表れている. 表 4.6 の右側の列で見ればわかるように, 4 次式の場合が一番いいし, 5 次以上の多

[46] 文献 [0–1] の pp.61–62 や [0–2] の pp.45–47 に, 別の数値例が紹介されている.

(a) 1次の回帰モデル

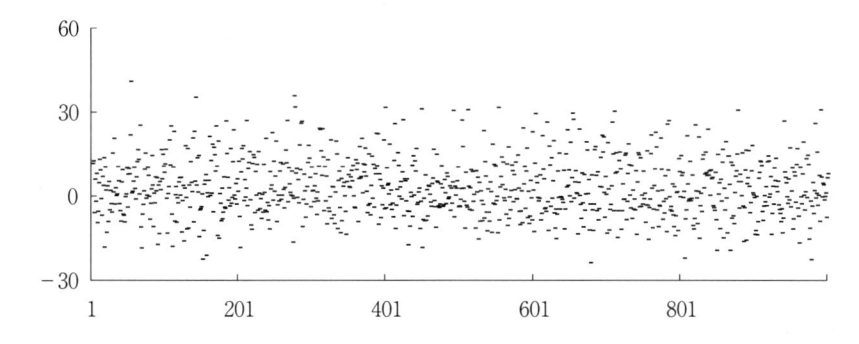

(b) 4次の回帰モデル

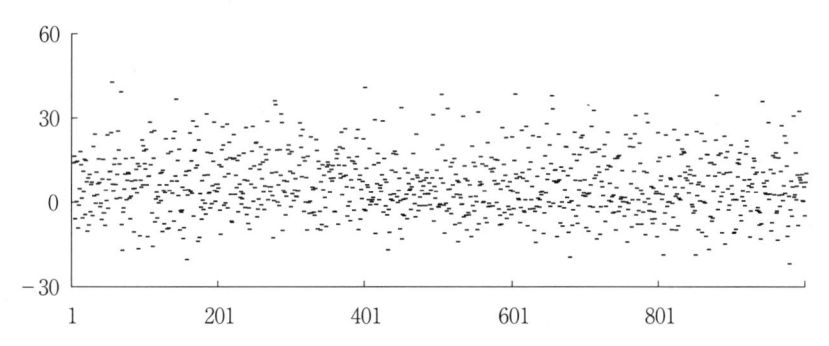

図 4.8 1000 回のシミュレーションにおける $l(\hat{a}, \hat{\sigma}^2)$(4.24) と $la(\hat{a}, \hat{\sigma}^2)$(4.26) の差（縦軸）．横軸はシミュレーションの回数．

項式は必要ないこともわかる．

　しかし，$l(\hat{a}, \hat{\sigma}^2)$ (4.24) と $la(\hat{a}, \hat{\sigma}^2)$ (4.26) の差は様々で（表 4.6），パラメータ数を引けばよいといった単純な補正は通用しないように見える．そこで，同じ作業を 1000 回繰り返してみる[47]．図 4.8 は 1 次式の場合と 4 次式の場合の (4.24) と (4.26) の差であるが，パッと見た印象では，せいぜい心持ち 4 次式のときの差のほうが値が大きいかな，という程度である．

　それが，1000 回にわたる平均をとってみると，図 4.9 のようにパラメータ数（分散 σ もパラメータなので多項式の次数 +2 になる）にきれいに比例している様子が浮かび上がってくるのである！しかも比例定数はほぼ 1 で，若干のズレは見られるものの，まさしくパラメータ数で補正してよいことが伺える[48]．

　1 つの場合の例を眺めたにすぎないが，そんな小さな体験からでも，(4.24)

[47] この計算は，図 4.5 の Mathcad という数学ソフト（PTC 社）のプログラムに改良を加えて行った．「繰返し」という作業はコンピュータが最も得意とするところで，数学ソフトには必ずそのための便利なコマンドがある．その点，Excel のような表計算ソフトでは，コピーして貼り付ける操作で代用することになり，限界がある．

[48] この場合，パラメータ数による近似の妥当性だけでなく厳密な補正式が知られている．[0–1] の 4.4.5 節参照．

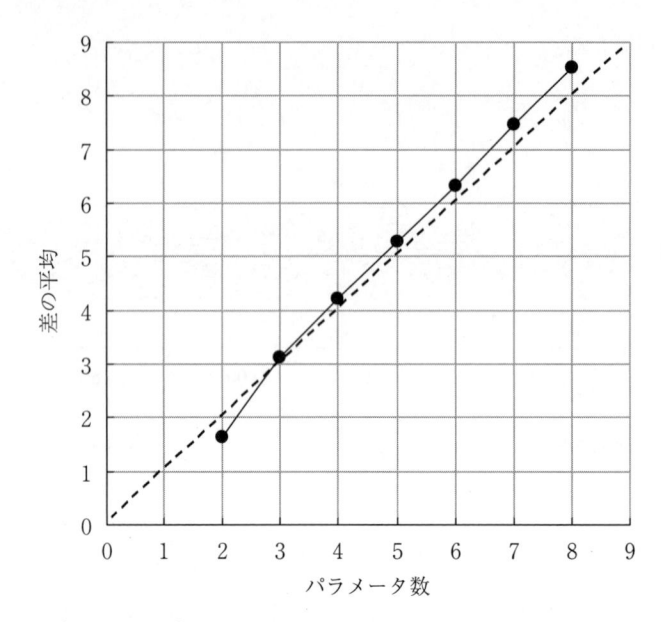

図 4.9　$l(\hat{a}, \hat{\sigma}^2) - la(\hat{a}, \hat{\sigma}^2)$ という差の 1000 回シミュレーションにおける平均値（縦軸）と，パラメータ数（= 多項式の次数 +2，横軸）の関係．

と (4.26) の差が，たくさんのデータセットについて平均を取ると，本当にパラメータ数で近似できるという実感は得られよう．

また，シミュレーションによる実例は，この近似の限界も示してくれる．表 4.6 の結果からわかるように，この補正は 1 回のデータについて，必ずしも正確なものではない．それどころか，ずいぶん違っているのが実態である．ちなみに 1000 回の結果の中には，図 4.8 のように (4.24) と (4.26) の差が 40 もあるデータもあった．あくまで平均的にはパラメータ数による補正が無難と主張しているのであり，実際に手にしているデータの場合に (4.24) と (4.26) の差がいくつかは，（真のモデルがわからないのだから当然）わからない．

しかし，だからと言って「AIC によるモデルの評価を学んでもあまり役に立たない」と感じてしまった人は，1 章から繰り返しているように，新しい視点を持てない運命に陥る．

AIC の数式 (4.1) の提唱に先立ち，それまでの統計科学に革新的な 2 つの発想を与えている．しかし，もしそれだけだったなら，一般には真のモデルはわからないため，実用性を伴わない空論で終わったに違いない．それを，パラメータ数を引くという非常に簡単な操作で最大対数尤度を補正すれば，モデル評価の規準の 1 つとして使えることを示し，新しい統計科学への端緒を

与えた．あくまで an information criterion の名にふさわしい，統計モデリングを使う上での第一歩となる指標である．それがあったからこそ，情報量規準という指標を用いてモデル選択するという新しい統計学が拓かれ，赤池統計学の世界が広がっている今日を迎えているのである．

4.11 パラメータ数が出てくるからくりを知りたい

いま手にしているデータがどのようなものかわからないので，その最大対数尤度が平均対数尤度の n 倍からいくつズレているか知りようがない．そんなときの無難な妥協策は，様々なデータセットについての，平均的な離れ具合で補正するというものである．前節では，それがパラメータ数に近い数値になる様子を，多項式回帰モデルの例で体験した．これで AIC の式 (4.1) でパラメータ数を引く根拠はわかったと満足し，以降の節を飛ばして 5 章へ進んでかまわない．

でももし，ここまでわかってきたついでに，もう一歩進んで，式 (4.1) が理論的にどう証明されるのか，その証明の流れや鍵となるアイデア，あるいはそこで使われる有名定理くらい知っておきたいという気持ちが湧いてきたなら，引き続き本章を読み進めてほしい[49]．この章の残りの節では，数学としては不完全だが，直観的に納得できるような説明を試みる．なお，説明を簡単にするため，いま考えているモデル $f(y|\boldsymbol{\theta})$ は真のモデルを含み，$\boldsymbol{\theta}_0$ のときが真のモデルである，すなわち $f(y|\boldsymbol{\theta}_0) = g(y)$ とする[50]．

4.12 対数尤度と平均対数尤度の差を 3 つに分ける

$l(\hat{\boldsymbol{\theta}}(\boldsymbol{y}_{1:n}))$ と $la(\hat{\boldsymbol{\theta}}(\boldsymbol{y}_{1:n}))$ の差 (4.13) が，様々なデータセット $\boldsymbol{y}_{1:n} = (y_1, \ldots, y_n)$ に対して平均的にどのくらいの値になるか[51]は，真のモデル $g(y)$ からランダムに生成された n 個サンプル $\boldsymbol{y}_{1:n}$ について，(4.13) の期待値を考えればよい[52]．そこで，$\boldsymbol{y}_{1:n}$ を 1 つの固定されたデータと考えるのでなく，ランダムに変動する n 次元の確率変数の実現値と考える．確率変数 $\boldsymbol{y}_{1:n}$ が従う確率密度関数は，4.9 節と同じように考えると，n 次元の確率密度関数 $g(t_1)g(t_2)\cdots g(t_n)$ であることがわかる．したがって，期待値の定義式 (4.4 節) の中にある積分は n 重積分となり，(4.13) の期待値は

---

49) 以降の説明は，文献 [0–1] の 3.4 節にある証明の骨格を抜き出し，正規分布モデルによる具体例を追加したものである．

50) もちろん通常，こんなに真のモデルに近いモデルを作っているはずがない．この仮定を満たさない場合の議論は，文献 [0–1] とその中の引用文献を参照．

51) これが「パラメータ数くらいの値になることを示す」のがここからの目標である．

52) 期待値の定義を思い起こせば当然なのだが，"(4.13) の $\boldsymbol{y}_{1:n}$ についての期待値がパラメータ数に等しいことを示せばよいのだ"，と納得できるまで考えてほしい．ここが最初の正念場である．

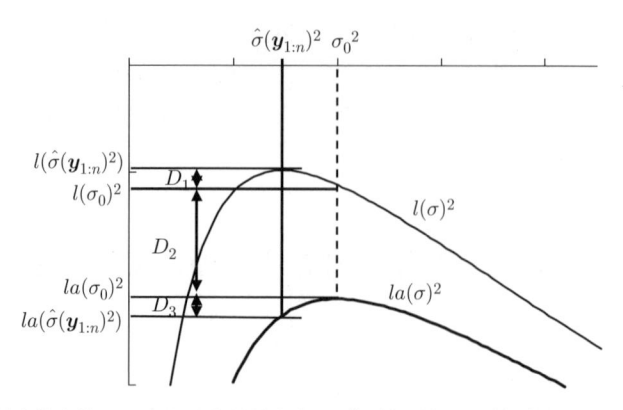

図 4.10 最尤推定値における最大対数尤度 $l(\sigma^2)$（細線）と平均対数尤度の n 倍 $la(\sigma^2)$（太線）の差を評価するために，その差を 3 つの成分に分ける正規分布モデル（4.8 節）の場合の図．

$$E\{l(\hat{\boldsymbol{\theta}}(\boldsymbol{y}_{1:n})) - la(\hat{\boldsymbol{\theta}}(\boldsymbol{y}_{1:n}))\}$$
$$= \int \cdots \int \{l(\hat{\boldsymbol{\theta}}(y_1,\ldots,y_n)) - la(\hat{\boldsymbol{\theta}}(y_1,\ldots,y_n)))\} g(y_1)\cdots g(y_n) dy_1\cdots dy_n \quad (4.27)$$

という式で定義される．以下の目的は，この式が，近似的にパラメータ数になることを示すときに鍵となるアイデアを知ることにある[53]．

[53] (4.27) がパラメータ数という整数で近似できるなど，全く想像もつかない，というのが正直なところではないだろうか．

まず，$l(\hat{\boldsymbol{\theta}}(\boldsymbol{y}_{1:n}))$ と $la(\hat{\boldsymbol{\theta}}(\boldsymbol{y}_{1:n}))$ の差を図 4.10 のように 3 つの成分に分ける．式で書くと

$$l(\hat{\boldsymbol{\theta}}(\boldsymbol{y}_{1:n})) - la(\hat{\boldsymbol{\theta}}(\boldsymbol{y}_{1:n}))$$
$$= \{l(\hat{\boldsymbol{\theta}}(\boldsymbol{y}_{1:n})) - l(\boldsymbol{\theta}_0)\} + \{l(\boldsymbol{\theta}_0) - la(\boldsymbol{\theta}_0)\} + \{la(\boldsymbol{\theta}_0) - la(\hat{\boldsymbol{\theta}}(\boldsymbol{y}_{1:n}))\} \quad (4.28)$$

である．

期待値 (4.28) も 3 つに分け，

$$D_1 = E\{l(\hat{\boldsymbol{\theta}}(\boldsymbol{y}_{1:n})) - l(\boldsymbol{\theta}_0)\} \quad (4.29)$$

$$D_2 = E\{l(\boldsymbol{\theta}_0) - la(\boldsymbol{\theta}_0)\} \quad (4.30)$$

$$D_3 = E\{la(\boldsymbol{\theta}_0) - la(\hat{\boldsymbol{\theta}}(\boldsymbol{y}_{1:n}))\} \quad (4.31)$$

とおく．

ここでは，D_3 が近似的にパラメータ数の半分になる事を示す．実際には，D_1 も近似的にパラメータ数の半分になり，D_2 は正確に 0 になるのだが，パ

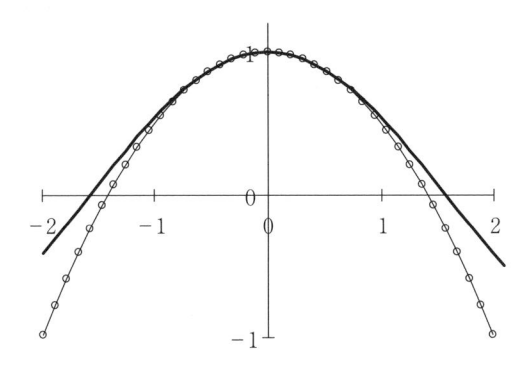

図 4.11 $a = 0$ の近くで $f(x) = \cos x$（太線）を放物線（細線）で近似している様子. x が $a = 0$ に近い所では良い近似となっている.

ラメータ数が出てくるからくりを知る目的では，D_3 からパラメータ数の半分が出てくることを眺めるだけで十分である．

4.13 平均対数尤度関数の2次の近似式

$D_3 = E_{y_n}\{la(\boldsymbol{\theta}_0) - la(\hat{\boldsymbol{\theta}}(\boldsymbol{y}_{1:n}))\}$ を近似計算するため，まず，$la(\boldsymbol{\theta}) = la(\theta_1, \ldots, \theta_p)$ を $\boldsymbol{\theta}_0 = (\theta_{01}, \ldots, \theta_{0p})$ のまわりでテーラー展開する[54].

$$la(\boldsymbol{\theta}) = la(\boldsymbol{\theta}_0) + \sum_{i=1}^{p}(\theta_i - \theta_{0i})\frac{\partial}{\partial \theta_i}la(\boldsymbol{\theta})\bigg|_{\boldsymbol{\theta}=\boldsymbol{\theta}_0}$$
$$+ \frac{1}{2}\sum_{i=1}^{p}\sum_{j=1}^{p}(\theta_i - \theta_{0i})(\theta_j - \theta_{0j})\frac{\partial^2}{\partial \theta_i \partial \theta_j}la(\boldsymbol{\theta})\bigg|_{\boldsymbol{\theta}=\boldsymbol{\theta}_0} + \cdots \quad (4.32)$$

考えているモデル $f(y|\boldsymbol{\theta})$ は $\boldsymbol{\theta} = \boldsymbol{\theta}_0$ のとき真のモデルになっているので平均対数尤度は最大となり，1次の偏微分係数 $\frac{\partial}{\partial \theta_i}la(\boldsymbol{\theta})\bigg|_{\boldsymbol{\theta}=\boldsymbol{\theta}_0}$ は 0 となる．したがって，(4.32) 右辺の 2 番目の項は消える．

右辺 3 番目の項にある 2 階の偏微分 $\frac{\partial^2}{\partial \theta_i \partial \theta_j}la(\boldsymbol{\theta})\bigg|_{\boldsymbol{\theta}=\boldsymbol{\theta}_0}$ は，

$$\frac{\partial^2}{\partial \theta_i \partial \theta_j}la(\boldsymbol{\theta})\bigg|_{\theta_0} = \frac{\partial^2}{\partial \theta_i \partial \theta_j}n\int \ln(f(y|\boldsymbol{\theta}))g(y)dy\bigg|_{\boldsymbol{\theta}_0}$$
$$= n\int \frac{\partial^2}{\partial \theta_i \partial \theta_j}\ln f(y|\boldsymbol{\theta})\bigg|_{\boldsymbol{\theta}_0} f(y|\boldsymbol{\theta}_0)dy \quad (4.33)$$

[54] 1 変数関数 $f(x)$ の a のまわりのテーラー展開は
$$f(x) = f(a)$$
$$+ (x-a)f'(a)$$
$$+ \frac{(x-a)^2}{2!}f''(a)$$
$$+ \cdots$$
で，$f'(a) = 0$ のときにテーラー展開を 2 次までで切った
$$f(a) + \frac{(x-a)^2}{2!}f''(a)$$
は，a から少し離れた x における $f(x)$ の値を，a に頂点を持つ放物線による近似である（図 4.11）. (4.32) はその p 変数版である．

と書ける．(i, j) 成分が右辺の積分の部分で与えられる行列の符号を変えたものを

$$J(\boldsymbol{\theta}_0) = (J(\boldsymbol{\theta}_0)_{ij}) = \left(-\int \frac{\partial^2}{\partial \theta_i \partial \theta_j} \ln f(y|\boldsymbol{\theta})\bigg|_{\boldsymbol{\theta}_0} f(y|\boldsymbol{\theta}_0) dy\right) \tag{4.34}$$

と書くことにする．

(4.32) の $\boldsymbol{\theta}$ が最尤推定値 $\hat{\boldsymbol{\theta}}(\boldsymbol{y}_{1:n})$ のとき，$\hat{\boldsymbol{\theta}}(\boldsymbol{y}_{1:n})$ は $\boldsymbol{\theta}_0$ にある程度近い値になっているはずなので，$\hat{\boldsymbol{\theta}}(\boldsymbol{y}_{1:n}) - \boldsymbol{\theta}_0$ の p 個のどの成分 $\hat{\theta}_i(\boldsymbol{y}_{n:1}) - \theta_{0i}$ も 0 に近い．式 (4.32) の 3 次以降の偏微分を含む項は 0 に近い数 $\hat{\theta}_i - \theta_{0i}$ の 3 乗を含むため，さらに 0 に近い値となる．そこで，(4.32) の 3 次以降の部分は 0 として 2 次の項までで近似することにし，2 次の部分を縦ベクトル

$$\hat{\boldsymbol{\theta}}(\boldsymbol{y}_{1:n}) - \boldsymbol{\theta}_0 = \begin{pmatrix} \hat{\theta}_1(\boldsymbol{y}_{1:n}) - \theta_{01} \\ \vdots \\ \hat{\theta}_p(\boldsymbol{y}_{1:n}) - \theta_{0p} \end{pmatrix}$$

と行列 $J(\boldsymbol{\theta}_0)$ による 2 次形式としての表記にする．

$$la(\hat{\boldsymbol{\theta}}(y_{1:n})) \approx la(\boldsymbol{\theta}_0) - \frac{n}{2} \sum_{i=1}^{p} \sum_{j=1}^{p} (\hat{\theta}_i(\boldsymbol{y}_{1:n}) - \theta_{0i})(\hat{\theta}_j(\boldsymbol{y}_{1:n}) - \theta_{0j}) J(\boldsymbol{\theta}_0)_{ij}$$
$$= la(\boldsymbol{\theta}_0) - \frac{n}{2} (\hat{\boldsymbol{\theta}}(\boldsymbol{y}_{1:n}) - \boldsymbol{\theta}_0)^t J(\boldsymbol{\theta}_0)(\hat{\boldsymbol{\theta}}(\boldsymbol{y}_{1:n}) - \boldsymbol{\theta}_0)$$

右辺第 2 項に見られる縦ベクトル $\boldsymbol{v}$ と行列 $\boldsymbol{A}$ の 2 次形式について，一般に $\boldsymbol{v}^t \boldsymbol{A} \boldsymbol{v} = \mathrm{tr}(\boldsymbol{A} \boldsymbol{v} \boldsymbol{v}^t)$[55] が成り立つ[56]．これを用いて $(\hat{\boldsymbol{\theta}}(\boldsymbol{y}_{1:n}) - \boldsymbol{\theta}_0)^t J(\boldsymbol{\theta}_0)(\hat{\boldsymbol{\theta}}(\boldsymbol{y}_{1:n}) - \boldsymbol{\theta}_0) = \mathrm{tr}\{J(\boldsymbol{\theta}_0)(\hat{\boldsymbol{\theta}}(\boldsymbol{y}_{1:n}) - \boldsymbol{\theta}_0)(\hat{\boldsymbol{\theta}}(\boldsymbol{y}_{1:n}) - \boldsymbol{\theta}_0)^t\}$ と変形し，さらに移項したり符号を変えたりすれば

$$la(\boldsymbol{\theta}_0) - la(\hat{\boldsymbol{\theta}}(\boldsymbol{y}_{1:n})) \approx \frac{n}{2} \mathrm{tr}\{J(\boldsymbol{\theta}_0)(\hat{\boldsymbol{\theta}}(\boldsymbol{y}_{1:n}) - \boldsymbol{\theta}_0)(\hat{\boldsymbol{\theta}}(\boldsymbol{y}_{1:n}) - \boldsymbol{\theta}_0)^t\}$$

となる．

[55] v^t は縦ベクトル v を転置した横ベクトル，$\mathrm{tr} \boldsymbol{A}$ は行列 $\boldsymbol{A}$ の対角成分の和を表す記号．

[56] 証明は問 4.2．

問 4.2 p 次元縦ベクトル $\boldsymbol{v} = (v_1, \ldots, v_p)^t$ と p 次正方行列 $\boldsymbol{A} = (a_{ij})$ について，$\boldsymbol{v}^t \boldsymbol{A} \boldsymbol{v} = \mathrm{tr}(\boldsymbol{A} \boldsymbol{v} \boldsymbol{v}^t) = \sum_{j=1}^{p} \sum_{i=1}^{p} a_{ij} v_i v_j$ を示しなさい．

この左辺についてデータ $\boldsymbol{y}_{1:n}$ に関する期待値を取ったもの[57] の n 倍が 3 番目の成分 D_3 (4.31) だったから，

$$D_3 = E(la(\boldsymbol{\theta}_0) - la(\hat{\boldsymbol{\theta}}(\boldsymbol{y}_{1:n})))$$

[57] 4.12 節冒頭で強調したように，知るべきは真のモデルから生成されるデータ $\boldsymbol{y}_{1:n}$ についての期待値だった．

$$\approx \frac{n}{2} E(\operatorname{tr}\{J(\boldsymbol{\theta}_0)(\hat{\boldsymbol{\theta}}(\boldsymbol{y}_{1:n}) - \boldsymbol{\theta}_0)(\hat{\boldsymbol{\theta}}(\boldsymbol{y}_{1:n}) - \boldsymbol{\theta}_0)^t\})$$

となる[58]．行列 $J(\boldsymbol{\theta}_0)$ はデータ $\boldsymbol{y}_{1:n}$ に関係しないので

$$D_3 \approx \frac{n}{2} \operatorname{tr}\{J(\theta_0) E((\hat{\boldsymbol{\theta}}(y_{1:n}) - \boldsymbol{\theta}_0)(\hat{\boldsymbol{\theta}}(y_{1:n}) - \boldsymbol{\theta}_0)^t)\}$$

$$= \frac{n}{2} \operatorname{tr}\left\{J(\boldsymbol{\theta}_0) E\left(\begin{pmatrix} \hat{\theta}_1(\boldsymbol{y}_{1:n}) - \theta_{01} \\ \vdots \\ \hat{\theta}_p(\boldsymbol{y}_{1:n}) - \theta_{0p} \end{pmatrix}(\hat{\theta}_1(\boldsymbol{y}_{1:n}) - \theta_{01} \cdots \hat{\theta}_p(\boldsymbol{y}_{1:n}) - \theta_{0p})\right)\right\}$$

$$= \frac{n}{2} \operatorname{tr}\left\{J(\boldsymbol{\theta}_0) E\begin{pmatrix} (\hat{\theta}_1(\boldsymbol{y}_{1:n}) - \theta_{01})^2 & \cdots & (\hat{\theta}_1(\boldsymbol{y}_{1:n}) - \theta_{01})(\hat{\theta}_p(\boldsymbol{y}_{1:n}) - \theta_{0p}) \\ \vdots & \ddots & \vdots \\ (\hat{\theta}_1(\boldsymbol{y}_{1:n}) - \theta_{01})(\hat{\theta}_p(\boldsymbol{y}_{1:n}) - \theta_{0p}) & \cdots & (\hat{\theta}_p(\boldsymbol{y}_{1:n}) - \theta_{0p})^2 \end{pmatrix}\right\}$$
(4.35)

と変形できる[59]．

4.14　3番目の成分の正規分布モデルの場合の計算

　抽象的な数式変形が続くと，何をしているかわかりづらくなるので，こうした計算が正規分布モデルの場合にどのようになるか，具体的に書き下し，理解の補助にする．

　4.8 節のようなパラメータが1つしかない正規分布モデルだと，単純すぎて逆にわかりにくくなるので，ここでは平均も未知パラメータであるモデル

$$f(y; \mu, \sigma^2) = e^{-(y-\mu)^2/2\sigma^2}/\sqrt{2\pi\sigma^2}$$

を，真のモデル

$$g(y) = e^{-y^2/2\sigma_0^2}/\sqrt{2\pi\sigma_0^2} = f(y|\boldsymbol{\theta}_0) = f(y|0, \sigma_0^2) \qquad (4.36)$$

から派生されたデータに適用することにする．真のモデルのパラメータ $\boldsymbol{\theta}_0$ は，縦ベクトルで表すと $\boldsymbol{\theta}_0 = (0, \sigma_0^2)^t$ である．
　まず，

$$\ln(f(y|\mu, \sigma^2)) = -(y-\mu)^2/2\sigma^2 - \ln(\sqrt{2\pi\sigma^2})$$

だから，データ $\boldsymbol{y}_{1:n} = (y_1, \ldots, y_n)$ が与えられたとき，対数尤度函数は

---

[58] 行列やベクトルの期待値とは，各成分の期待値の行列やベクトルのことである．なお，このあたりの計算では，確率変数 X, Y と定数 a, b についての $E(aX + bY) = aE(X) + bE(Y)$ といった（定義 (2.15) から容易に証明できる）公式が使われている．

[59] 4.13 節は期待値を取る作業の前の段階まで．期待値を取る作業は 4.15 と 4.16 節．

である．

$$l(\mu,\sigma^2) = \sum_{i=1}^{n}\ln f(y_i|\mu,\sigma^2) = -\frac{\sum_{i=1}^{n}(y_i-\mu)^2}{2\sigma^2} - \frac{n\ln(2\pi\sigma^2)}{2} \quad (4.37)$$

である．

一方，平均対数尤度函数の n 倍 (4.10) は，

$$\begin{aligned}la(\mu,\sigma^2) &= n\int_{-\infty}^{\infty}\ln(f(y|\mu,\sigma^2))g(y)dy \\ &= n\int_{-\infty}^{\infty}\left\{-\frac{(y-\mu)^2}{2\sigma^2} - \frac{\ln(2\pi\sigma^2)}{2}\right\}\frac{e^{-y^2/2\sigma_0^2}}{\sqrt{2\pi\sigma_0^2}}dy \end{aligned} \quad (4.38)$$

である．4.8 節で (4.16) から (4.18) を導いたのとほとんど同じやり方で (4.38) の中の積分を計算すると，

$$la(\mu,\sigma^2) = -n\left\{\frac{\sigma_0^2 + \mu^2}{2\sigma^2} + \frac{\ln(2\pi\sigma^2)}{2}\right\} \quad (4.39)$$

となる．

問 4.3 4.6 節で (4.18) を導出したときとの違いを考えながら，式 (4.39) を導きなさい．

以上の準備の下で，(4.32) から (4.35) までの計算を，この正規分布モデルで実行してみる．

(4.32) は (4.39) を $(0,\sigma_0^2)$ のまわりで 2 次までテーラー展開したものである．1 階の偏微分と 2 階の偏微分を順次計算し (問 4.4)，$\boldsymbol{\theta}_0 = \begin{pmatrix}\mu \\ \sigma^2\end{pmatrix} = \begin{pmatrix}0 \\ \sigma^2\end{pmatrix}$ を代入すると，

$$\left.\frac{\partial^2}{\partial\theta_i\partial\theta_j}la(\boldsymbol{\theta})\right|_{\theta=\theta_0} = -n\begin{pmatrix}1/\sigma_0^2 & 0 \\ 0 & 1/2(\sigma_0^2)^2\end{pmatrix} \quad (4.40)$$

となり[60]，(4.35) は 2 つのパラメータ (μ と σ^2) の最尤推定値を $(\hat{\mu}(\boldsymbol{y}_{1:n}),\hat{\sigma}(\boldsymbol{y}_{1:n})^2)$ として[61]，

$$\begin{aligned}D_3 \approx \frac{n}{2}\mathrm{tr}\Bigg\{&\begin{pmatrix}1/\sigma_0^2 & 0 \\ 0 & 1/2\sigma_0^2\end{pmatrix} \\ \times E&\begin{pmatrix}(\hat{\mu}(\boldsymbol{y}_{1:n})-0)^2 & (\hat{\mu}(\boldsymbol{y}_{1:n})-0)(\hat{\sigma}(\boldsymbol{y}_{1:n})^2-\sigma_0^2) \\ (\hat{\mu}(\boldsymbol{y}_{1:n})-0)(\hat{\sigma}(\boldsymbol{y}_{1:n})^2-\sigma_0^2) & (\hat{\sigma}(\boldsymbol{y}_{1:n})^2-\sigma_0^2)^2\end{pmatrix}\Bigg\}\end{aligned} \quad (4.41)$$

---

[60] (4.39) を 2 階微分する代わりに，行列 $J(\theta_0)$ の定義式 (4.34) から $J(\theta_0) = \begin{pmatrix}1/\sigma_0^2 & 0 \\ 0 & 1/2(\sigma_0^2)^2\end{pmatrix}$ を導いてもよい．

[61] 3 章 3.4 節でやったように，最尤推定量は $\hat{\mu}(\boldsymbol{y}_{1:n}) = \sum_{i=1}^{n}y_i/n$, $\hat{\sigma}(\boldsymbol{y}_{1:n})^2 = \sum_{i=1}^{n}(y_i-\hat{\mu}(y_{1:n}))^2/n$ である．

である[62].

問 4.4 (4.39) の 1 階の偏導函数と 2 階の偏導函数を計算し，$(\mu, \sigma^2) = (0, \sigma_0^2)$ での値を求め，(4.40) の 2 次の行列の部分が正しい事を確認しなさい．

4.15　最尤推定値の周辺は正規分布で近似できる

さて，(4.35) の中の真のモデルから生成される n 個のデータに関する期待値の部分，

$$E \begin{pmatrix} (\hat{\theta}_1(\boldsymbol{y}_{1:n}) - \theta_{01})^2 & \cdots & (\hat{\theta}_1(\boldsymbol{y}_{1:n}) - \theta_{01})(\hat{\theta}_p(\boldsymbol{y}_{1:n}) - \theta_{0p}) \\ \vdots & \ddots & \vdots \\ (\hat{\theta}_1(\boldsymbol{y}_{1:n}) - \theta_{01})(\hat{\theta}_p(\boldsymbol{y}_{1:n}) - \theta_{0p}) & \cdots & (\hat{\theta}_p(\boldsymbol{y}_{1:n}) - \theta_{0p})^2 \end{pmatrix}$$

$$= \begin{pmatrix} E(\hat{\theta}_1(\boldsymbol{y}_{1:n}) - \theta_{01})^2 & \cdots & E((\hat{\theta}_1(\boldsymbol{y}_{1:n}) - \theta_{01})(\hat{\theta}_p(\boldsymbol{y}_{1:n}) - \theta_{0p})) \\ \vdots & \ddots & \vdots \\ E((\hat{\theta}_1(\boldsymbol{y}_{1:n}) - \theta_{01})(\hat{\theta}_p(\boldsymbol{y}_{1:n}) - \theta_{0p})) & \cdots & E((\hat{\theta}_p(\boldsymbol{y}_{1:n}) - \theta_{0p})^2) \end{pmatrix} \quad (4.42)$$

は，(近似的に) どう表されるだろう．

確率密度函数 $g(y)$ に従う確率変数 Y の函数 $h(Y)$ の分散は，$h(Y)$ の期待値を $\bar{h}$ として

$$V(h(Y)) = \int_{-\infty}^{+\infty} (h(y) - \bar{h})^2 g(y) dy = E((h(Y) - \bar{h})^2)$$

で定義された（2.9 節）ことを思い出してほしい[63]．

最尤推定値 $\hat{\theta}(\boldsymbol{y}_{1:n})$ の p 個の成分 $\{\hat{\theta}_i(\boldsymbol{y}_{1:n}) - \theta_{0i}\}(i = 1, 2, \ldots, p)$ は，それぞれ n 次元の確率密度函数 $g(t_1)g(t_2)\cdots g(t_n)$ に従う確率変数 $\boldsymbol{y}_{1:n}$ の函数という確率変数である．もしその平均が真のモデルの値 $\boldsymbol{\theta}_0$ と等しい $(E(\hat{\boldsymbol{\theta}}(\boldsymbol{y}_{1:n})) = \boldsymbol{\theta}_0)$ なら，(4.42) の (i, i) 成分 $E((\hat{\theta}_i(\boldsymbol{y}_{1:n}) - \theta_{0i})^2)$ はちょうど確率変数 $\hat{\theta}_i(\boldsymbol{y}_{1:n})$ の分散 $V(\hat{\theta}_i(\boldsymbol{y}_{1:n}))$ の式となっている $(i = 1, 2, \ldots, p)$．

同様に，(4.42) の (i, j) 成分は $(i \neq j)$，$(E(\hat{\boldsymbol{\theta}}(\boldsymbol{y}_{1:n})) = \boldsymbol{\theta}_0$ が正しいなら) 確率変数 $\hat{\theta}_i(\boldsymbol{y}_{1:n})$ と $\hat{\theta}_j(\boldsymbol{y}_{1:n})$ の共分散 $\text{cov}(\hat{\theta}_i(\boldsymbol{y}_{1:n}), \hat{\theta}_j(\boldsymbol{y}_{1:n}))$ になっている．

以上をまとめると，もし $E(\hat{\boldsymbol{\theta}}(y_{1:n})) = \boldsymbol{\theta}_0$ が正しいなら，(4.42) は p 個の確率変数 $\hat{\theta}_1(\boldsymbol{y}_{1:n}), \hat{\theta}_2(\boldsymbol{y}_{1:n}), \ldots, \hat{\theta}_p(\boldsymbol{y}_{1:n})$ についての分散共分散行列であると言える[64]．

---

[62] この節も期待値を取る作業の直前まで．期待値を取る計算は 4.15 節の後半で行う．

[63] 1 章で断ったように，原則，確率変数は大文字，その実現値を小文字で表すのだが，4.12 節以降では，$\boldsymbol{y}_{1:n}$ をサンプルと見たり確率変数と見たり混用している．

[64] ここが期待値を取る操作の要となる部分である．

実は等式 $E(\hat{\theta}(\boldsymbol{y}_{1:n})) = \boldsymbol{\theta}_0$ は正しく，かつ，この分散共分散行列の具体的な形も知られている．それは最尤推定値の「漸近正規性」と呼ばれ，最尤法に関する基本定理として数理統計学でよく知られている．

(i,j) 成分が

$$I(\boldsymbol{\theta})_{ij} = \int \left\{ \frac{\partial}{\partial \theta_i} \ln f(y|\boldsymbol{\theta}) \frac{\partial}{\partial \theta_j} \ln f(y|\boldsymbol{\theta}) \right\} f(y|\boldsymbol{\theta}_0) dy \qquad (4.43)$$

で与えられる p 次の正方行列 $I(\boldsymbol{\theta})$ を用意しておく．最後の $f(y|\boldsymbol{\theta}_0)$ は真のモデルのことなので，$g(y)$ と書いてもよい．また，ここで実際使うのは，$\boldsymbol{\theta} = \boldsymbol{\theta}_0$ のときの

$$I(\boldsymbol{\theta}_0) = \left(\int \left\{ \frac{\partial}{\partial \theta_i} \ln f(y|\boldsymbol{\theta}) \frac{\partial}{\partial \theta_j} \ln f(y|\boldsymbol{\theta}) \bigg|_{\boldsymbol{\theta}=\boldsymbol{\theta}_0} \right\} f(y|\boldsymbol{\theta}_0) dy \right) \qquad (4.44)$$

である．

[**最尤推定値の漸近正規性**]

$f(y|\boldsymbol{\theta}_0)$ という真のモデルから生成された n 個のデータ $\boldsymbol{y}_{1:n} = (y_1, y_2, \ldots, y_n)$ に $f(y|\boldsymbol{\theta})$ というモデルを適用したときの最尤推定値 $\hat{\boldsymbol{\theta}}(\boldsymbol{y}_{1:n})$ は，平均 $\boldsymbol{\theta}_0$，分散共分散行列 $I(\boldsymbol{\theta}_0)^{-1}/n$ の p 次元正規分布に漸近的に従う[65]．

証明は数理統計学の教科書に必ずと言っていいほど出ているが[66]，ここでは正規分布モデル $f(y; \mu, \sigma^2) = e^{-(y-\mu)^2/2\sigma^2}/\sqrt{2\pi\sigma^2}$ の場合に，シミュレーションで確かめることで，納得することにする．

$g(y) = e^{-y^2/2\sigma_0^2}/\sqrt{2\pi\sigma_0^2}$ に従って n 個のデータ $\boldsymbol{y}_{1:n} = (y_1, \ldots, y_n)$ を M セット作り（それらを $\boldsymbol{y}_{1:n}^1, \ldots, \boldsymbol{y}_{1:n}^M$ とする），2つのパラメータの最尤推定値 $\hat{\mu}(\boldsymbol{y}_{1:n})$ と $\hat{\sigma}(\boldsymbol{y}_{1:n})^2$ を求める[67]．この操作を M 回繰り返し，得られた最尤推定値を $(\hat{\mu}(\boldsymbol{y}_{1:n}^1), \hat{\mu}(\boldsymbol{y}_{1:n}^2), \ldots, \hat{\mu}(\boldsymbol{y}_{1:n}^M))$，$(\hat{\sigma}(\boldsymbol{y}_{1:n}^1)^2, \hat{\sigma}(\boldsymbol{y}_{1:n}^2)^2, \ldots, \hat{\sigma}(\boldsymbol{y}_{1:n}^M)^2)$ とする[68]．

一方，漸近正規性の定理で使う行列 $I(\boldsymbol{\theta}_0)$ を計算すると，

$$I(\boldsymbol{\theta}_0) = \begin{pmatrix} \dfrac{1}{\sigma_0^2} & 0 \\ 0 & \dfrac{1}{2(\sigma_0^2)^2} \end{pmatrix} \qquad (4.45)$$

となるので（**問 4.5**），漸近正規性の定理より最尤推定値 $\begin{pmatrix} \hat{\mu} \\ \hat{\sigma}^2 \end{pmatrix}$ は，平均

---

[65] サンプル数 n が多くなると正規分布に近づいていく，くらいの理解でよい．

[66] 文献 [0–1] の p.42–25, [0–4] の 4 章など．

[67] 4.14 節の 61) 参照．

[68] 必要なのは，μ というパラメータの最尤推定値たちの平均と分散，σ^2 というパラメータの最尤推定値たちの平均と分散，両者の共分散，の3つである．

$\boldsymbol{\theta}_0 = \begin{pmatrix} 0 \\ \sigma_0^2 \end{pmatrix}$, 分散共分散行列 $I(\boldsymbol{\theta}_0)^{-1}/n = \begin{pmatrix} \dfrac{\sigma_0^2}{n} & 0 \\ 0 & \dfrac{2\sigma_0^4}{n} \end{pmatrix}$ の 2 次元正規分布に従うはずである．分散共分散行列の非対角成分が 0 なので，2 次元正規分布の確率密度函数 (4.22) を書き下すと，2 つの 1 次元正規分布の積

$$e^{-(\hat{\mu}-0)^2/2(\sigma_0^2/n)}/\sqrt{2\pi\sigma_0^2/n} \times e^{-(\hat{\sigma}^2-\sigma_0^2)^2/2(2\sigma_0^4/n)}/\sqrt{2\pi 2\sigma_0^4/n}$$

となる．言い換えると，μ の最尤推定値 $(\hat{\mu}(\boldsymbol{y}_{1:n}^1), \hat{\mu}(\boldsymbol{y}_{1:n}^2), \ldots, \hat{\mu}(\boldsymbol{y}_{1:n}^M))$ は，平均 0，分散 σ_0^2/n の正規分布に，σ^2 の最尤推定値 $(\hat{\sigma}(\boldsymbol{y}_{1:n}^1)^2, \hat{\sigma}(\boldsymbol{y}_{1:n}^2)^2, \ldots, \hat{\sigma}(\boldsymbol{y}_{1:n}^M)^2)$ は，平均 σ_0^2，分散 $2\sigma_0^4/n$ の正規分布に，それぞれ近似的に従うはずである．また，$(\hat{\mu}(\boldsymbol{y}_{1:n}^1), \hat{\mu}(\boldsymbol{y}_{1:n}^2), \ldots, \hat{\mu}(\boldsymbol{y}_{1:n}^M))$ と $\hat{\sigma}(\boldsymbol{y}_{1:n}^1)^2, \hat{\sigma}(\boldsymbol{y}_{1:n}^2)^2, \ldots, \hat{\sigma}(\boldsymbol{y}_{1:n}^M)^2)$ の共分散は 0 に近い値になるはずである．

問 4.5 正規分布モデルの場合に，行列 $I(\boldsymbol{\theta}_0)$ (4.44) が (4.45) になることを示しなさい．

シミュレーションで得られた最尤推定値たちの分布がどうなっているか，適当なクラスに分けたヒストグラムと，上記の正規分布のグラフを重ねてみる．図 4.12 は $\sigma_0^2 = 1$, $n = 100$ と 400 のときの $M = 2000$ 個のデータセットに対する結果だが，確かによく一致している．共分散は $n = 100$ のときが -0.000017，400 のときが 0.000037 と，確かにほとんど 0 になっている．

4.16 ついにパラメータ数が現れた

結局，式 (4.35) の $E((\hat{\boldsymbol{\theta}}(\boldsymbol{y}_{1:n}) - \boldsymbol{\theta}_0)(\hat{\boldsymbol{\theta}}(\boldsymbol{y}_{1:n}) - \boldsymbol{\theta}_0)^t)$ の部分は $\hat{\boldsymbol{\theta}}(\boldsymbol{y}_{1:n})$ という p 個の確率変数の分散共分散行列にほかならず，それは $I(\boldsymbol{\theta}_0)^{-1}/n$ と表される[69]．これを (4.35) に代入する．

$$D_3 \approx \frac{1}{2}\mathrm{tr}(J(\boldsymbol{\theta}_0)I(\boldsymbol{\theta}_0)^{-1}) \tag{4.46}$$

さて，$J(\boldsymbol{\theta}_0)$ と $I(\boldsymbol{\theta}_0)$ であるが，先の正規分布モデルの場合の結果を見ると，(4.40) の中にある行列 $J(\boldsymbol{\theta}_0)$ の部分と (4.45) の $I(\boldsymbol{\theta}_0)$ はピタリと一致している．

[69] ここで，真のモデルからのデータ $\boldsymbol{y}_{1:n}$ に関する期待値を取る操作が完了した．

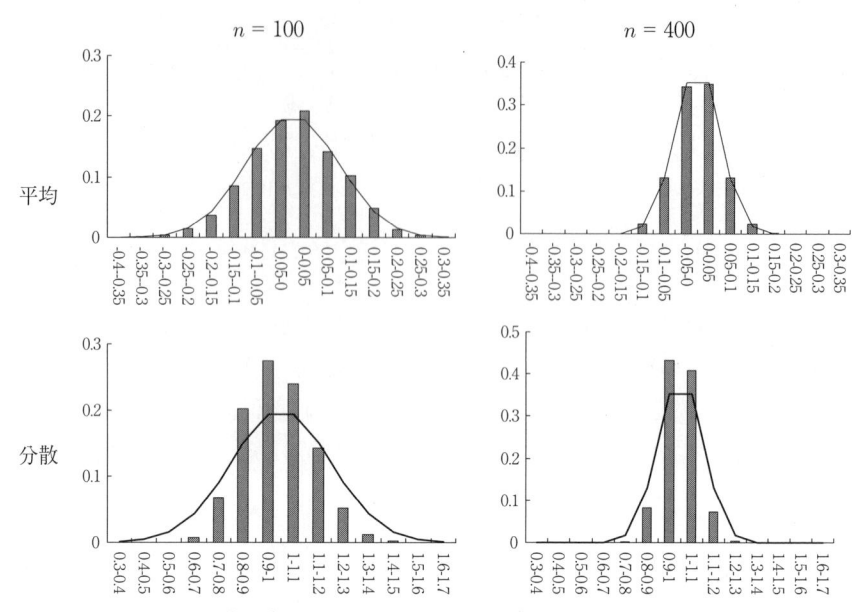

図 4.12 $g(y) = e^{-y^2/2\sigma_0^2}/\sqrt{2\pi\sigma_0^2}$ ($\sigma_0^2 = 1$) に従って発生させた n 個のデータに対して平均 μ, 分散 σ^2 の正規分布モデルを適用する作業を 2000 回行ったときの, μ と σ^2 の最尤推定値の分布のヒストグラム. 漸近正規性の定理から予測される正規分布の確率密度関数のグラフを重ねた. 左は $n = 100$ のとき, 右は $n = 400$ のとき.

$$J(\boldsymbol{\theta}_0) = I(\boldsymbol{\theta}_0) = \begin{pmatrix} \dfrac{1}{\sigma_0^2} & 0 \\ 0 & \dfrac{1}{2(\sigma_0^2)^2} \end{pmatrix}$$

実は,

$$J(\boldsymbol{\theta}_0) = I(\boldsymbol{\theta}_0) \tag{4.47}$$

は, (条件は必要だが) 一般的に成り立つ定理なのである[70].

(4.47) が成り立つことを認めてしまうと, (4.46) はあっけなく単純化され,

$$D_3 \approx \frac{1}{2}\mathrm{tr}(J(\boldsymbol{\theta}_0)I(\boldsymbol{\theta}_0)^{-1}) = \frac{1}{2}\mathrm{tr}(J(\boldsymbol{\theta}_0)J(\boldsymbol{\theta}_0)^{-1}) = \frac{1}{2}\mathrm{tr}\begin{pmatrix} 1 & & & 0 \\ & 1 & & \\ & & \ddots & \\ 0 & & & 1 \end{pmatrix} = \frac{p}{2} \tag{4.48}$$

となってしまう. 行列のサイズ p はパラメータ $\boldsymbol{\theta}$ の次元, すなわちパラメー

---

[70] 文献 [0–1] pp.45–46. これも本書では正規分布モデルの場合に成り立っていることを確かめただけで納得してもらう.

タ数だった．要するに，D_3 はパラメータ数の半分という結果が得られた．ここに来てついにパラメータ数で近似できる事実が見えてきた！

最初にお断りしたように，$D_1 \approx p/2$ と $D_2 = 0$ については文献 [0-1] を参照してもらい，本書では D_3 の場合だけで納得してもらいたい[71]．

71) 正規分布モデルの場合の，たった一例を見せられただけで納得しろと言われても無理があるかもしれないが．

4.17 AICの式を感覚的に理解して使う

数学としては不完全な説明であったが，最大対数尤度をパラメータ数で補正する根拠の雰囲気を感じ取ってもらえたろうか．

最初は，4.10 節のようなシミュレーションで，本当にパラメータ数で近似できる，という手応えを感じることで十分である．2番目の段階として，正規分布モデルのような単純な場合に納得する．非数理系の人は，このあたりで手を打ち，AIC の式がかかえる近似の粗さや不完全さも認識した上で，様々なデータに対する様々な統計モデルを作り AIC で評価する練習を積む．そして，数学的により正確な証明を知りたい，という衝動が胸の内から湧いてきたら，文献 [0-1] に挑む．一方，数理系の人は，文献 [0-1] や本書より優れた解説を考え出すくらいの意欲を持って AIC の数理を理解してほしい．

本章ではイヤというほど確率分布を表す数式が出てきたが，統計モデルにおいて，確率分布は中心的役割を担うという感覚は養っておいてほしい．

物体の運動などの物理学に代表されるように，本来，数式で表されるモデルは，理論の予測値と実験等による観察値がピタリと一致するとき，"正しい" と認められる．ところが，現象がランダムな散らばりを伴うとき，この規準は使いづらい．そこで，「数値」を「確率分布」に置き換え，観察された散らばり具合が，確率分布を含むモデルが予測する散らばり具合と "一致する" かどうかでモデルを評価する．一致の規準をカルバック・ライブラー情報量 (4.3) にすると，データの最大対数尤度をパラメータ数で補正したもので近似できる．それが赤池情報量規準 AIC である．

コラム3

数理モデルと統計モデル：それぞれが目指すもの

　一般に数理生物学のモデリングは，現象の中で最も本質的なメカニズムを見極め，それを数式で表現することを目指している．数式自体は，実際の生物に関する現象とは似ても似つかないシンプルな式である場合が多い．そんなシンプルな数式から現実とそっくりな複雑な動きが生成されるあたりは感動すら覚える．従来は微分方程式を用いることが多かったが，最近は個体ベースモデルなどシミュレーションを主体としたモデルも多い．解析の主眼は主にモデルの定性的性質を明らかにすることに置かれており，生物の世界で見られる現象が安定的なら安定解を生成するモデル，不規則に振動するならそのような解を生成するモデルを作ることで，モデルの根幹をなすメカニズムが自然界の真理ではないかと考察を進めていく．

　数理モデルのこのような科学方法論を自分なりに体得できたころ，本書で統計モデルと称されるモデルに出会った．本書の著者が，当時私が所属していた数理生物学の研究室にセミナーに来られたのだった．発表内容は今でもよく覚えている．データに真正面から取り組み，その数値の間に隠される現象をあぶり出そうという研究を聞いたのは初めてだったかもしれない．モデルが生成する数理の世界という枠組みからデータを"観る"のでなく，データに合った枠組みを自分で作り上げていく．生物現象の本質を見極め，いかにシンプルに数式で表現するかを追求する数理生物学に日々触れていた私にとって，そんな研究は異質なものに思えた．

　それから数年を経ないうちに，データが示す世界をあるがままに受け止める統計モデルを用いる研究が，生物科学でも主流の1つとなる時代になった．今日，「モデル」と聞くと，「数理モデル」ではなく「統計モデル」を思い浮かべる人のほうが多いかもしれない．

　私も最近，データを扱う機会を得て，統計モデリングにも足を踏み入れている．語弊を恐れずに言うと，統計モデルを使うと，"何でもできる"．どんな説明の仕方もできる．なぜなら，データを見て，データに合うように数式やパラメータを決めるのだから．それでもデータとピタリと一致するわけではない．そこでモデルを複雑にしていくのであるが，不必要に複雑なモデルも意味がない．データを最もうまく説明する統計モデルを判断する規準として，AICの役割がそこにある．AICが提唱されたのは40年近くも前のこと．もしこの規準がなければ，統計モデリングという考えはここまで浸透しなかったに違いない．

　データを見てモデルを作り，AICで良いほうを選ぶ．これ自体は簡単な作業である．だからこそ，重要なのは現象の本質を見極めることだということがわかってきた．生物のデータの背後には，必ず何か法則があるはずだ．その法則を無視したモデリングに意味はない．目標は，AICの値の良いモデルの構築ではなく，生物の

法則を捉え，かつ AIC の値の良いモデルの構築である．これは数理モデルの考え方と同じ路線にある．今は統計モデルがすごく身近なものに思えている．

　統計モデリングには，データに基づくという絶対的規準がある．たとえロジックとして正しくても，データを十分に説明できなければ意味がない．もしかしたらデータのとり方に問題があるのかもしれないが，それでも規準はデータに置かれる．

　一方，数理モデルはロジックを追求する．ときには数学的美しさが優先されることもある．おそらく，どちらが科学方法論として優れているということではなく，どちらも本質を見極める方法なのであろう．あえて言うなら，数理モデルのほうがより大胆に，ときにはより繊細に，時空を超えて現象を捉えることができる．

　技術の発展とこれまでの科学者達の努力によって，長期広範囲にわたる多量のデータが蓄積されてきた．統計モデルによってデータが解析されると，しばしば数値を眺めていただけでは見えてこない特徴が焙り出される（本書はそんな発見に重点をおいているようだ）．これからは，統計モデルによる解析結果をよく観て，さらに数理モデルによって現象を解明することが期待されているのではないだろうか．

　　　　　　　　　向草世香（JST さきがけ・長大水産・琉大熱生研）

5 実験計画法と分散分析モデル
——ブナ林を再生する

　本章では，統計学の入門書ならたいてい解説されている分散分析について，AICを用いる方法を解説する．AICの使い方に慣れてきたところで，AICを用いない統計学との違いについても触れる．

白神山地のブナ林．と言っても，ここは稜線に近い道路沿いにごくわずか残された部分で，ブナの森でなく，まさしくブナの"林"である．

5.1　伐採されても蘇える森

　ブナ林という言葉には伐採され荒廃した日本の森の象徴のような響きが付きまとう．確かにブナ原生林の大半は既に失われた．ブナ林として観光客に開放されているのは，わずかに切り残された尾根線近くとか，もともと環境条件が厳しく細いブナしか生えていなかったから切られもしなかったような所が大半である．

　それでも，原生的なブナ林を失った点を除くと，ブナ林は健在である．伐採された原生林の跡は，森として再生している[1]．確かに，伐採後に地滑りなどが起こり地表が剥げて岩盤が露出すると，森林再生に長い年月がかかる．ただ，こうした光景は地震などにより自然状態でも発生する．普通に林業を行う限り，森の跡は森になる[2]．

　八甲田山麓では，そんな森林再生の様子を見てとれる．八甲田連山の東側は広大なすり鉢状の盆地になっていて，牧草地が広がる．そこから青森の市街地方面へ向かう林道を登っていく．最初はカラマツという針葉樹の植林地が広がり，秋には見事な黄葉となる．林道を登るにつれてしだいに生育の悪いカラマツが目立ち始め，逆にブナをはじめとする広葉樹が目につきやすくなる．ついには広葉樹林の中に枯れかかったカラマツが点在するような林となり，慣れた人でないと，そこが昔カラマツの植林地だった[3]ことすらわからなくなる．するとほどなく，細いブナが林立する森となる．よく見ると，細いブナに混じって太いブナも立っている．伐採の際に，若干の大木を種子を供給する母樹として残しておいて自然に再生した森である．ただし，再生しているのはブナ以外の樹木だったり，樹木の再生が悪くて高さ3mのササで覆われている所もある．

　低地ではブナ林を伐採し，スギを植林した．八甲田山麓のように標高が高く環境条件がスギに適しない所では，カラマツを植えた．そのカラマツも育たない所では，ブナが自然に再生するよう計らった．適地適木の原則に即した森林管理である．ただ，少し欲張ったようで，植林をあきらめ自然に生えてくるブナを中心に森を再生させるべき所にカラマツを植えたため，植えたカラマツの大半が枯れて，広葉樹林にカラマツが点在する奇妙な森ができた．ブナの自然再生を期待できないような所でも伐採をしたために，ササ原を造成してしまった．なかなか人間の期待どおりに森は再生しない．

---

[1] 森を伐採すると砂漠になると思い込んでいる人もいるようだが，日本の森の場合，通常そのようなことはない．

[2] ただし，後述するように，森の質はしばしば大きく変わる．

[3] 植林されたカラマツより自然に生えてきた広葉樹のほうが大きくなってしまった．

5.2 母樹を残して種子をまいてもらう

植林をしないと，しばしば切りっ放しと非難されるが，必ずしも無責任なわけではない．自然に森が蘇えるのだから，何もわざわざテマヒマかけて植林などしないほうが賢明とも言える．ただし，ブナが優占していた森を切って放置しておいて，ブナ林が蘇える保証はない．なぜなら，木が生えるには親木がいる．親木がいなければ種がないから，木は生えてこない[4]．ブナの種の場合，ネズミやカケスが運んだりするが，ひんぱんに何百mも運ぶわけではなく，大半は親木の周辺に散布される．したがって，搬出前に落ちた種子や既に発芽していたブナ以外，皆伐するとブナを再生する源がない[5]．それで，ブナの大木の一部を保残し，保残木以外を収穫する「母樹保残」という方法が好ましいと考えられる．

ただし，何本か母樹を残しておけばいいというものではない．伐採前後に人間が手を入れることで，伐採後の森林再生が格段に良好になり，環境へのダメージを最小限に食い止められる．植林地では，植えた木以外の雑草や灌木を刈払う作業を数年間続けるが，自然に再生させる場合でもそうした作業を行うことで，森林をより早く確実に再生させられる．ではどんな作業が有効か．それを確かめるために，1つの森で刈払いを行った所と行わなかった所などを用意し，10年後20年後にどう再生したか，比較検討する．こうした林業試験は古くから行われており，全国各地に試験地がある．

5.3 林業試験地とその復元

八甲田山麓にある試験地[6]もその1つである．面積はおよそ70 haで，まず伐採方法として，皆伐，保残する母樹以外を伐採した数年後に保残した母樹も伐採（保残後伐採），保残する母樹以外を伐採し母樹はそのまま保存（母樹保残），直径約30m程度の小さな円状の皆伐（群択），適当な間隔を置いての大木の1本ずつの抜き切り（単択），大径木のみ伐採（傘伐）の6種が試され[7]，その配置は図5.1のようになっている．このうち，皆伐区，保残後伐採区，母樹保残区に当てられた5つの区域はそれぞれ160 m × 200 mで，伐採前に4種の異なる地床処理[8]と何もしない対照区の5つの違いを比較できるよう，20 m幅の列[9]を3本置き，その中に5つの20 × 20 mの区画を設け，

[4] ナラやホオノキなど，伐採した株から新しい枝が出て（萌芽更新という）新しい木となる樹種もある．また，カバの仲間のように，種が小さく軽いのでかなり遠くからでも種子が散布され，近くに親木がなくても生えてくる種もある（といっても何百キロも飛ぶわけではない）．

[5] すると仮に森が再生しても，生えている樹種など生物多様性は変わってしまう．

[6] この試験地を紹介してくださったのは（当時の）青森営林局の佐々木八弥氏で，その後も調査の便宜を図って下さった．現在は組織が変わり，青森森林管理署に継続調査の便宜を図ってもらっている．

[7] こうした林業用語を知る必要はなく，説明も雑なものにした．

[8] これも具体的なことは知らなくてかまわない．

[9] 「ブロック (block)」という．

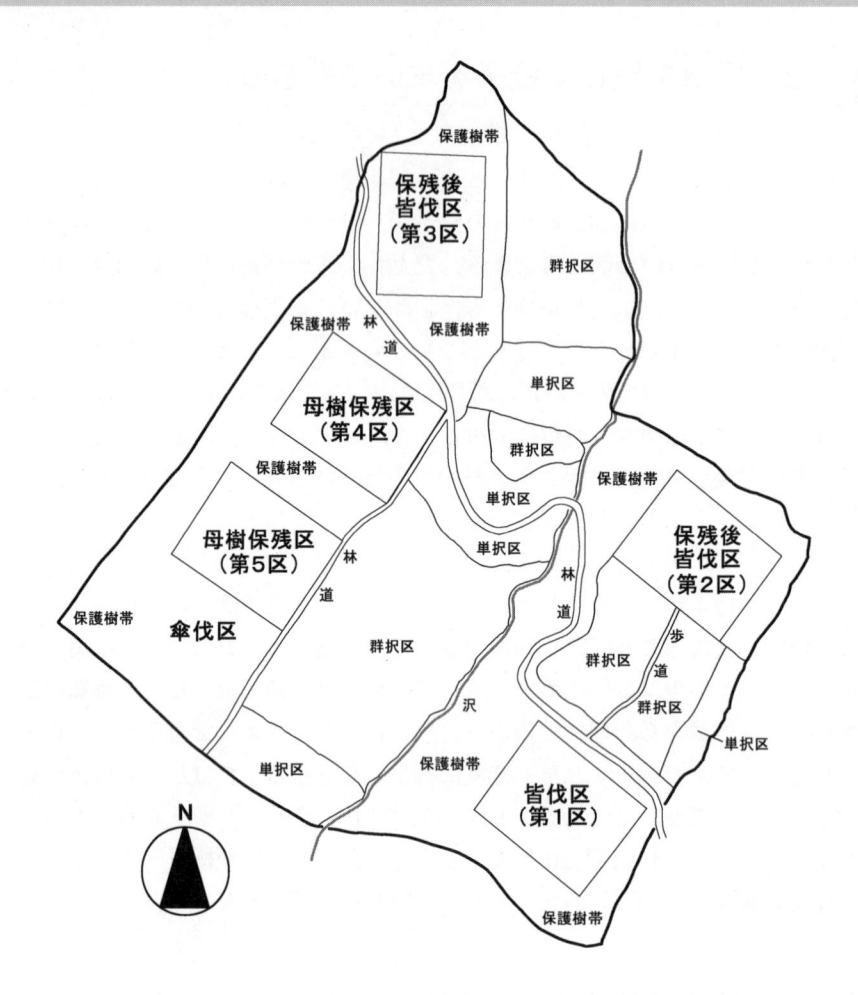

図 5.1 八甲田山麓にある林業試験地における伐採区の配置．

ランダムに処理を割り当てた（3 回反復の**乱塊法** (randomized block design) とよばれる**実験計画法** (experimental design)）．さらに，除草剤散布区も設置された（図 5.2）．20 m 幅の処理区以外では，特に手入れは施していない．
　青森営林局では 1970 年代から 80 年代にかけてこうした試験と調査を行い[10]，多数の小さなブナが生育していたことなどから，このブナ林は順調に再生しブナの森が蘇えると予測した（文献 [5–1]）．
　しかし，調査は 1986 年でほぼ打ち切られ，その後の植生変化について，詳細な調査はされていない．はたして伐採から 10 年程度ブナの生育がよかったからといって，100 年後に立派なブナ林になるのだろうか．実際，20〜30

[10] 本章で吟味する第 4 区では 1978 年に伐採が行われた．

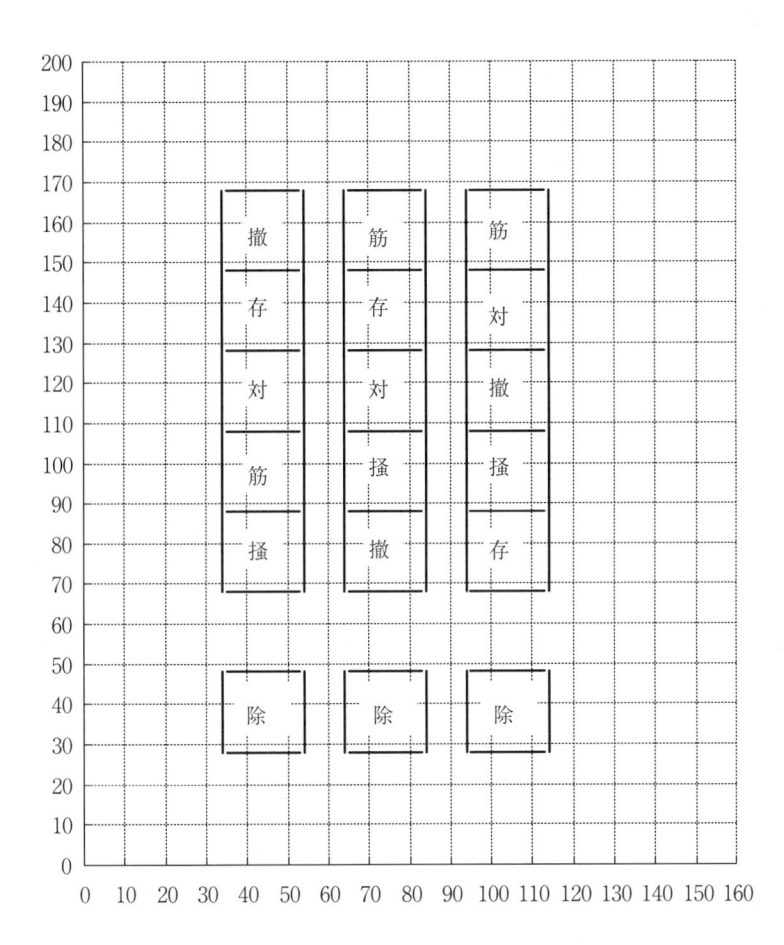

図 5.2 第 4 区（母樹保残区）における 5 つの処理区と対照区の配置．本研究で設置した x-y 座標系は 10 m おきの点線で示し，昔の境界標識などから推測した青森営林局が設定した処理区の配置を実線で示した．筋：全刈枝条筋置区，対：対照区，撤：全刈枝条撤去区，掻：全刈枝条筋置掻起区，存：全刈枝条存置区，除：除草剤散布区（各処理の具体的な内容は本書と直接関係ないので説明は割愛する）．

年目までは順調に再生していたのに，その後悪化した事例も見られる（論文 [5–2], [5–3]）．

2001 年の試験地は，調査地の境界にあったはずの標識の一部は残っていたが，夏季には 3 m を超すササが繁茂して歩くことすら困難で，調査を復活させることは不可能に思われた．しかし，八甲田山麓は日本有数の豪雪地帯で，多い年にはこの試験地での積雪は 5 m を越し[11]，笹薮を覆い尽くす．そこで，

11) 新田次郎原作で映画化もされた『八甲田山死の彷徨』で多数の凍死者を出した現場は，この試験地から沢を降りた対岸にある．当然，試験地周辺も極めて気候が厳しい．冬にスキーで林道を辿って行くことは容易だが，突然濃霧が湧き暴風雪が巻き起こる．自分のスキーのシュプールはみるみる失われ，磁石があっても方向感覚を失い，まさしく八甲田で死の彷徨を演じる事態となる．

表 5.3 第4区（母樹保残区）に設置された 10×10 m のプロットで観察されたブナおよびその他広葉樹（コシアブラ，ナナカマドなど）の3つのブロックでの本数と各処理の平均値．

処理	ブナ				その他広葉樹			
	1	2	3	平均	1	2	3	平均
対照区	52	3	10	21.7	3	6	36	15.0
除草剤	14	54	72	46.7	9	21	29	19.7
筋置	90	12	90	64.0	26	33	4	21.0
撤去	104	102	0	68.7	13	8	16	12.3
存置	98	88	29	71.7	3	25	3	10.3
掻起	55	71	84	70.0	11	16	9	12.0

3月後半の天候も落ち着いてきた残雪時に，営林局の図面とほぼ同じ形で10 m 格子点を雪面上で測量し，長さ 2.5 m の金属製イボ竹[12]を残雪に刺した．しかし，積雪が3mを超すためイボ竹は地面まで届いておらず，そのままでは融雪と共に倒れてしまう．そこで，4〜5月にも試験地を訪れ，イボ竹を刺し直した．

こうして，10 m 格子点を伐採区全体に設置することができた．格子点に基づく x-y 座標系を営林局の図面と照合させると，2 m 程度の誤差は想定されるものの，青森営林局が約30年前に設置した 20×20 m 処理区をほぼ復元できた（図 5.2）．

そこで，各処理区のほぼ中央と思われる所に 10×10 m の調査プロット[13]を設け，その中に含まれる木を，ブナについては直径 2.5 cm 以上の全個体，他の樹種については直径 3.0 cm 以上の全個体について，種を同定し直径を測定した．

表 5.3 はその結果である．第4区（母樹保残）の林を見たとき，手入れをしていない対照区でブナの本数が少ないという印象を抱いたが，そのとおりだった．ただ，ブナ以外の広葉樹については差はないように見えるし，5つの処理区の間に違いはなさそうに見える．しかし，表 5.3 を見ているだけでははっきりとは断言できない[14]．

5.4　分散分析モデルと AIC

どの処理をすると何本くらいのブナや他の樹木種が再生し，その本数が処理の仕方によって違うかどうかは，**分散分析モデル** (analysis of variance model,

---

[12) 林木育種センター東北育種場の場内で使わなくなったものを融通してもらった．

[13) 特に厳密な決まりがあるわけではないが，本書では 1ha を超す調査地の中の，特定の目的のために設置した小さな調査区をプロットと呼んでいる．

[14) 他の伐採区の樹種別本数は，ここで扱う第4区と少し違う様相を見せている．論文 [5–4] 参照．

ANOVA model) で吟味できる.

処理区 j ($j = 1$ を対照区, $j = 2$ を除草剤区, $j = 3 - 6$ を他の 4 つの処理区とする) の i 番目の反復 ($i = 1, 2, 3$) に設けられた 10×10 m プロットに生育していた直径 2.5 cm 以上のブナの本数を x_{ij} とする.

まず, 反復および処理区に依らずブナの本数の期待値は一定値 u であると仮定し, 実際の観測数はこれを平均とし, 分散が σ^2 の正規分布に従うとする (モデル 1). このモデルの下で生えているブナの本数は, どの処理区のどの反復でも共通に

$$e^{-(x-u)^2/2\sigma^2}/\sqrt{2\pi\sigma^2}$$

を確率密度関数とする正規分布に従う. したがって, データ $\{x_{ij}\}$ が得られたときの尤度関数は,

$$L(u, \sigma^2) = \prod_{j=1}^{6} \prod_{i=1}^{3} e^{-(x_{ij}-u)^2/2\sigma^2}/\sqrt{2\pi\sigma^2} \tag{5.1}$$

となる. 対数尤度関数は, (5.1) の対数を取って

$$l(u, \sigma^2) = \sum_{j=1}^{6} \sum_{i=1}^{3} (x_{ij}-u)^2/2\sigma^2 - 3 \cdot 6 \cdot \ln(\sqrt{2\pi\sigma^2}) \tag{5.2}$$

となる. これを最大化する u と σ^2 は, (5.2) を u で偏微分して $= 0$ とおけば

$$\frac{\partial l}{\partial u} = \sum_{j=1}^{6} \sum_{i=1}^{3} (x_{ij}-u)/\sigma^2 = 0$$

となるから,

$$\hat{u} = \sum_{j=1}^{6} \sum_{i=1}^{3} x_{ij}/6 \cdot 3 \tag{5.3}$$

となる. つまり, u の最尤推定量 $\hat{u}$ は全 18 プロットの標本平均となる. σ^2 の最尤推定量 $\hat{\sigma}^2$ は, 今度は (5.2) を σ^2 で偏微分して 0 とおけば

$$\frac{\partial l}{\partial \sigma^2} = \sum_{j=1}^{6} \sum_{i=1}^{3} \frac{(x_{ij}-u)}{2(\sigma^2)^2} - \frac{3 \cdot 6}{2\sigma^2} = 0$$

から

$$\hat{\sigma}^2 = \sum_{i,j} (x_{ij}-u)^2/3 \cdot 6$$

となる[15]. これも, 標本分散と同じ式になった.

[15) 2 章同様, こうした公式を用いず, ソフトに付いている最大化の計算機能を用いて対数尤度関数 (5.2) を最大化して求めてもかまわない. 両方を計算し, 一致することを確かめるとさらによい (2 章図 2.4 参照).

[16)] パラメータの少ない順にモデルの番号を付けている．すぐ後でモデル2と3が出てくる．

一方，各処理区ごとにブナの本数が異なるというモデル（モデル4[16)]）では，u_j を処理区 j でのブナの期待本数とすると，処理区 j での本数は，平均 u_j，分散 σ^2 の正規分布に従う．その確率密度函数は

$$e^{-(x-u_j)^2/2\sigma^2}/\sqrt{2\pi\sigma^2} \quad (j=1,2,\ldots,6)$$

だから，対数尤度函数は

$$l(u_1,\ldots,u_6,\sigma^2) = -\sum_{j=1}^{6}\sum_{i=1}^{3}(x_{ij}-u_j)^2/2\sigma^2 - 3\cdot 6\cdot\ln(\sqrt{2\pi\sigma^2}) \quad (5.4)$$

となる．(5.4) を u_j で偏微分すると，$\sum_j$ の中でその j 以外の部分は 0 になるので

$$\frac{\partial l}{\partial u_j} = \sum_{i=1}^{3}(x_{ij}-u_j)/2\sigma^2$$

となり，$=0$ とおけば，u_j の最大推定量は

$$\hat{u}_j = \sum_{i=1}^{3}x_{ij}/3$$

[17)] 分散の最尤推定量は問 5.1.

となる[17)]．今度は，処理区 j の 3 つの反復の中での標本平均となった．なお，これも計算ソフトの最大化のコマンドを用いて (5.4) を最大化してもよい．

問 5.1 モデル 4 の分散の最尤推定量を求めなさい．

パラメータ数は，全部同じとするモデル 1 では 2 つ，処理区ごとに異なるとするモデル 4 では 7 つである．

この中間として，手入れをしていない対照区（期待値は u_1）だけが他の処理区と異なる（パラメータは $u_1, u_2 = u_3 = \cdots = u_6, \sigma^2$ の 3 つ）というモデルがある（モデル 2）．あるいは，表 5.3 や現場を見ていて，対照区と除草剤区が少ないように感じるなら，この 2 つを別にするモデル（パラメータは $u_1, u_2, u_3 = \cdots = u_6, \sigma^2$ の 4 つ，モデル 3）というように，自由にモデルを設定できる．

問 5.2 モデル 2 とモデル 3 の最尤推定量を求めなさい．

こうして，パラメータが 2 個から 7 個までのモデルが用意できた．これらの

モデルについて，最大対数尤度と AIC の値を計算し，AIC が最も小さかったモデルの分け方を見れば，どの処理は効果が同じで，どれは異なるかを判断できる．さらに，各処理区での期待本数と期待本数からのばらつきも，$\{u_j\}$ と σ で定量化できる．ブナの本数でなく，ブナ以外の樹木種についても同じ分散分析モデルを適用できる．

5.5 モデルの結果からわかること

4 つのモデルについての最尤推定値と最大対数尤度，AIC の値を表 5.4 にまとめた．ブナの本数は，対照区を別にし他の 5 つの処理区をひとまとめにしたモデル 2 が最もよかった．それによると，手入れを行った場合，何もしなかった場合に比べて，約 3 倍高い密度が期待できるということがわかる．

一方，ブナ以外の広葉樹については，すべての処理で同じとするモデルの AIC が最も小さかった．したがって，人による手入れは，ブナの再生に影響を与え，ブナ以外の樹木種には影響を与えなかったと考えられる[18]．

5.6 分散分析モデルに対する不満

表 5.4 には 4 つのモデルについての結果を示したが，どの処理区同士を共通にし，どれを別にするかは自由である．最良のモデルを探すには，すべての分け方で AIC を求める必要である．しかし，6 つの異なる処理区を任意の数のグループに分ける分け方は，かなり大きな数となる．このすべての計算となると精巧なプログラムが必要となり，プロ（またはプログラムの得意な人）が作ったソフトを使うことになる．それも一理ある．ただ，概して対照区を設定する実験では得られるデータに限りがあり，データが少ない分，じっくりデータを観る余裕がある．せっかく自分（と先人）で苦労して得た実験データである．どこにブナが多いかデータを眺め，多そうな所と少なそうな所で 2 つあるいは 3 つに分けるなど，いろいろ試してみたくなる．

こうした非効率的な手作業の繰返しは，しばしば，機械任せのスマートな研究ではなしえない発見をもたらす．例えば，2 つのプロットで 100 本を超すブナが生育しているのに，残る 1 プロットで 0 本という処理区 (撤) がある．0 本という極端な結果が図 5.2 のどこで見られたかというと左上の隅なのだが，

[18] 他の調査区でも同じようなデータを取って分散分析モデルを適用したりしたが，選択されたモデルは調査区ごとに異なっていた．つまり，これはブナ林再生に関する一般的な結論でなく，本調査地の第 4 区に限った結果である．

表 5.4 4つの分散分析モデルに対するブナおよびその他の広葉樹の期待本数と標準偏差の最尤推定値，最大対数尤度，AIC 値．AIC 最小のモデルの数値を太字にしてある．

	ブナ				その他広葉樹			
処理	1	2	3	4	1	2	3	4
対照区	57.1	21.7	21.7	21.7	15.1	15.0	15.0	15.0
除草剤	〃	64.2	46.7	46.7	〃	15.1	19.7	19.7
筋置	〃	〃	68.6	64.0	〃	〃	13.9	21.0
撤去	〃	〃	〃	68.7	〃	〃	〃	12.3
存置	〃	〃	〃	71.7	〃	〃	〃	10.3
掻起	〃	〃	〃	70.0	〃	〃	〃	12.0
標準偏差	36.0	32.3	31.3	31.2	10.5	10.5	10.3	9.7
最大対数尤度	−90.0	−88.1	−87.5	−87.5	−84.5	−84.5	−84.1	−83.1
パラメータ数	2	3	4	7	2	3	4	7
AIC	184.0	182.2	183.0	189.0	172.9	174.9	176.2	180.1

	ブロック		
	1	2	3
処理区1	0	12	90
処理区2	29	88	52*
処理区3	10*	3*	104
処理区4	90	71	55
処理区5	84	102	98
除草剤	72	54	14

図 5.5 第 4 区におけるブナの本数の空間配置．数値に * が付いている所は対照区．

全部のプロットのブナの観察本数を配置どおりに図示してみると（図 5.5），左上には 0 本のプロットを含めてブナの少ない所が多い．これは現場を精査していても気づくことで，この一帯は斜めに傾いたクロモジという種が所狭しとはびこり，ブナがすくすく育つような雰囲気がない．これはおそらく人間が施した処理の影響ではなく，元々クロモジが好む環境だったか，伐採前からクロモジが多かったか，たぶんその両方であろう．

ブロックを設け反復を施すことにより，特定の処理がたまたま環境のいい所や悪い所に入ってしまうリスクを回避したはずだが，それには限界がある[19]．特に反復が 3 回しかないと，その 1 つがたまたま極端に悪い所だと，その処理が不利になってしまう．なかなか机上の理論通りに理想的な反復を取れないのが，野外の森林における試験の宿命である．

[19] 除草剤区は 1 ヵ所に固まっているから，そもそも分散分析を適用するのは間違っていた，とも言える．

5.7 処理の影響と元からある空間変異

それでは，この八甲田の試験地からは，特に有益な知見は得られないのだろうか．八甲田の試験地に限らず，大半の林業試験地は，共通した問題[20]を抱えている．30年かけて林業試験を遂行しても，たいした知見は得られないのだろうか．

このような状況でも，処理の影響と場所の運不運を適切に区別できる統計手法がほしい．こうして生まれた手法の1つが**空間ランダム効果** (spatial random effect) という手法である．場所場所に，要因は定かでないが，元々ブナが生えやすいといった有利不利があったとする．データから，処理の影響と場所本来の影響を，何らかの統計学的根拠の上に立って分離して推定するのである[21]．人間のわがまま要求の典型であり，そんな魔法のような統計手法があるわけではない．しかし，**ベイズ統計** (Bayesian statistics) の枠組みを使うことで，それなりの仮定は設けるが，従来にない柔軟さで，こうした人間の勝手な要求に近いモデルを組み立てられる．これについては9章で簡単に展望する．

5.8　分散分析による違い有無の仮説検定[22]

本章のデータは実験計画法に従って処理区が与えられているので，一般の統計学の教科書に出ている**分散分析**（analysis of variance，略して ANOVA）という手法を用いれば，違いの有無を検定できる．計算は，たいていの統計ソフトで簡単に終わらせられる．

ただ，この原理が理解しにくい．まず，すべての処理区で結果は同じだったという**帰無仮説** (null hypothesis) を立てる．その仮定の下で与えられたデータが得られる確率を，異なる処理区の間の分散と同じ処理区の中の分散の比から算出し，それが5%より小さければ，そのような稀なことは偶然では起きないから帰無仮説は間違っており，処理区の間に違いがあったと考える．この，"違いがなかった" という帰無仮説を "否定する" ことで違いの存在を立証する2重手間のような論理に，何となく抵抗を覚える．さらに，違いの有無は，まず全部同じだったか否かで判定される．違いがあったときには，ではどの処理区とどの処理区は違い，どれとどれは違わないかの判定[23]に進む

---

[20] 広大な森林を必要とする，それでも反復を数十回も設けられない，伐採や搬出，その後の手入れなどに人手と経費がかかる，1回の試験に数十年を要する，等々．

[21] ブロックの中での位置が悪かったために結果が悪くなったという不公平があるデータは，実験計画法として失敗である．それを逆手にとって，せっかくデータがあるのだから，この際，森に元々あった木の密度の変異まで定量化してしまおうというのである．災い転じて福となす．労して得たデータは最大限に活用するという，統計モデリングにおける掟の実践である．

[22] 以下の2つの節は，統計モデルを解説する流れから脱線し，統計科学の学習法に関する著者の見解を述べて，本書の前半の区切りとするものである．

[23] **多重比較** (multiple comparison) という．

必要がある．これがさらにややこしい．

同じことは，2章で扱った回帰分析についても言える．従来の統計学の入門書で回帰分析を学ぶと，2つの因子の間に因果関係がなかったという帰無仮説を否定することで関係性を立証する．今日，統計嫌いが世の中に多いが，分散分析と回帰分析における2重手間のような論法の学習過程が1つの要因であると思われる．

この点，統計モデリングの考え方は，現象とデータに対してごく自然な発想で計算を進めている．ややこしい論理は，4章で扱った，なぜ最大対数尤度の差の1とパラメータ数の1個が対応するか，この1点だけである．

5.9 仮説検定論と統計モデリング

市販されている統計学の教科書の大半が，統計的仮説検定という手法を中心に据えている．統計モデリングという手法は，仮説検定とかぶる部分もあるし，一線を画する部分もある．

若干極論ではあるが，仮説を定め，それを検証するために実験計画を立て，実験室などで慎重にコントロールしながら実験を遂行して得たデータ[24]には，仮説検定という統計手法は相性がよい．

対して，フィールド調査では，知りたいと思ったことを調べに出かけ，データ化し[25]，データをよく観てから適用するモデルを考える．もちろん，ある程度の見通しを立てて野外調査に行くし，仮説も用意する．しかし，いざ測ってみたら当初の目論見はあっさり破綻し，代わりに予想外の発見に見舞われることは日常茶飯事である．

最終的にはどちらの統計学も学習することが望まれるが，フィールド系の人は，統計モデリングを先に学習するほうが，統計学の学習はやりやすいと思う．仮説検定論は，モデリングによるスタンスを自分なりに確立させた後に学習するのである．本書で回帰モデルや分散分析モデルを知った後に仮説検定論の回帰分析や分散分析を学習すると，効率よく学習できると思う．

AICの入門書（[0–1], [0–2], [0–3]）では，回帰モデルや分散分析モデルなど，従来の仮説検定論でも検証可能なデータや仮説について，統計モデルとAICによるモデル選択で検証する事例が取り上げられがちである．これはなにも，仮説検定法よりAICを用いるほうが優れていることを主張するためではない．データや仮説に汎用性が高く，かなりの読者が同じような構造の

[24] データの数はそう多くできない場合が多い．

[25] 調査対象によっては膨大なデータとなる．

データを扱っている事例であり，また，少なくとも分散分析や回帰分析と同レベルの事がAICでもできる事を示しておくためである．ただ，読者の側からすると，既に確立された手法があるのに，どうして別な手法を学習する必要があるのかという，素朴な疑問を抱いてしまう．そこ本書では，回帰分析や分散分析より馴染みの薄いロジスティック回帰や正規分布モデルを取り上げ，データに基づく発見や予測，定性的分類や定量的評価に主眼を置いた．

次章からは，現象とデータに対し，自然体で自由にモデルを作っていく事例を紹介する．いずれも現象とデータと目的に特化したモデリングであり，回帰モデルや分散分析モデルのような汎用性は持たない．学び取ってほしいのは，個々の技法でなく，モデリングする姿勢と過程である．自分が扱っている現象やデータに対し，同じような自然体でモデリングしたらどんなモデルになるか．そんな想像をしながら読み進んでもらいたい．

5.10 長期森林研究と古い試験地の維持・復元

林業試験地を設定するには，膨大な費用や人手を必要とする．残念なことに，かつては整然と管理されていた試験地も，担当者が変わったりプロジェクトが打ち切りになったりして調査を継続しなくなると，みるみる荒れていく．八甲田の試験地も，そんな一例だった．しかし，かつての報告書をたよりに現地調査を繰り返したことで，10年余の調査空白期間を埋め，試験地をほぼ復元することに成功した．そこまでに約4年の期間を要したが，今では，既存の報告書の結果と組み合わせることにより，数日で終わる調査で30年余りの"長期"研究が可能となっている[26]．

森林は数10年数100年の時間スケールでゆっくり変化する．50年前の森の情報があれば，ただちに50年スケールの研究を始められる．100年前の森の事がわかれば100年スケールの研究ができる．林業試験地では，当時の森の様子が数値情報として残されている．そんな林業試験地を活用することで，数年で100年スケールの研究が可能となるのである[27]．ただし，そこでは，長期にわたる膨大なデータを扱うだけに，統計モデルの使い方が悪いと，せっかくの貴重なデータを有効に活用できない．林業試験地は先人が数十年を費やして残してくれた偉大な遺産である．それを多角的かつ生産的に活用し[28]次代へ継承していくことは，森林科学に現在従事する者の責務である．

[26] 本章の研究の結果の一部は，若干異なるデータを用いて，杉田久志氏，高橋誠氏と論文 [5–4] で公表した．野外調査では，星野大介氏，中田了五氏，宮下智弘氏はじめ，関東，東北，中部，北海道の各地から様々な人に来てもらった．調査中は八甲田温泉ホテル遊仙に世話になり，様々なサポートをしていただいた．

[27] こうした森林研究の実践例については [5–2]〜[5–7], [7–4], [7–5] などを参照．なお，論文 [5–4] は統計モデルはほとんど使わず，古い記録をまとめ直しながら，現状の調査と合わせて考察を加えたものである．

[28] このためには，フィールド作業だけでなく，統計モデリングの習得も必要である点をお忘れなく．

コラム 4

先人から引き継がれている長期森林研究に従事する幸せと責任

　伐採や植林など，人間が森林に何らかの働きかけをした場合，その効果が目に見えるまでには一般に長い時間を要する．それだけに，森林の研究において，過去から蓄積されてきているデータは非常に貴重なのだが，残念なことに，林業がここ数十年，産業として停滞状況にあるためもあって，過去に長期研究を志して始められた調査はしばしば打ち切られ，データも忘れられてしまうケースが多い．

　私が所属している北海道大学の研究林（演習林とも呼ばれる）は，そんな過去の林業試験データの宝庫である．その中でも，中川研究林の「照査法試験地」の存在は格別で，この試験地の詳細について初めて聞いたときには，"よくぞ継続し，データが残った"という驚きと感動を禁じえなかった．

　「照査法」とは，簡単に言うと，森林内の樹木の 1 本 1 本を定期的に計測し（＝照査），そのデータに基づいて抜き伐りを行うことによって「木材生産を行いつつ森林全体の生産力を維持・高めていく」という理念に基づいた方法である．その試験地が中川研究林に設定されたのは 1967 年で，以来，現在に至るまで，113 ha という広大な調査地全体を 11 の区画に分け，毎年 1 つの区画で立木の調査をし，翌年，木を選んで抜き伐りを行うという営みを継続してきた．

　113 ha，40 年という空間・時間スケールの試験地なら他にもあるのだが，この試験地の真の "凄み" は，試験地の中にあるすべての立木（直径 12.5cm 以上）にラベルを付けて個体識別し，その直径を計測してきている点にある（図 5A）．立木の本数は 4 万本に及ぶ（実は現在個体識別されているのは全面積の 2/3 ほどで，残りの 1/3 については，ある時期にやめられてしまった．たいへん残念なことではあるが，作業にかけられた労力を思うと，批判はできない複雑な気持ちになる）．

　実際のところ，照査法試験では，試験地内の何本かの直径や高さを測り，森全体の樹木の量（体積）を推定して抜き伐りの効果を調べる程度のものが多い．確かにそれでも抜き伐りの効果は調べられる．しかし，本当に知りたいことは，案外とわからない．例えば，抜き伐る木・残す木の選び方である．

　天然林を伐採してスギやヒノキの植林をすることの多かった本州と違って，北海道では開拓以降，各地で抜き伐りが広く行われてきた．ところが，その際の選木は，ほとんど「経験則」に基づいてきたといって過言でない．「隣の大きい木を伐れば，この木の成長がよくなって将来（10 年後に伐る対象として）よい木に育っているだろう」といった予想がしばしば選木の決め手であった．そこには，何らかのデータ

写真 5A　北海道大学中川研究林の照査法試験地．北部（約 60ha）の空中写真に立木位置測量の結果を重ね合わせた．ひとつずつのドットが立木の位置を表している（すでに枯死した立木，人工造林地化された所の立木は省いている）．表示されているすべての立木について，1970 年代から 10 年ごとの成長情報が記録されている．

に基づく根拠があるわけではなかった．はたして，この"成長がよくなる"は本当なのだろうか．どのような木を抜き伐るとどのような木の成長にどのような影響を与えるのか．データに基づき，不確実さも含めて推定した上で，選木を行って当然のはずである（図 5B にいままで試みた研究例の 1 つを示す）．

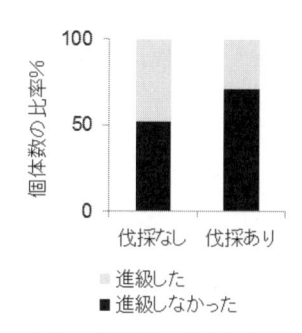

写真 5B　ある木の周囲 10 m 以内で伐採があったかなかったかと，残された木のその後の成長の関係（論文 [5-7] の中の図を改変）．直径 32.5 cm より大きいイタヤカエデを 5 cm ごとの直径クラスに分け，10 年間で属するクラスが 1 つ上に進級した／しなかった個体の比率．伐採のなかったほうが進級した個体が多い，すなわち成長の良いことがわかる．

あるいは，「この木は生育状況から見て 10 年以内に枯死しそうなので，いまのうちに伐ったほうがよい」という選木もある．これも本当なのだろうか？ 1 本 1 本すべての立木を個体識別して継続的に計測し，その上で抜き伐りをした試験地では，その長期間にわたるデータに基づいて，まさしくこうした研究が可能となる．

こうして，中川研究林の林業試験地のデータは現代的に蘇ることになった．データを最大限に活かすため，私たちは，ここ 10 年くらいかけて，個体識別されているすべての木の位置を測量した．いつ・どこで・どのような木が伐られたかもわかっているので，現地に赴けばその切株を見つけることができる．本来わからないはず

の，伐採されたり，枯れて倒れてしまった木の位置も，できる範囲で地図上に復元した．さらに，その切株の材の一部をサンプリングして，樹種・サイズごとの材の腐朽速度の見積もりや，立地によるばらつきも調べている．枯死した木の存在など，従来の林業では，病虫害や山火事の温床になるといったネガティブな側面以外は一顧だにされてこなかったが，生物多様性や物質循環といった森林生態系の機能を鑑みたとき，これからの林業は決してこれらを無視することはできないからである．

そして今，このデータをいかに使うかという段階に入っている．

これから必要な事は，様々な環境下で生育する立木1本ごとの挙動（枯死した後も含めて）を照査し，科学的な経験則を打ち立てることである．個体識別を始めた先人がこのようなことを意識していたか，今となってはわからないのだが，結果的にその英断は，時代のパラダイム変化に対応する柔軟性をこの試験地にもたらしている．現代に生きる森林の研究者として，先人が残してくれたこのような遺産を大いに活用したいと思うと同時に，将来を見据えた試験地を次代へ残したいとも切に思う．

その場合，見据える対象には，森林を取り巻く社会・経済的な変化とともに，統計学の進歩も含まれる．この試験地が設置された時代には，仮に1本1本の木に関するデータがあっても，それを分析する統計手法が不十分だった．そんな時代であるにも関わらず，先人はそのデータを残し，それが統計学の進歩に伴い，現在，ついに生かされる体制になったのである．

正直なところ，森林のフィールド研究者である私には難題なのだが，さしあたりは，統計モデリングの力を借りながら，林業の経験則を1つひとつ確かめ，森林の適切な維持や管理に結び付けていきたいと思う．

吉田俊也（北海道大学雨龍研究林）

6 データを無駄にしないモデリング
——動物の再捕獲失敗は有益な情報

　本章では，データが持っている情報を無駄にしないためのモデリングを考える．概して，何かがあった（起こった）という情報は誰でも有効に活用する．しかし，起きなかったときは，ともすれば発見に失敗したのだからと捨ててしまったりする．しかし，"観察したのに起きなかった"にも有益な情報が含まれているはずである．ここでは，動物を再捕獲する事に失敗したという情報も有効に活用する統計モデルを紹介する．

給餌場でのタンチョウ

知床岬付近で遭遇したキタキツネ

6.1 動物の個体数推定

タンチョウが大空に舞い上がる姿は優美である（8章の表紙の写真）．明治時代に絶滅したと思われたが，大正時代に釧路湿原で十数羽が生息しているのが確認された．もはや，絶滅は避けられないと思われたが，戦後，鶴居村や阿寒町などの人々による冬季の給餌の成功により，1980年代に300羽，1990年代に500羽，2000年代には1000羽を超すに至った．絶滅の危機を回避した種は世界に多々あれど，これほど劇的な回復に成功した例は稀有である．

タンチョウの大半が，冬季にどこかの給餌場（本章表紙の写真参照）を訪れ，自然条件下での食糧不足を補なっている．そこで，日時を決めて一斉に給餌場をベースに個体数を数えれば，漏らしも少ないし，同じ個体が移動して異なる2か所で別個体として数えてしまうミスも避けられる．タンチョウの個体数は，毎年，かなり正確に把握されていると言ってよい．

絶滅に瀕している種に限らず，今日，様々な動物について個体数推定が行われている．概して，キタキツネ（本章表紙の下の写真）やツキノワグマやイリオモテヤマネコなど，山や森の中にいる動物の個体数推定は難しい．一度に全生息個体を目視することは無理だし，時間をかけて広く詮索すると，同じ個体を異なる場所と時間で二度三度と数えてしまうかもしれない．

6.2 標識–再捕獲調査

大型動物に限らず，小さな虫や魚でも，個体数推定で要となるのは，確認できた個体以外にどのくらいの個体が生息しているかがわからない点にある．罠を仕掛け捕まった数を数えても，捕まえられた割合（捕獲率）がわからないと個体数を推定できない．そこで考えられたのが，標識–再捕獲(mark and recapture)調査である．捕まえた個体に何らかの標識をつけて放す．しばらくして再び同じ罠で捕まえる．その中に，以前に標識を付けた個体が何匹いたか数える．例えば100匹捕まえて標識を付けて放し，2度目に捕獲した中に以前に標識を付けた個体が20匹いたとすると，捕獲率は20%である．したがって，最初の100匹は全体の20%の100匹なので，全体では500匹と推定できる．

この方法の欠点は，標識を付けて放した後に死亡する個体もいる点にある．

2度目の捕獲で20匹捕まえたとき，1回目に捕獲された100匹のうち，80匹は既に死んでいたが捕獲率が100%だったために20匹捕獲できたのか，100匹すべて生残していたが捕獲率が20%だったのか，捕獲データだけでは判別しようがない．

　かといって，死亡個体のないよう，放してすぐまた罠を仕掛けて捕獲したのでは，まだ罠の近くにいたままだったので再び罠にかかってしまいやすいとか，捕獲された直後なので警戒して罠にかかりずらくなるなど，自然状態の下での捕獲率とは異なる率になりかねない．放した個体たちが自然状態の生活を取り戻すまで次の捕獲は待ちたい．しかしそうしていると，その間に死亡する個体が出てくる．

6.3　再捕獲調査の繰返しで得られる情報

　最初の再捕獲調査（2回目の捕獲調査）で再捕獲した個体を再び放す[1]．こうした再捕獲調査を何度も繰り返す．捕獲に成功したときを○，捕獲されなかったときを×で表す．再捕獲調査を2回行ったときに得られる調査結果は，最初の捕獲という記録と合わせると[2]，図6.1aのように○と×を3つ並べた形と，最初の再捕獲調査時に初めて捕獲されたために○と×が2つの形になる．これらは，図6.1bのような6つのパターンに分類できる．すると中には，○×○のような記録を残す個体が出てくる．この個体は，真ん中の×の期間，明らかに生残していたのだから，再捕獲は1回失敗し1回成功している．つまり，50%の捕獲率である[3]．このようなデータが貯まってくれば，捕獲率が推定できそうに思える．

　一方，○××のような記録だったら，どのような情報が取り出せるだろう．×で終わっているので，2つの×のとき，この個体が生きていたのに捕獲できなかったのか，既に死んでいたから捕獲しようがなかったのか，判別できない．そう思うと，再捕獲に失敗した個体のデータはほとんど役に立たないように思えてくる．

　以下を読み進める前に，自分だったら○××のようなデータをどう利用するか，考えてみてほしい．

[1] 2回目の再捕獲調査で初めて捕獲される個体も出るだろうから，再捕獲された個体と初めて捕獲された個体の両者を放すことになる．

[2] 初めての捕獲調査と合わせて3回の記録があるが，個体が記録されるのは初めての捕獲以降なので，どのパターンも最初は○で始まる．この最初の○は省略してもよい．また，3回目に初めて捕獲された個体という情報は用いないので，○1つのみというパターン入れていない．

[3] もし，調査ごとに仕掛けた罠の数が違うとか置かれた環境が違ったりしているなど，毎回異なる捕獲調査をしていると，以下6.6節までの議論は成り立たない．

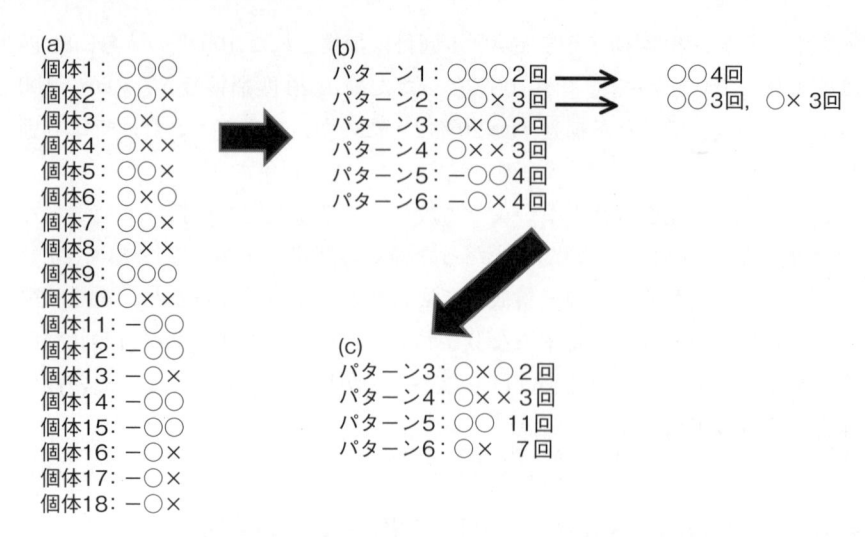

(a)
個体1: ○○○
個体2: ○○×
個体3: ○×○
個体4: ○××
個体5: ○○×
個体6: ○×○
個体7: ○○×
個体8: ○××
個体9: ○○○
個体10:○××
個体11: －○○
個体12: －○○
個体13: －○×
個体14: －○○
個体15: －○○
個体16: －○×
個体17: －○×
個体18: －○×

(b)
パターン1: ○○○ 2回
パターン2: ○○× 3回
パターン3: ○×○ 2回
パターン4: ○×× 3回
パターン5: －○○ 4回
パターン6: －○× 4回

○○ 4回
○○ 3回，○× 3回

(c)
パターン3: ○×○ 2回
パターン4: ○×× 3回
パターン5: ○○ 11回
パターン6: ○× 7回

図 6.1　(a) 3 回の捕獲・再捕獲調査で得られるデータの例．○が捕獲成功，×は失敗を表す．個体 11 から下は，2 回目の調査で初めて捕獲できた個体である（1 回目は，捕獲できなかったとは限らない．まだ生まれていなかったのかもしれない）．(b) (a) のデータを 6 つのパターンに分類した．(c) (b) にあるパターン 1 と 2 を 2 つに分けてパターン 5 と 6 に入れて集約したデータ．

6.4　統計モデルによる捕獲率と生残率の同時推定

　判別はできなくても，生きていたのに捕獲できなかったか，または既に死んでいたか，いずれかの場合しかないのだから，それぞれの確率を加えてやれば，捕獲されなかった確率になる．確率とその計算法の初歩を知っていれば，こういうアイデアが出てくる．つまり，捕獲率と生残率をパラメータとするモデルを作り，それぞれの記録のパターンが得られる確率を計算することで尤度が求まり，その対数を最大にすれば，最も尤もらしい捕獲率と生残率がわかるはずである[4]．

　最初は話を簡単にするため，調査は 1 か月ごととか毎年 5 月とか，一定間隔で行われたものとする．生残率と捕獲成功率は，時期や場所によらずすべて一定とし[5]，それぞれ φ[6]，p とする．

[4] こうした発想をできる態勢にあれば，具体的なモデルを知らなくてもやってみようという気になり，自分で確率の計算をしたり，先行研究を調べ始めるなどの行動を起こす．そしてほどなく，後述する CJS モデルのような手法を知ることになる．

[5] こうした単純化されたモデルは非現実的で自分のデータに不適切だから学習しても無駄だと思う人は 6.8 節へ飛んでいただきたい．

[6] ギリシア文字の「ファイ」

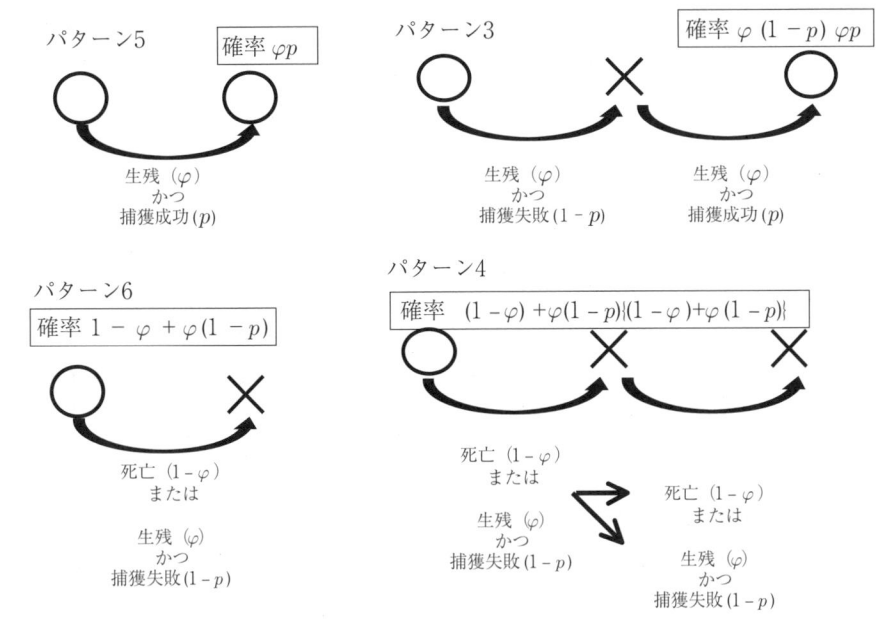

図 6.2 図 6.1(c) にある 4 つのパターンが得られる確率の計算法．

6.5 2回の再捕獲調査からモデルで推定できること

　図 6.1(b) の中のパターン 1 は，1 回目の再捕獲にも 2 回目の再捕獲にも成功した場合だが，これを，次の調査ですぐ再捕獲できたということが 2 回続いたとして，○○と○○に分けて，パターン 5 が 2 回あったと考えることができる．パターン 2 なら，○○と○×に分けて，パターン 5 と 6 が 1 回ずつあったと変換できる．もちろん，このためには，動物が罠を覚えて捕獲しにくくなるとか，逆に罠の中の餌の味を覚えて何度も罠に近づくとかいった学習効果がないと仮定する必要がある[7]．この仮定を認めると，1 回目と 2 回目の再捕獲を独立な事象と扱え，データは，パターン 3 から 6 の 4 つが，それぞれ何回観察されたかに集約される（図 6.1(c)）．

　それぞれのパターンとなる確率は図 6.2 のような計算で求められる．したがって，パターン k が観察された回数を N_k とすれば（$k = 3, 4, 5, 6$），尤度函数は，

[7] この仮定を認めたくない人は，この仮定を認めたモデルの尤度式の導出法をマスターした後に，6.7 節で触れているような複雑なモデルに進んでほしい．

(a)

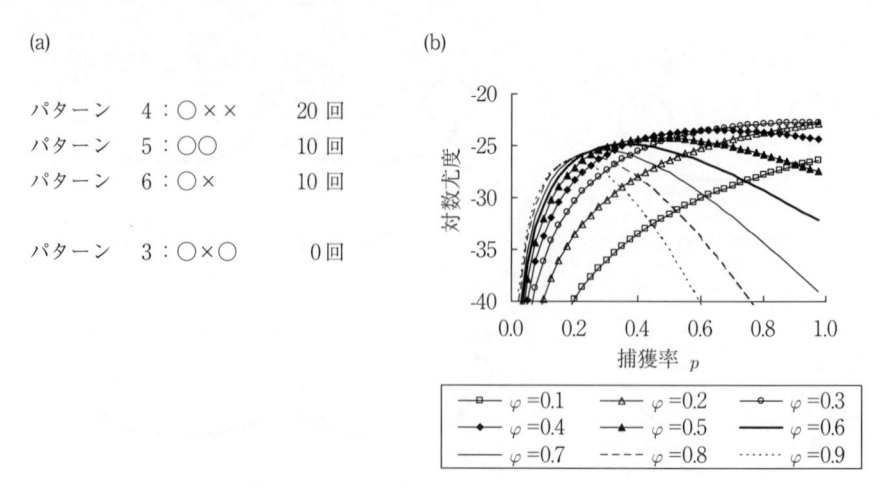

パターン 4：○ × ×	20 回
パターン 5：○ ○	10 回
パターン 6：○ ×	10 回
パターン 3：○ × ○	0 回

(b)

図 **6.3** (a) というデータに対する式 (6.1) で表される対数尤度関数を，(b) では生残率 φ を $0.1, 0.2, \ldots, 0.9$ に固定して捕獲率 p の関数にしたときのグラフで表した．

$$L(\varphi, p) = (\varphi p)^{N_5}(1 - \varphi + \varphi(1-p))^{N_6}(\varphi^2(1-p)p)^{N_3}\{1 - \varphi \\ + \varphi(1-p)(1 - \varphi + \varphi(1-p))\}^{N_4}$$

$$= (\varphi p)^{N_5}(1 - \varphi p)^{N_6}(\varphi^2(1-p)p)^{N_3}\{1 - \varphi + \varphi(1-p)(1 - \varphi p)\}^{N_4} \quad (6.1)$$

と書ける．対数尤度関数は

$$l(\varphi, p) = N_5 \ln(\varphi p) + N_6 \ln(1 - \varphi p) + N_3 \ln(\varphi^2(1-p)p) \\ + N_4 \ln\{1 - \varphi + \varphi(1-p)(1 - \varphi p)\} \quad (6.2)$$

となる．第 1 項と第 3 項は，対数を和の形に直す[8] 方が若干，計算しやすいが，第 4 項は対数の中に和が入っているので，これ以上簡単にできない．

さて，簡単な場合から始めるとして，図 6.3(a) のようなデータのとき，生残率と捕獲率はいくつと推定されるだろう．

前述のように，統計モデリングを知らないと，パターン 4 をパターン 6 と同一視して（パターン 4 の 2 回目の再捕獲失敗はなかったものと思って），捕獲率は $10/(10 + 10 + 20) = 0.25$ とでもしてしまうのが関の山ではなかろうか（生残率は推定できない）．明らかにパターン 4 の 2 回目の再捕獲失敗という情報を活用していないので，ちゃんと活用した推定法とは異なる推定値になっているはずである．

図 6.3(b) は，φ を 0.1 から 0.9 までそれぞれ固定したときに p についての対数尤度 (6.2) のグラフである．φ が 0.2 か 0.3 あたりのときに p が 1 くらい

[8] 第 1 項は
$N_5(\ln \varphi + \ln p)$,
第 3 項は
$N_3\{2 \cdot \ln \varphi + \ln p + \ln(1-p)\}$.

(a)
パターン 3：○×○　　2 回
パターン 4：○××　　20 回
パターン 5：○○　　　10 回
パターン 6：○×　　　10 回

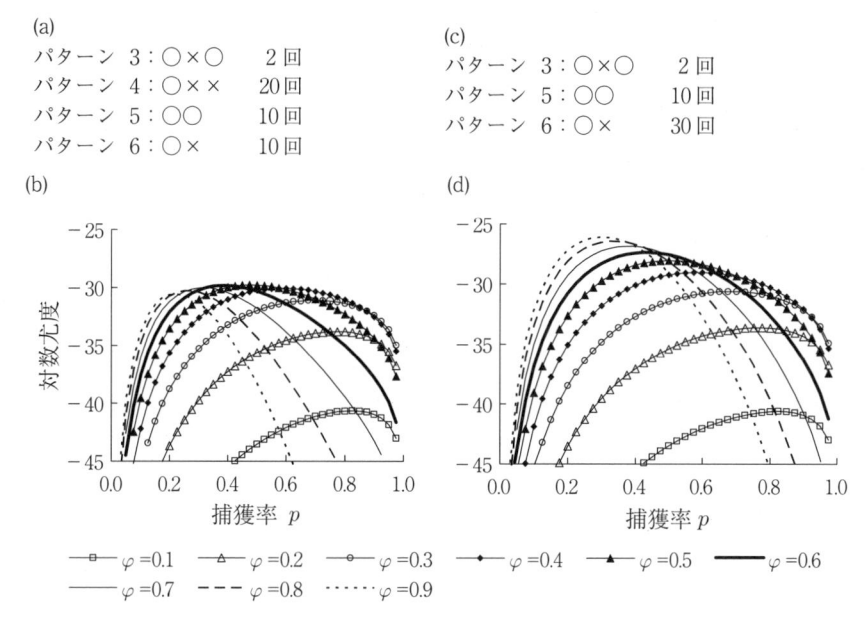

(c)
パターン 3：○×○　　2 回
パターン 5：○○　　　10 回
パターン 6：○×　　　30 回

(b), (d) 対数尤度 vs 捕獲率 p のグラフ

凡例：$\varphi=0.1$, $\varphi=0.2$, $\varphi=0.3$, $\varphi=0.4$, $\varphi=0.5$, $\varphi=0.6$, $\varphi=0.7$, $\varphi=0.8$, $\varphi=0.9$

図 6.4　(a) というデータに対する式 (6.1) で表される対数尤度関数を，(b) では生残率 φ を $0.1, 0.2, \ldots, 0.9$ に固定して捕獲率 p の関数にしたときのグラフで表した．(c) は (a) のパターン 4 を 6 と混同して合体させてしまったデータで，そのときの対数尤度は (d) のように (b) と異なる様相を示す．

の所で最大となっていそうである．実際，対数尤度を最大にする (φ, p) を求めると，$(\varphi, p) = (0.25, 1.0)$ となった．

なんだ，統計モデルを知らない人の推定と言っていた 0.25 と同じではないか，などと言わないでほしい．上に書いた計算では，捕獲率が 0.25 だった．それに対し，統計モデルと最尤法による推定では，生残率が 0.25 で，捕獲率は 1.0 となったのである．

捕獲率の最尤推定値が 100%になってしまう理由は，パターン 3 のような明らかに捕獲に失敗したという記録がないことである．また，図 6.3 の対数尤度のグラフを見ると，$(\varphi, p) = (0.25, 1.0)$ からかなり離れた，例えば $(\varphi, p) = (0.9, 0.2)$ でも，$(0.25, 1.0)$ のときとそう変わらない値を示している．このような状況では，最尤推定値はあまり確かな推定ではなく，ちょっとデータが変わるだけで，最尤推定値は大きく変わる[9]．

実際，図 6.4(a) のようにパターン 3 の記録が 2 つ入ると，図 6.4(b) のように対数尤度関数の値は最大値から離れるとみるみる小さくなる．最尤推定値も $(\varphi, p) = (0.529, 0.450)$ となり，捕獲率 100%のような極端な数字でなく

[9] この事例に限らず，実データを用いて最尤推定値を求めたら，得られた数値を鵜呑みにして考察を進める前に，最尤推定値から離れるに従いどのくらい対数尤度が小さくなるか，確かめてみるとよい．

なった．つまり，○×○という1回置いて再捕獲された個体が出て初めて，信頼に足る推定が可能となるのである[10]．

こうして，「2回再捕獲調査をして，もし1回目では再捕獲に失敗した個体を2回目の挑戦で再捕獲するという快挙がなかったら，そうした個体が出るまで，調査を続行するのが賢明である」というフィールド調査に対する提言が，統計モデルから示唆されるのである．

では○××というデータは無駄かというと，そうではない．○××なんて○×と同じ情報しか持っていないと決めつけ，図6.4(c)のように，○××を○×の中に混ぜてしまうと，対数尤度函数のグラフは，図6.4(d)のように図6.4(b)と大きく変わる．生残率 φ が高いほど高くなり，最尤推定値は，$(\varphi, p) = (1.0, 0.273)$，つまり死亡率＝0という極端な推定となってしまう．

6.6 CJSモデル

図6.2にある確率の計算は，以下のように一般化される．

2回の再捕獲失敗を経て3回目で初めて再捕獲に成功した○××○というパターンが得られる確率は，図6.5(a)から

$$\varphi(1-p) \cdot \varphi(1-p) \cdot \varphi p$$

となる．同様に考えれば，放されてから t 回後の再捕獲調査で初めて再捕獲される確率は

$$(\varphi(1-p))^{t-1} \cdot \varphi p \tag{6.3}$$

と書ける．

一方，放されてから3回の再捕獲調査がされたのに1回も再捕獲されなかった（○×××）という確率は，図6.5(b)から

$$\varphi(1-p)\cdot\varphi(1-p)\cdot\varphi(1-p) + \varphi(1-p)\cdot\varphi(1-p)\cdot(1-\varphi) + \varphi(1-p)\cdot(1-\varphi) + (1-\varphi)$$

となる．一般に放された後，t 回の再捕獲調査で1回も再捕獲されずに終わった場合，その確率は

$$\sum_{u=0}^{t-1} (\varphi(1-p))^u (1-\varphi) + (\varphi(1-p))^t \tag{6.4}$$

である[11]．

[10) それでも，図6.4(a)では，生残率 φ が0.3〜0.9の間だと，捕獲率 p を0.8〜0.2でうまく合わせるとだいたい同じ対数尤度になってしまう．どのくらいの調査回数でどのくらい再捕獲に成功すると信頼に足る推定値が得られるのかも，モデルを作って図6.3〜6.4のようなグラフを描くことで予想できるのである．

11) Σ の中が u 回目と $u+1$ 回目の再捕獲調査の間に死亡した確率（最初に捕獲され放された時点を0回目の再捕獲調査と見ている），第2項が t 回目の再捕獲調査時点まで生残していたが1度も再捕獲されなかった確率である．

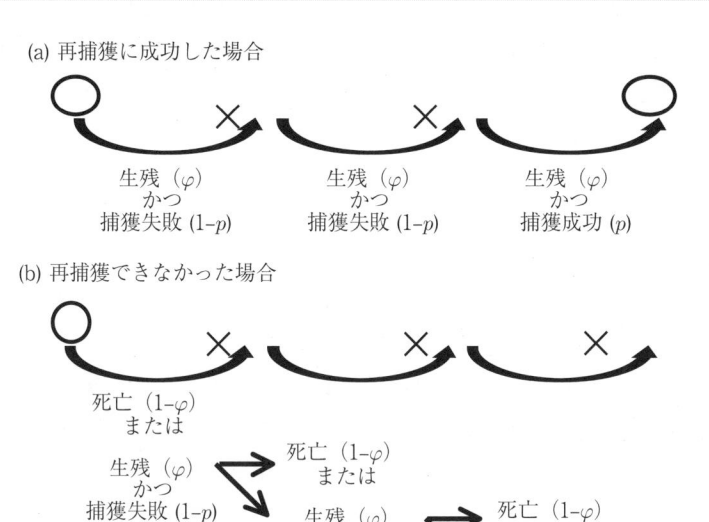

図 6.5 一般の CJS モデルの尤度式の導出法．(a) 再捕獲に成功した場合．(b) 再捕獲できなかった場合．

　調査回数に関わらず，記録されるパターンはこの 2 つしかない．図 6.2 のパターン 5 は，式 (6.3) の中の $t=1$ の場合であり，図 6.2 のパターン 6 は式 (6.4) の $t=1$ の場合である．どのような記録も○で終わるか×で終わるかで 2 つに分けられる．だから，単純にそこまでの回数で分類すればよく，尤度の計算に必要なのは式 (6.3) と (6.4) の 2 つである．　対数をとると，式 (6.3) は

$$(t-1)\{\ln\varphi + \ln(1-p)\} + \ln(\varphi) + \ln(p) \tag{6.5}$$

と変形できる．式 (6.4) は

$$\ln\left\{\sum_{u=0}^{t-1}(\varphi(1-p))^u(1-\varphi) + (\varphi(1-p))^t\right\} \tag{6.6}$$

となるが，対数の中に和が入っているので，これ以上簡単にならない[12]．ただ，今のパソコンならこの程度の式の最大化は問題なくこなす．式 (6.3) と (6.4) をそれぞれのパターンの回数だけ加えたものが，そのデータの対数尤度関数となる．

[12] 等比数列の公式を用いて和をまとめることはできる（問 6.1）．

問 6.1　等比数列の和の公式を用いて，式 (6.6) を Σ を含まない形に変形しなさい．

ちなみに，2回しか調査をやらないと，式 (6.3) も (6.4) も $t = 1$ の場合しかない．そのとき，式 (6.3) は φp, 式 (6.4) は $1 - \varphi p$ となる．どちらも φ と p は積 φp の形で入っている．したがって，推定できるのは φp という積の値だけである．つまり，6.2 節で述べたように，1 回の再捕獲調査では，生残率と捕獲率を分離して推定することは原理的に不可能なのであるが，この事が数式からも納得できたわけである．

こうして，モデリングすることで，再捕獲できなかったという情報も生かされ，生残率と捕獲率，両者の推定ができるようになる．しかも，それだけでなく，1 度再捕獲に失敗した個体の再捕獲に成功する意義を改めて認識できる．動物を捕獲する調査をすると，ともすれば再捕獲できなかったら収穫もなかったと思い込みがちであるが，誤解である．捕獲できなかったという情報があるからこそ，死亡率と捕獲率が同時に推定できるのである．

以上のモデルは Corrmack – Jolly – Seber のモデル，略して CJS モデルとして，捕獲–再捕獲データを扱う際の基本モデルとなっている[13]．

13) 最初に提唱された論文は [6-1]〜[6-3].

6.7　現実的なモデリングへ拡張させる試み

実際のデータに適用するとなると，生残率は当然一定でないし，むしろその季節変動や年変動，気候などの影響の推定こそ大切な問題である．そうした場合，考えたい要因が M 個あったとし，再捕獲調査時点 $u-1$ と u の間の期間でのそれらの因子の値を $x_{iu} (i = 1, \ldots, M)$ として，その期間での生残率 φ_u を 1 章のロジスティック回帰式を多変量にした

$$\varphi_u = 1/(1 + \exp(\sum_{i=1}^{M} a_i x_{iu} + a_0))$$

などで表し，式 (6.3) を

$$\prod_{u=1}^{t-1} \varphi_u \cdot (1-p)^{t-1} \cdot p, \tag{6.7}$$

式 (6.4) を（便宜上 $\varphi_0 = 1$ と定義しておいて）

$$\sum_{u=1}^{t} \{\prod_{s=0}^{u-1} \varphi_s \cdot (1-p)^{u-1} (1-\varphi_u)\} + \prod_{u=1}^{t} \varphi_u \cdot (1-p)^t \tag{6.8}$$

と直して，係数 a_i を最尤推定する．さらに，影響の小さそうな因子の係数は

6.7 現実的なモデリングへ拡張させる試み

0にしたモデル（当然パラメータ数は少なくなる）も試し，AIC値を比較する．選択されたモデルの中で係数が0となっていない因子を，生残に影響を与えている因子として抽出する[14]．

冒頭に掲げた個体数の推定の問題は，CJSモデルだけでは解決できない．確かに捕獲率がわかれば，捕獲数を捕獲率で割ることにより個体数の推定値が得られる．しかし，統計モデルを知ってしまうと，捕獲数 x は，実際の個体数を N，捕獲率を p とする2項分布 $P(X=x) = {}_NC_x p^x (1-p)^{N-x}$ に従う確率変数と考えられる事に気づくようになる．ならいっそう，CJSモデルに，調査時点 t での個体数 N_t も入れてモデル化するほうがいい．

ところが，そうすると今度は，$N_0, N_1, \ldots$ と $\varphi_0, \varphi_1, \ldots$ と p を最尤推定すれば済むモデルとはならなくなる．なぜなら，$N_0, N_1, \ldots$ はもはや独立したパラメータではなく，時点0で N_0 個体いて，時点1までの生残率が φ_1 なのだから，時点1での個体数 N_1 は2項分布 $P(N_1 = x) = {}_{N_0}C_x \varphi_1^x (1-\varphi_1)^{N_0-x}$ に従う確率変数となるからである．

しかし，このモデルの下では，個体数は生残率に応じて時間と共に減る一方である．現実的なモデルにするには，ここへさらに新たな生誕数（繁殖数）を入れなくてはならない．

こうして，自然に時間の流れを捉える複雑なモデルへと発展する[15]．実際，こうしたアイデアのモデルが多数，提唱されている．対象とする動物や調査地，調査期間や方法によって，得られるデータはマチマチで，データの型の数だけモデルが提唱されていると言って過言でない状況にある[16]．

さらに，必ずしも捕獲–再捕獲調査をしなくても，例えば鳥なら個体識別用の足環を付けて目視観察によって個体の存否を記録したデータでも，こうしたモデルが応用できる（この場合，p は目撃率となる）．あるいは，監視カメラに写っていたという情報でもいいし，毛などの遺伝子分析でも，どの個体がどこに来ていた，という情報が得られる場合がある．

こうしたデータについて，目視されたり写真に写ったりすれば，誰でも"そのとき，そこに動物がいた"という情報を利用する．一方，みつかっていない，写っていなかった，という情報は，いなかったから写っていないのかいたのに写らなかったのか定かでないので使いにくい．しかしそうした情報でも，うまくモデルを組むことで価値ある情報となるのである．

こうしたモデルのほとんどが基本としているのが，CJSモデルの考え方である．

----

[14] 3章末のコラム2にもあるが，この方法に問題を感じる場合も多い．

[15] ある時点での個体数はその前の時点での個体数に依存する．すなわち，**時系列モデル** (time-series model) と呼ばれるモデルとなる．

[16] そのほとんどが**状態空間モデル** (state space model) と呼ばれる時系列モデルで定式化される．文献 [6–4] や [6–5] などに，様々な例が解説されている．状態空間モデルについては，[6–6] や [6–7] を参照．

6.8 単純化されたモデルへの抵抗感

「本章にあるような単純化されたモデルは，どのみち自分の複雑なデータには使えないから学習しても役に立たない」．こう考える人は，恐らく，かつての理科の授業で，理想気体とか，抵抗のない空中を落ちる物体とか，電気抵抗のない電線とかも非現実的で役に立たないとみなし，あまり勉強しなかったのではないだろうか[17]．

17) 著者はそんな生徒の1人であった．

しかし，現実の科学技術は，こうした単純化された状況の物理学や化学を基盤に，現実の空気抵抗や電気抵抗を考慮する形で発展してきたものである．統計科学でも同じことが言える．まずは単純化した状況で尤度式を導く．それから，徐々に現実に即した複雑なモデルへ進む．本章で紹介するモデルの尤度式をすらすら書けないようでは，6.7節で触れたような現実に即したモデルの尤度を書くことは覚束ない．

「急がば回れ」．最初は非現実的に単純なモデルで練習を積むことに耐える忍耐力が要求される．

問 6.2 ○××のように，s 回目の調査で初めて捕獲できた後，1回も再捕獲できなかった確率 χ_s は，再捕獲調査回数を S として，式 (6.4) の形でなく，漸化式 $\chi_s = (1-\varphi) + \varphi(1-p)\chi_{s+1}$ $(s = 1, 2, \ldots, S, \chi_S = 1)$ と表す文献も多い．この漸化式の意味を説明し，さらに漸化式を解くことで χ_s と式 (6.4)（問 6.1 の解答）が同値であることを説明しなさい．

7 空間データの点過程モデル
——樹木の分布と種子の散布

　せっかくデータがあるので有効に活用しようとしたら，データが持つ隠れた情報を見落とし，間違った尤度を最大化して失敗した．この章では，そんな例の紹介から始める．一般に，空間データには，見落としてしまう情報がけっこう含まれている．用心してモデリングしないと，往々にして間違った尤度式を作ってしまう．

白神山地のブナ林．原生林だが，標高が高いのでブナは細い．

7.1 大木のまわりの稚幼樹の分布

東北地方の日本海側のブナ林には，文字通りブナが圧倒的に多いが，他の地域のブナは，必ずしも圧倒的に優占しているわけではない．茨城県の小川学術保護林にもブナが見られるが，その一帯30haで成木と呼べるブナは138本しかみつかっていない．そんなブナの周囲にはブナの実生（みしょう，芽生えたばかりの子供の木のこと）が芽生える．図7.1はそんな場所の例で，2本の成木のまわりに1994年に芽生えた実生が集中して分布している[1]．それぞれ成木の枝から落下した種子の芽生えなのだろう．2本の成木の中間にもけっこうな数のブナが見られるが，そこでは2本の子供が混じっているから多いのかもしれない[2]．

[1] このデータは北村系子氏，河野昭一氏らが論文[7-1]，[7-2]などで公表したもので，以下はそのデータを別な目的で再解析した結果（論文[7-3]）である．なお，ここでは[7-3]より若干簡略化したモデリングにしているので，得られる推定値は少し異なっている．

[2] 実際，2本のブナの成木の枝は交叉している．

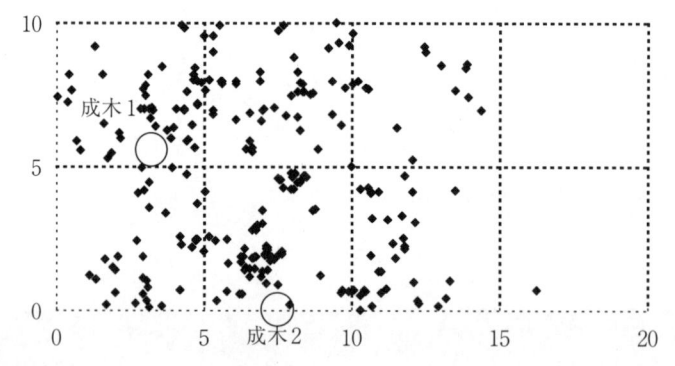

図 7.1 ブナの成木（大きい○）と実生（◆）の空間分布図．単位は m．

7.2 2本の成木が隣接していると…？

こんなデータから，それぞれの成木がいくつの子供を残し，どのくらいの距離で散布したのか，モデル化して推定できないだろうか．こうした推定値は，例えば5章のように母樹を保残した場合，保残母樹の間隔をどのくらいにするかの指標となる[3]．また，母樹の残した子供数に著しい差があるなら，多数の母樹を残しても実際にはごく少数の母樹の子供からなる2次林なので，遺伝的な多様性が失われる[4]．種子散布と子供数の推定は，森林計画における基本的な情報を与えてくれる．

[3] 散布距離の2倍より広くすると保残母樹たちの真ん中にはブナはほとんど芽生えなくなる．

[4] 実際のところ何本が繁殖に貢献しているかは，集団遺伝学という分野で「有効集団サイズ」と呼ばれる基本的な概念となっている．

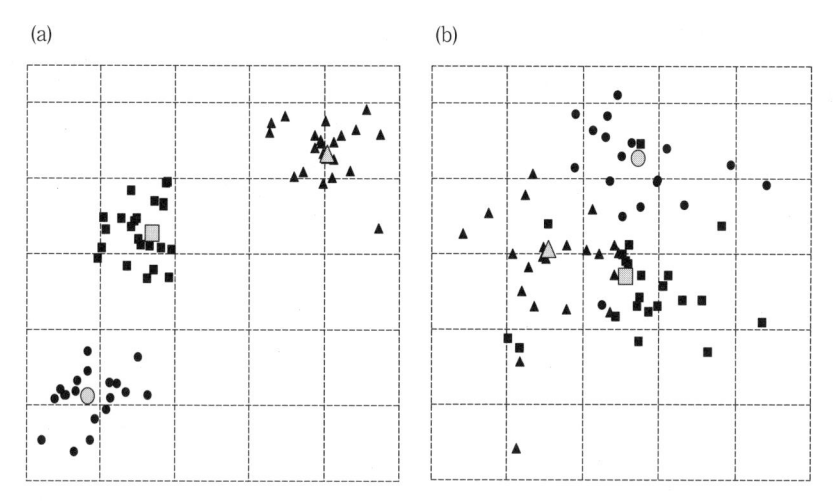

図 7.2 (a) 成木が離れている場合の,各成木から散布された種子の分布の例. (b) 成木が隣接していて異なる親の種子が交叉している場合の例.

2 つの成木が大きく離れていれば,それぞれの近くの実生を数えるだけで種子生産[5]を推定できるが,2 本以上の成木が近接していると両者の子供が交わってしまい,安直な推定をできなくなる (図 7.2).図 7.2(b) のような状態を見て,もうそれぞれの成木の生産力は推定できないと諦めてしまう人が多いのではないか.しかし,統計モデリングを用いれば,以下のようにして,種子散布も個々の成木の種子生産力も推定できるのである.

7.3 成木のまわりの稚幼樹分布のモデル化

種子は,母樹を起点にどの方向へも偏ることなく[6]散布されると仮定する[7].母樹から r メートル離れた地点に種子が散布される確率を $f(r;\theta)$ とする (θ は未知パラメータで,複数あるならベクトル $\boldsymbol{\theta}$ となる).$f(r;\theta)$ は散布カーネル (dispersal kernel)[8]と呼ばれる.1 個の種子は(理論上は無限に広い)平面のどこかに散布されるので,平面全体で積分したら 1 になっている.つまり,2 次元の確率密度関数になっている[9].散布方向に偏りがない場合,積分は極座標で表すほうが便利で,2 次元の確率密度関数は,負でない値をとる 1 変数 r の関数で

$$\int_0^\infty f(r;\theta)2\pi r dr = 1 \tag{7.1}$$

[5] 厳密には種子の中で発芽に至ったもの.大半の種子は発芽前に動物に食べられたりしてしまう.

[6] 等方的 (isotropic) という.

[7] 例えば,調査地が急斜面上なら,種子は斜面下方に転がりやすいのでこの仮定を認めたくない.図 7.1 の調査プロットは,約 15 度の緩斜面だったので,一応この仮定を満たしている.

[8] 主に生態学で使われている用語で,統計科学で広く普及している言葉ではない.

[9] $f(x,y) \geq 0$ かつ $\int_{-\infty}^\infty \int_{-\infty}^\infty f(x,y)dxdy = 1$ を満たす.

を満たすものとなる．例えば 2 次元正規分布（4.9 節の n 次元正規分布の $n=2$ の場合）の確率密度関数は

$$f(x_1, x_2; \mu_1, \mu_2, \sigma_1, \sigma_2, \rho)$$
$$= \frac{1}{2\pi\sigma_1\sigma_2\sqrt{1-\rho^2}} \exp\left\{-\frac{(\frac{x_1-\mu_1}{\sigma_1})^2 - \frac{2\rho(x-\mu_1)(x_2-\mu_2)}{\sigma_1\sigma_2} + (\frac{x_2-\mu_2}{\sigma_2})^2}{2(1-\rho^2)}\right\}$$

であるが，$\mu_1 = \mu_2 = 0, \rho = 0, \sigma_1 = \sigma_2 = \sigma$ とすると

$$f(x_1, x_2; \sigma) = e^{-(x_1^2+x_2^2)/2\sigma^2}/2\pi\sigma^2$$

となり，$x_1 = r\cos\theta, x_2 = r\sin\theta$ と極座標に変換すると，確率密度関数は

$$f(r; \sigma) = e^{-r^2/2\sigma^2}/2\pi\sigma^2 \tag{7.2}$$

となる．

図 7.1 では成木は 2 本しかないが，一般に，$\boldsymbol{Z}_1, \boldsymbol{Z}_2, \ldots, \boldsymbol{Z}_M$ にある M 本の成木が $U_1, U_2, \ldots, U_M$ 個の種子を生産し散布し，それらが芽生えて実生になったとする．いま，地点 $\boldsymbol{x}$ にブナの実生がある確率はいくつだろう．

地点 $\boldsymbol{x}$ は数学としては大きさのない点なので，無限にある点の中の 1 点 $\boldsymbol{x}$ に散布される確率は 0 になってしまう．そこで，$\boldsymbol{x}$ を含む小さな面積 $\Delta\boldsymbol{x}$ の正方形をとる．$\boldsymbol{Z}_j$ にある成木の種子が散布カーネル $f(r; \theta)$ によって散布されて地点 $\boldsymbol{x}$ を含む小さな正方形に到達する確率は $f(\|\boldsymbol{x}-\boldsymbol{Z}_j\|; \theta)\Delta\boldsymbol{x}$ である．U_j 個作られた種子が独立に散布されたなら，その k 個が小さな正方形に達している確率は，1.13 節の 2 項分布モデルを使うと

$$_{U_j}C_k\{f(\|\boldsymbol{x}-\boldsymbol{Z}_j\|; \theta)\Delta\boldsymbol{x}\}^k\{1-f(\|\boldsymbol{x}-\boldsymbol{Z}_j\|; \theta)\Delta\boldsymbol{x}\}^{U_j-k}$$

である．$\Delta\boldsymbol{x}$ が小さな面積なので，$f(\|\boldsymbol{x}-\boldsymbol{Z}_j\|; \theta)\Delta\boldsymbol{x}$ も小さい数である．それを 2 乗 3 乗したら，さらに小さくなる．あまり小さくないのは $k=1$ と $k=0$ の項だけと考えると，いずれかの種子（1 個以上）が到達している確率

$$\sum_{k=1}^{U_j} {}_{U_j}C_k\{f(\|\boldsymbol{x}-\boldsymbol{Z}_j\|; \theta)\Delta\boldsymbol{x}\}^k\{1-f(\|\boldsymbol{x}-\boldsymbol{Z}_j\|; \theta)\Delta\boldsymbol{x}\}^{U_j-k}$$

は，だいたい

$$_{U_j}C_1\{f(\|\boldsymbol{x}-\boldsymbol{Z}_j\|; \theta)\Delta\boldsymbol{x}\}^1\{1-f(\|\boldsymbol{x}-\boldsymbol{Z}_j\|; \theta)\Delta\boldsymbol{x}\}^{U_j-1}$$

$$\approx U_j f(\|\boldsymbol{x} - \boldsymbol{Z}_j\|; \theta) \Delta \boldsymbol{x} \quad (7.3)$$

と同じくらいと考えてよいに違いない[10]．

なお，例えば樹高が高く枝張りの広い木のほうが種子を遠くまで散布させると考えるなど，散布カーネルのパラメータは成木ごとに変えてもよい．この場合，$f(r;\theta)$ は母樹 j ごとに異なっているとして $f(r;\theta_j)$ に置き換える．2次元正規分布による散布カーネルなら，$f(r;\sigma_j) = e^{-r^2/2\sigma_j^2}/2\pi\sigma_j^2$ とする．

別の $\boldsymbol{Z}_k$ にある成木からも，同じように確率 $U_k f(\|\boldsymbol{x} - \boldsymbol{Z}_k\|; \theta)\Delta\boldsymbol{x}$ で種子が散布されてくる．成木は種子散布を互いに独立に行うと考え，2個以上の種子が小さな正方形に到達する確率は，先ほどと同じように考えると非常に小さいと考えられるので無視すると，$\boldsymbol{Z}_j$ にある成木の種子，または $\boldsymbol{Z}_k$ にある成木の種子のいずれかが $\boldsymbol{x}$ を含む小さな正方形に到達する確率は，

$$U_j f(\|\boldsymbol{x} - \boldsymbol{Z}_j\|; \theta_j) \cdot \Delta\boldsymbol{x} + U_k f(\|\boldsymbol{x} - \boldsymbol{Z}_k\|; \theta_k) \cdot \Delta\boldsymbol{x} \quad (7.4)$$

くらいになるであろう．

図7.1の調査地の外にもブナはいるが，最も近いものでも 30 m 以上離れているので，散布は 15 m 程度しか飛ばないと見込んで，母樹としての可能性はプロット内の2本の成木にしかないと考えることにする．いずれかの種子が $\boldsymbol{x}$ を含む小さな正方形に到達している確率は，2次元正規分布による散布カーネルなら，近似的に

$$\sum_{j=1}^{2} U_j \cdot f(\|\boldsymbol{x} - \boldsymbol{Z}_j\|; \sigma_j) \cdot \Delta\boldsymbol{x} = \sum_{j=1}^{2} U_j e^{-\|\boldsymbol{x}-\boldsymbol{Z}_j\|^2/2\sigma_j^2}/2\pi\sigma_j^2 \cdot \Delta\boldsymbol{x} \quad (7.5)$$

となるに違いない．

種子が到達しても，発芽して実生になるためには散布と別な生物学的プロセスを考慮しなくてはならない．ただ，発芽して実生になる確率がプロットのどこでも同じなら（その確率を s とする），実生が $\boldsymbol{x}$ を含む小さな正方形にいる確率は，式 (7.5) 全体に s をかければよく，それなら最初から U_j との積 sU_j を (7.5) における U_j としたものと，モデルとして同値になる．当面の目的は散布カーネルの推定と繁殖貢献の母樹間の格差にあるので，式 (7.5) で実生の分布を記述してよい[11]．

いま，調査地の中を精査したところ，$\{\boldsymbol{x}_1, \boldsymbol{x}_2, \ldots, \boldsymbol{x}_n\}$ に実生があったとし，それぞれ独立に散布された種子がそこで発芽して生まれたものとする．その確率は $\Delta\boldsymbol{x}$ を無視して (7.5) をかけ合わせた

[10] ここから本節末までの議論には誤りがある．それを節末に問いかける．

[11] 地点によって種子が実生になれる確率が異なるモデルなら，地点 $\boldsymbol{x}$ でのその確率を $s(\boldsymbol{x})$ として (7.5) にかければよい．その場合，$s(\boldsymbol{x})$ を決定する環境条件のデータやそのモデリングが新たに必要となる．論文 [7-4] はそんなモデリングの単純な実例を扱っている．

$$\prod_{i=1}^{n}\sum_{j=1}^{2}U_j\cdot f(\|\boldsymbol{x}_i-\boldsymbol{Z}_j\|;\sigma_j) = \prod_{i=1}^{n}\sum_{j=1}^{2}U_j e^{-\|\boldsymbol{x}_i-\boldsymbol{Z}_j\|^2/2\sigma_j^2}/2\pi\sigma_j^2 \tag{7.6}$$

に比例するはずである．これが尤度式に思えるので，この対数

$$l(\sigma_1,\sigma_2,U_1,U_2) = \sum_{i=1}^{n}\ln\{\sum_{j=1}^{2}U_j e^{-\|\boldsymbol{x}_i-\boldsymbol{Z}_j\|^2/2\sigma_j^2}/2\pi\sigma_j^2\} \tag{7.7}$$

を最大にする $(\sigma_1,\sigma_2,U_1,U_2)$ を求めればいい…

そう思って計算を始めてみると，U_1 も U_2 もどんどん大きくなって，U_1 も U_2 も式 (7.7) も発散してしまった…

言われてみれば当り前なのだが，式 (7.6) や (7.7) の値を大きくするのなら，U_1 と U_2 をひたすら大きくすれば無限に大きくできる．言い換えると，母樹がやたらめったらたくさん種子を作ればどこもかしこも種子であふれるので，当然，特定の場所 $\{\boldsymbol{x}_1,\boldsymbol{x}_2,\ldots,\boldsymbol{x}_n\}$ に実生がある確率も増える．つまり，(7.6) は尤度式として，間違っているのである．

上の導出過程のどこにミスがあったのだろう．次節へ進む前に，少し考えてみてほしい．

7.4 木は n 本あったという情報

答えを聞けばごく当り前の事でしかないのだが，図 7.1 の調査プロットに実生が $\{\boldsymbol{x}_1,\boldsymbol{x}_2,\ldots,\boldsymbol{x}_n\}$ にあったというデータには，「$\{\boldsymbol{x}_1,\boldsymbol{x}_2,\ldots,\boldsymbol{x}_n\}$ 以外にはなかった」という情報も含まれている．だから，式 (7.6) に，「$\{\boldsymbol{x}_1,\boldsymbol{x}_2,\ldots,\boldsymbol{x}_n\}$ 以外にはない」確率をかけたものが，正しい尤度式なのである[12]．

それでは，「$\{\boldsymbol{x}_1,\boldsymbol{x}_2,\ldots,\boldsymbol{x}_n\}$ 以外にない」確率はいくつだろう．

「$\{\boldsymbol{x}_1,\boldsymbol{x}_2,\ldots,\boldsymbol{x}_n\}$ 以外にない」は，「そのプロットにはちょうど n 本ある」と言い換えられる．プロットにいくつの実生があるかは偶然にも左右される．運が悪ければ母樹が作った数少ない種子のすべてがプロットの外へ運ばれてしまうかもしれない．あるいは逆に，何 100 という種子の大半が母樹の近くに散布され芽生えるかもしれない．実際の本数はばらつくはずである．それがちょうど n 本となる確率を知りたいのである．言い換えると，プロットの中の実生の本数という確率分布を決定する問題である．

こうした計算は，6 章同様，まず単純な場合から始め，徐々に複雑な場合に挑戦していくのが正道である．そこで，一番最初は，実生の分布は母樹の近

[12] U_1 と U_2 が n よりはるかに大きいと調査地の中に散布される実生の数は n よりはるかに多くなり，n 本しかない確率は小さくなる．だから，ある (U_1,U_2) のときに，$\{\boldsymbol{x}_1,\boldsymbol{x}_2,\ldots,\boldsymbol{x}_n\}$ だけに実生がある確率は最大になるはずである．

くに多いといったふうに場所によって変化するのでなく，どこでも一定である場合を考える．つまり，単位面積に実生がある確率は，一定値 λ[13] であるとする．λ はいわゆる密度である．面積 t の領域なら，平均するとそこには λt 本の木があることは誰でも予想つくが，常に λt 本であるとは限らない[14]．実際の数は平均のまわりに散らばる．その散らばり具合がわからないと，ちょうど n 本になっている確率はわからない．

ここで強調しておきたい（上では明示しなかった）重要な仮定は，ある場所での実生の有無は互いに独立だという点である．つまり，例えば地点 x のすぐ近くに別な実生が既に生えていようがなかろうが，x での実生の有無には何の影響もないという仮定である[15]．すべての実生が独立に同じ密度 λ に従って分布しているとき，密度 λ のランダムな分布[16]に従うという．

7.5 ポアソン分布

さらに話を簡単にするため，2次元平面でなく，1次元の線分の中の点分布から始めることにする[17]．

区間 $[0,t]$ の中に密度 λ でランダムに点が分布しているとする．その中の点の個数の分布はどうなるだろう．$[0,t]$ の中の個数を N_t とするとき，N_t がちょうど k 個となっている確率 $P(N_t = k)$ を決定するという問題である ($k = 0, 1, 2, \ldots$)．N_t の平均が λt になる事は誰でも想像つく．問題は平均の周りの散らばり具合である．

$[0,t]$ の中に k 個あったとき，少しだけ長い $[0, t+h]$ には何個あるだろう．これは，条件付き確率と呼ばれるものである．一般にある現象 A が起こったときに B が起こる確率を**条件付き確率** (conditional probability) といい，$P(B|A)$ と表す．A も B も起こるという確率を $P(A, B)$ で表すとすると，条件付き確率 $P(B|A)$ は

$$P(B|A) = P(A, B)/P(A) \tag{7.8}$$

で定義される．A が起こらない限り B は起こらないなら $P(B) = P(A, B)$ であり，$P(B) = P(B|A)P(A)$ が成り立つ．A が A_1 と A_2 に分けられる（A_1 と A_2 は同時には起こらない）なら，

$$P(B) = P(B|A_1)P(A_1) + P(B|A_2)P(A_2) \tag{7.9}$$

[13] ギリシア文字の「ラムダ」

[14] そもそも λt が整数になるとは限らない

[15] 実際には，ネズミがいくつかの種子を運んで同じ所に埋め，それらが一斉に発芽する（図 7.1 にもそんな密集地帯が見られる）など，すべての種子が独立に散布されるという仮定は正しくない．この単純化や，前述した発芽率一定といった仮定が，後の図 7.6 に見られる不十分な適合度の原因であろう．

[16] ここでも「ランダム」という言葉が数学としての定義があいまいなままに出てきた．正式には定常ポアソン過程として定式化されるのだが，本書では数学として正確な定義は与えない．7.5 節参照．

[17] この節では一般の数学の話をするので，木でなく点の分布となる．

が成り立つ．

　4章でパラメータを1つに決めたときのモデルを $f(x|\theta)$ と表したのは，パラメータの値が θ だったときに x が観測される条件付き確率，回帰モデルで $f(y|x)$ という記法を用いたのも，説明変数が x という値だったときに目的変数が y になる条件付き確率（厳密には条件付き確率密度関数）という意味付けがされるためだった．

　また「$P(A,B) = P(A)P(B)$ が成り立つとき，A と B が独立であるという」というのは，実は独立という数学の概念の定義である．つまり，今まで何度か用いてきた「独立なら両方が起こる確率は両者の積である」というのは，実は定義である．2つの現象が本当に互いに独立かどうかは，2つの現象を個別および同時に観察するというデータを集めて $P(A,B)$ と $P(A)$ と $P(B)$ を個別に推定し，この等式が成り立っていることを確かめないといけないが，フィールドではほとんど不可能である．生物学的に独立と思えるとか，当面は独立と仮定して考察する，とせざるをえないのが実状である．

　さて，h は十分小さいとするので，$[t, t+h]$ に点はあっても高々1個である．だから，1個ある確率の値は期待値（平均）で十分近似できるとし[18]，この区間の幅が h だから，その期待値（＝確率）は λh である[19]．したがって，

$$P(N_{t+h} = k | N_t = k-1) = \lambda h \tag{7.10}$$

$$P(N_{t+h} = k | N_t = k) = 1 - \lambda h \tag{7.11}$$

が成り立つ．

　$P(N_{t+h} = k)$ であるためには $N_t = k$ または $N_t = k-1$ でなければならないから，

$$\begin{aligned}P(N_{t+h} = k) =& P(N_{t+h} = k | N_t = k-1) \times P(N_t = k-1) \\&+ P(N_{t+h} = k | N_t = k) \times P(N_t = k) \\=& \lambda h P(N_t = k-1) + (1 - \lambda h) P(N_t = k)\end{aligned}$$

表記を簡単にするため $p_k(t) = P(N_t = k)$ とおいて移項すると

$$p_k(t+h) - p_k(t) = \lambda h (p_{k-1}(t) - p_k(t))$$

両辺を h で割って $h \to 0$ とすると

$$\frac{dp_k(t)}{dt} = \lambda p_{k-1}(t) - \lambda p_k(t) \tag{7.12}$$

[18] 正確に書くと，そこでの個数を N_h として，
$E(N_h)$
$= \sum_{k=0}^{\infty} k P(N_h = k)$
$\approx \sum_{k=0}^{1} k P(N_h = k)$
$= 0 \cdot P(N_h = 0)$
$\quad + 1 \cdot P(N_h = 1)$
$= P(N_h = 1)$.

[19] 数学としては，これは「ランダムな分布」の定式化である定常ポアソン過程（本節で後述）の定義の1つであるが，密度×長さ＝平均個数＝期待値＝確率と考えて納得してかまわない．

という 1 階の線形微分方程式が得られた.

$k = 0$ では $p_{k-1}(t) = P(N_t = k-1) = 0$ だから[20],

$$\frac{dp_0(t)}{dt} = -\lambda p_0(t) \tag{7.13}$$

となる. 区間 $[0,0]$ での個数は明らかに確率 1 で 0 なので, $t = 0$ での初期値は $p_0(0) = 1$ となり, この初期条件での微分方程式 (7.13) の解は

$$p_0(t) = e^{-\lambda t}$$

である.

$k = 1$ では (7.12) は

$$\frac{dp_1(t)}{dt} + \lambda p_1(t) = \lambda e^{-\lambda t} \tag{7.14}$$

となる. 時刻 $t = 0$ では区間でなく点にしかならないので, 点が入る確率は 0 であるため, 初期値は $p_1(0) = 0$ となる. この下で 1 階線形微分方程式の解の公式[21]を用いて (7.14) を解くと

$$p_1(t) = \lambda t e^{-\lambda t}$$

が得られる.

問 7.1 微分方程式の解の公式を用いて, (7.14) から $p_1(t) = \lambda t e^{-\lambda t}$ を導きなさい.

$k = 2$ の場合に同様な計算をすると

$$p_2(t) = \frac{(\lambda t)^2 e^{-\lambda t}}{2}$$

が得られるので, 一般に

$$p_k(t) = \frac{(\lambda t)^k e^{-\lambda t}}{k!}$$

が予想される. これは, この式を (7.12) に代入すれば, 左辺は

$$\frac{d}{dt}\frac{(\lambda t)^k e^{-\lambda t}}{k!} = \frac{\lambda(\lambda t)^{k-1} e^{-\lambda t}}{(k-1)!} - \frac{\lambda(\lambda t)^k e^{-\lambda t}}{k!}$$

となり, (7.12) の右辺と等しくなることが容易にわかる. この離散的確率分布はポアソン分布と呼ばれている.

[20] 個数が -1 個になる確率は 0 である.

[21] 一般に, 1 階線形微分方程式
$$\frac{dy}{dx} + P(x)y = Q(x)$$
の解は
$$y = (\int e^{\int P dx} Q dx + C) e^{-\int P dx}$$
で与えられる (C は初期値から定まる定数).

[ポアソン分布 (Poisson distribution)]

$$P(X=k) = \frac{\lambda^k e^{-\lambda}}{k!} \text{[22)}} \tag{7.15}$$

λ を **強度** (intensity) という．

22) 統計学の教科書の中には，最初は天下り的にポアソン分布を式 (7.15) で定義したり，あるいは 2 項分布の極限として (7.15) を導いたりするが，(7.15) がこうした背景を伴う数式である事は知っておいたほうがよい．

この言葉を用いれば，区間 $[0,t]$ の中に密度 λ でランダムに点が分布しているとき，その個数は強度 λt のポアソン分布に従うのである．区間の幅が 1 なら強度は λ で密度と等しく，平均 λ 個の点があると予想される．実際，期待値の定義（2.9 節の (2.13)）に従ってポアソン分布の期待値を計算すると，λ になる．

問 7.2 ポアソン分布の期待値を求めなさい．

区間や領域などに，何らかの確率論的不確実性を含む規則で点が分布しているとき，その規則のことを **点過程** (point process) という[23)]．点がそれぞれ独立に一定の密度 λ で分布している（通称ランダム分布）というのも（一番易しい）規則であり，これを **定常ポアソン過程** (stationary Poisson process) という[24)]．

23) もちろんこれは数学としての定義になっていない．数学として定義するには，まずデータが点分布（点の集合）であり，通常の確率変数のような 1 個（または複数個）の数値ではない所から考え直す必要がある．確率変数では数値に対して確率が与えられるが，点過程では点の集合に対して確率を与える（1 個 1 個の点がデータではなくて，点の集合で 1 データである）．かなり抽象的な数学を要する作業であることが想像できるだろう．実用上は，点分布を与える規則くらいの理解でさしつかえない．

24) 繰返しになるが，これは数学としての定義になっていない．[0–5] などを参照されたい．

7.6 2 次元の場合

2 次元の定常ポアソン過程の場合も，面積 t^2 の正方形 $[0,t] \times [0,t]$ の中の点の数なら同じような論法で

$$P(X=k) = \frac{(\lambda t^2)^k e^{-\lambda t^2}}{k!} \tag{7.16}$$

を示すことができる．

正方形 $[0,t] \times [0,t]$ の中の点の数を M_t とする．少しだけ大きい正方形 $[0,t+h] \times [0,t+h]$ と元の正方形の面積の差は $th + th + h^2 \approx 2th$ だから（図 7.3 参照），(7.10) と (7.11) は

$$P(M_{t+h}=k|M_t=k-1) = 2\lambda th$$
$$P(M_{t+h}=k|M_t=k) = 1 - 2\lambda th$$

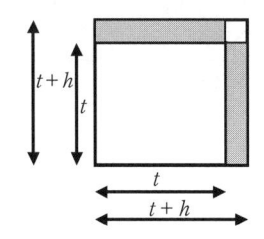

図 7.3 2つの正方形の面積の差 ≈ 斜線部の2つの長方形の面積の和 = $2h(t+h)$.

に書き換えられる．対応する微分方程式 (7.12) は，$q_k(t) = P(M_t = k)$ とおくと

$$\frac{dq_k(t)}{dt} = 2\lambda t q_{k-1}(t) - 2\lambda t q_k(t) \tag{7.17}$$

となる．この解を同じようにして求めると

$$q_k(t) = \frac{(\lambda t^2)^k e^{-\lambda t^2}}{k!} \tag{7.18}$$

が得られる．

問 7.3 関数 (7.18) が微分方程式 (7.17) の解になっていることを確認しなさい．

7.7 一般の領域の場合

　正方形とは限らない一般の領域の場合も，以下のように直観的に納得できる公式が得られる．
　その前に，ポアソン分布の和がまたポアソン分布になるという定理[25]を紹介する．一般に，確率変数 X が強度 λ_1，Y が λ_2 のポアソン分布に従い，かつ両者が独立のとき，確率変数 $X+Y$ はどのような確率分布に従うだろう．$X+Y$ がちょうど k になるには，X が 0 個で Y が k 個，X が 1 個で Y が $k-1$ 個，$\ldots$，X が k 個で Y が 0 個という，全部で $k+1$ 通りの場合をすべて加えればよい．

$$P(X+Y=k) = \sum_{i=0}^{k} P(X=i)P(Y=k-i)$$

X も Y もポアソン分布に従うので，式 (7.15) を代入して

[25] ポアソン分布の**再生性**という．

$$= \sum_{i=0}^{k} \frac{\lambda_1^i e^{-\lambda_1}}{i!} \cdot \frac{\lambda_2^{k-i} e^{-\lambda_2}}{(k-i)!} = \frac{e^{-(\lambda_1+\lambda_2)}}{k!} \sum_{i=0}^{k} \frac{k!}{i!(k-i)!} \lambda_1^i \lambda_2^{k-i}$$

となる.右辺のシグマの部分は2項定理 $(a+b)^k = \sum_{i=0}^{k} \frac{k!}{i!(k-i)!} a^i b^{k-i}$ にほかならないので $(\lambda_1 + \lambda_2)^k$ となる.結局

$$P(X+Y=k) = \frac{e^{-(\lambda_1+\lambda_2)}(\lambda_1+\lambda_2)^k}{k!}$$

となるが,これは (7.15) において,λ を $\lambda_1 + \lambda_2$ と置いたもの,すなわち強度 $\lambda_1 + \lambda_2$ のポアソン分布にほかならない.3個以上の独立なポアソン分布の和もそれぞれの強度の和を強度とするポアソン分布となる事が,同様にして示される.

任意の領域 A を十分細かい小さな面積 h の正方形の $|A|/h$ 個の分割で近似する[26]($|A|$ は A の面積).それぞれの正方形に入る点の数は,強度 λh のポアソン分布に従う.ポアソン過程の仮定より,どの正方形に入る点の数も他の正方形の点の数に依存せず,互いに独立にポアソン分布に従う.したがって,領域全体の点の個数は,$|A|/h$ 個の強度 λh のポアソン分布の和に従う確率変数となるので,強度 $|A|/h \times \lambda h = \lambda |A|$ のポアソン分布に従う確率変数となる.

[26] $|A|/h$ が正の整数になるとは限らない点が気になるかもしれないが,直観的に納得するだけなので気にしないでほしい.

7.8 非定常ポアソン過程

非定常ポアソン過程 (inhomogeneous Poisson process) は,一定の密度で点が分布する定常ポアソン過程と違って,点の密度は場所によって異なるが,互いに独立に分布しているという点過程である.これを数式で表現するには,任意の点 $\boldsymbol{x}$ での密度 $\lambda(\boldsymbol{x})$ を与えればよい.$\lambda(\boldsymbol{x})$ のことを,(1次の) **強度関数** (first-order intensity function) という.

ところで,「任意の点 $\boldsymbol{x}$ での密度」とは何だろう.7.3節と同様,ある点に点(木)がある確率は0である.それで,点 $\boldsymbol{x}$ のまわりに限りなく小さな面積 $\Delta \boldsymbol{x}$ の正方形をとる.小さな正方形の中なら,強度関数はほぼ一定となっているから,その中では密度 $\lambda(\boldsymbol{x})$ の定常ポアソン過程で近似できる.したがって,点の個数は,強度 $\lambda(\boldsymbol{x}) \Delta \boldsymbol{x}$ のポアソン分布に従う.これが強度関数が密度を表すという事の意味である.

一般の領域 A では,先ほどと同じように A を小さな正方形の和集合で近似

する．それぞれの場所では強度 $\lambda(\boldsymbol{x})\Delta\boldsymbol{x}$ のポアソン分布に従い，独立性とポアソン分布の再生性から，A 全体ではそれらの和 $(\sum \lambda(\boldsymbol{x})\Delta\boldsymbol{x})$ を強度とするポアソン分布に従う個数となる．無限に細かい正方形の和は積分で表されるので，A 全体での点の個数は，強度 $\int_A \lambda(\boldsymbol{x})d\boldsymbol{x}$ のポアソン分布に従う．

7.9 非定常ポアソン過程の尤度式

領域 A の中の点の分布が $\lambda(\boldsymbol{x})$ を強度函数とする非定常ポアソン過程に従う場合，点の数は $\int_A \lambda(\boldsymbol{x})d\boldsymbol{x}$ を強度とするポアソン分布 (7.15) に従うから，A の中にちょうど n 個の点がいる確率は，

$$\frac{\left(\int_A \lambda(\boldsymbol{x})d\boldsymbol{x}\right)^n e^{-\int_A \lambda(\boldsymbol{x})d\boldsymbol{x}}}{n!} \tag{7.19}$$

となる[27]．

領域 A の中にちょうど n 個の点がいたという条件の下で，その n 個が指定された $\{\boldsymbol{x}_1, \boldsymbol{x}_2, \ldots, \boldsymbol{x}_n\}$ にある確率はどうなるだろう．まず A に 1 個の点がある場合を考える．1 個の点に対して，それがちょうど地点 y にある確率は 0 になってしまうので，そのまわりの微小面積を考え，確率密度函数として表す．領域 A の中にあると仮定しているある点が y にあるという確率密度函数は，絶対に A の中のどこかにあるので A 全体で積分したら 1 になる．かつ，元々の非定常ポアソン過程の仮定からその値は $\lambda(\boldsymbol{y})$ に比例するはずである．この 2 つの条件を満たす函数は，

$$\frac{\lambda(\boldsymbol{y})}{\int_A \lambda(\boldsymbol{x})d\boldsymbol{x}}$$

である．

したがって，A にちょうど n 個の点があり，かつそれらが $\{\boldsymbol{x}_1, \boldsymbol{x}_2, \ldots, \boldsymbol{x}_n\}$ にある確率（密度）は

$$\frac{\left(\int_A \lambda(\boldsymbol{x})d\boldsymbol{x}\right)^n e^{-\int_A \lambda(\boldsymbol{x})d\boldsymbol{x}}}{n!} \cdot \frac{\lambda(\boldsymbol{x}_1)}{\int_A \lambda(\boldsymbol{x})d\boldsymbol{x}} \cdots \cdots \frac{\lambda(\boldsymbol{x}_n)}{\int_A \lambda(\boldsymbol{x})d\boldsymbol{x}}$$

となる．分母の $n!$ はデータが与えられると定数なので，結局，

$$\prod_{i=1}^{n} \lambda(\boldsymbol{x}_i) e^{-\int_A \lambda(\boldsymbol{x})d\boldsymbol{x}}$$

[27] まだ 7.3 節と 7.4 節の疑問に対する解答は終わっていない．知りたいのは，単に n 本木がある確率でなく，それらがちょうど $\{\boldsymbol{x}_1, \ldots, \boldsymbol{x}_n\}$ にある確率である．

が，強度函数が $\lambda(x)$ で定まる非定常ポアソン過程の尤度の一般公式となることがわかった[28]．

7.10 成木が隣接していてもパラメータは推定可能

以上を踏まえ，図7.1にあるブナの実生の分布は，強度函数 $\lambda(x)$ が7.3節で作った式(7.5)で与えられる，すなわち

$$\lambda(x) = \sum_{j=1}^{2} U_j \cdot f(\|\boldsymbol{x} - \boldsymbol{Z}_j\|; \sigma_j) = \sum_{j=1}^{2} U_j e^{-\|\boldsymbol{x} - \boldsymbol{Z}_j\|^2/2\sigma_j^2}/2\pi\sigma_j^2 \quad (7.20)$$

で定まる非定常ポアソン過程に従っていると仮定する．

このモデルは，7.3節で考えたものと少し異なる．なぜなら，式(7.5)では2本の母樹が作る実生の総数が $U_1 + U_2$ 本なので，プロットの中には高々 $U_1 + U_2$ 本の実生しか芽生えない．一方，非定常ポアソン過程では，実生の総数は強度 $\int_A \lambda(\boldsymbol{x})d\boldsymbol{x} = U_1 + U_2$ のポアソン分布に従うので，平均は $U_1 + U_2$ だが，実現される個数は，理論上は何本にもなりうる．

母樹が1本のとき，生産される実生の数は強度 $\int \lambda(\boldsymbol{x})d\boldsymbol{x} = U_1$ のポアソン分布に従う．つまり，この母樹は平均すると U_1 個（問7.2）の子供を生産し散布するが[29]．子供の数はあくまで強度 U_1 のポアソン分布に従う確率変数としてモデル化されており，U_1 より多いときもあれば少ないときもある．このモデルのほうが，定まった数の実生を生産すると考えた7.3節より，現実的である[30]．そこで，(7.21)という非定常ポアソン過程という統計モデルを図7.1のデータに適用することにする．

図7.1の調査プロットを A として，そこにちょうど n 個の実生が $\{\boldsymbol{x}_1, \boldsymbol{x}_2, \ldots, \boldsymbol{x}_n\}$ に観察されたとき，その尤度は式(7.20)より

$$\begin{aligned}&L(\sigma_1, \sigma_2, U_1, U_2)\\ &= \prod_{i=1}^{n} \sum_{j=1}^{2} U_j e^{-\|\boldsymbol{x}_i - \boldsymbol{Z}_j\|^2/2\sigma_j^2}/2\pi\sigma_j^2 \times e^{-\int_A \sum_{j=1}^{2} U_j e^{-\|\boldsymbol{x} - \boldsymbol{Z}_j\|^2/2\sigma_j^2}/2\pi\sigma_j^2 d\boldsymbol{x}}\end{aligned}$$

$$(7.21)$$

となる．これが，「実生が $\{\boldsymbol{x}_1, \boldsymbol{x}_2, \ldots, \boldsymbol{x}_n\}$ にあり，ここ以外にない」というデータの正しい尤度だったのである．

母樹の座標を $\boldsymbol{Z}_j = (\boldsymbol{Z}_{j1}, \boldsymbol{Z}_{j2})$，実生の座標を $\boldsymbol{x}_i = (x_{i1}, x_{i2})$ して，(7.22)

---

[28] こんなややこしい尤度式の導出は，もちろんプロの数学者の仕事である．(7.20)は，上述したような背景を伴って証明された公式として，納得して使えばよい．一方，6章のCJSモデルの尤度式(6.6節)は自力で導いてほしいレベルである．

[29] U_j は母樹 j の平均的な子供数と解釈できる．

[30] 式(7.3)のような近似も必要ない．

の対数をとった

$$l(\sigma_1, \sigma_2, U_1, U_2)$$
$$= \sum_{i=1}^n \ln\{\sum_{j=1}^2 U_j e^{-\frac{(x_{i1}-Z_{j1})^2 + (x_{i2}-Z_{j2})^2}{2\sigma_j^2}}/2\pi\sigma_j^2\} - \int_A U_j e^{-\frac{(x_1-Z_{j1})^2 + (x_2-Z_{j2})^2}{2\sigma_j^2}}/2\pi\sigma_j^2 dx_1 dx_2$$
(7.22)

を最大にする $(\sigma_1, \sigma_2, U_1, U_2)$ を，パソコンのソフトに組み込まれている最大化手続きを使って計算する．(7.23) には積分の計算が含まれているが，正規分布の場合，たいていのソフトが累積分布関数 $F(x; \mu, \sigma) = \int_{-\infty}^x e^{-(t-\mu)^2/2\sigma^2}/\sqrt{2\pi\sigma^2} dt$ の値を，コマンドを打つだけで計算してくれる[31]．$A = [0, 20] \times [0, 10]$ での積分なら，$\{F(20; Z_{j1}, \sigma) - F(0; Z_{j1}, \sigma)\} \times \{F(10; Z_{j2}, \sigma) - F(0; Z_{j2}, \sigma)\}$ というコマンドを入力すれば済む．

表 7.4 は，散布カーネルと種子生産のそれぞれを 2 本の成木で共通とするか異なってよいとするか，4 つのパターンについての最尤推定値と，そのときの AIC の値である．結果として，散布も子供数も 2 本の成木で異なるというモデルが選択された．1 番目の成木の直径は 71.2 cm で 2 番目の 50.8 cm より大きく，見た目の枝張りもずっと広いので，よりたくさんの種子をより遠くまで飛ばしたというモデルの結果はうなづけるものである．また，散布カーネルを等しい $(\sigma_1 = \sigma_2)$ とする上から 3 番目のモデルは選択されなかったが，その最尤推定値を見ると，一番下の選択されたモデルとは逆に，2 番目の子供数のほうが多く推定されている．散布カーネルのパラメータも個々の成木ごとに異なるかもしれないというモデルを試していなかったら，2 本のどちらがよりたくさんの子供を残しているかについて，誤った推定をしていたのである．

このように，2 本の成木の枝が交叉してその下でそれぞれの実生が混じっ

[31] 本来，正規分布の確率密度関数に入っている $e^{-x^2/2\sigma^2}$ は，初等関数で表されないため計算が面倒なのだが，最近のソフトに使い慣れると，そうした数学的な問題を忘れてしまう．

表 7.4 図 7.1 の実生の空間分布データに対して，式 (7.20) を強度とする非定常ポアソン過程を適用したときの，4 つのパラメータの最尤推定値とそのときの AIC 値を，パラメータに対する制約に分け，共通としたパラメータは列を結合して表示した．

モデルの仮定	σ_1	σ_2	U_1	U_2	AIC
散布も種子生産も同じ	4.47		249.7		210.3
散布のみ異なる	5.00	3.78	258.8		205.8
種子生産のみ異なる	4.40		219.5	280.5	211.6
散布も種子生産も異なる	5.52	3.02	381.3	165.3	202.9

て生えている場合でも，それぞれの成木の子供数を推定できるのである．

2本の成木で，種子を飛ばした距離は2倍弱ほど格差があり，種子生産では2倍以上も違っている．こうした成木の間の格差は普遍的に見られる．とりわけ，たくさん成木がいても，実際に子供を残して森林の再生に貢献しているのはそのごく一部に過ぎない（論文 [7-4]〜[7-7]）．こうした実状はもっと精査されるべきである．今日，各地の様々な森林で実生や種子の調査が行われているのだが，成木が隣接していると，どの種子がそれの子供かわからないからと，データを精査しない場合が少なくない．そんな状況でも，モデリングを用いれば，成木ごとに生産力を最尤推定できるのである[32]．

7.11　非定常ポアソン過程の検定法

このモデルでどの程度実際の実生の分布を説明できているかの検定もしておきたい．これもシミュレーションが手っ取り早い．まず，選択された非定常ポアソン過程に従って生成された点分布の例を，以下のようにして100セットほど作る．

最初に，選択されたモデルの強度関数の最大値 λ_{max} を求める．これは厳密なものでなくてもよく，例えば 0.1 m の格子点をプロット A の中にとってその最大値を使う，くらいの近似でほぼ十分である[33]．次に，その密度の定常ポアソン過程の実現である点分布を A の中に作る．ランダムな点は一様乱数で x 座標と y 座標を決めれば簡単に作れるが[34]，密度 λ_{max} の面積 20×10 の中の定常ポアソン過程の実現なので，点の数は強度 $200 \times \lambda_{max}$ のポアソン分布に従う．そこで，まず強度 $200 \times \lambda_{max}$ のポアソン乱数を作り[35]，次にその数（N とする）だけ一様乱数を使って点分布 $\{x_1, x_2, \ldots, x_N\}$ を作る（図7.5(a)）．すべての $x_i (i = 1, 2, \ldots, N)$ における強度関数 $\lambda(x; \hat{\sigma}_1, \hat{\sigma}_2, \hat{U}_1, \hat{U}_2)$ の値を代入して求め，比 $\lambda(x_i)/\lambda_{max}$ を計算する．もういちど0と1の間の一様乱数を作り，$\lambda(x_i)/\lambda_{max}$ がその乱数値より大きかった点だけを残し，他は捨てる（図7.5(b)の×）[36]．残った点（図7.5(b)の●）は，非定常ポアソン過程の実現である点分布となる[37]．図7.5(b)を見ていると，母樹から遠い所に棄却された×が多く，うまくシミュレーションされている様子が伺える．この操作を100回繰り返し，点の空間分布というデータを100セット用意する．

次に，様々な領域 B での観察値が，シミュレーションで得られる個数とだいたい同じである（100回のシミュレーションで5%に満たない確率でしか起

[32] 6章でも言及したように，統計モデルを用いれば引き出せる情報を，統計モデルを知らないフィールドワーカーだけで調査チームを作ったために，フィールドデータを有効に使えず無駄にしている事例は少なくない．

[33] 選択されたモデルでは $\lambda_{max} = 3.84$ だった．

[34] ソフトに $(0, 1)$ の一様乱数しかない場合，それを20倍および10倍すればよい．

[35] いまの場合，強度が768と大きいので，ソフトによってはポアソン分布に従う乱数を作ってくれない（エラーが出る）かもしれない．というのも，ポアソン分布は階乗を含む式で定義される（7.15）．強度 λ が大きくなると，大きな整数 k の $k!$ がパソコンの容量を超す大きさ数になってエラーを出す．こうした場合，ポアソン分布は，その強度を平均，強度の平方根を標準偏差とする正規分布で近似できることが知られているので，それを利用して作成すれば問題は解消される．

[36] 「棄却法」という．

[37] 厳密な証明はしないが，直観的にも強度関数に比例した感じで点が残っているので納得できると思う．

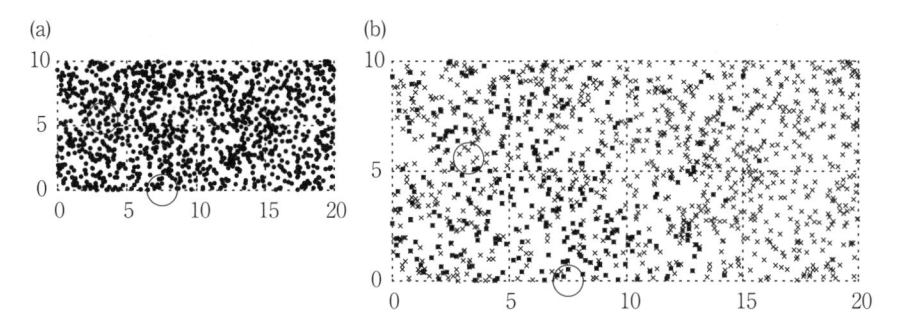

図 7.5 非定常ポアソン過程の実現である点分布のシミュレーションによる作成．(a) まず全体に定常ポアソン過程で点分布を作る．そこから，強度関数に比例した確率で点を棄却する（(b) の×たち）ことで，1 つの点分布（●たち）が実現される．大きい○は 2 本の成木．

こらなかったような個数でない）ことを確認する．領域 B は自由に設定してよいが，よくやられているのは，プロットの辺に沿って累積していくものである．いまの場合，$x = 1, 2, \ldots, 20$ について，$[0, x] \times [0, 10]$ の中の点の数を，シミュレーションで生成された 100 回の点分布について計算し，上から 2.5% の値と下から 2.5% の値を求める．実際の実生の $[0, x] \times [0, 10]$ での数が，これらの間に入っていれば，その非定常ポアソン過程で説明できたとみなせられる[38]．

図 7.6 はその結果である．念のため，$[0, x] \times [0, 10]$ の中の点の数と，$[x, 20] \times [0, 10]$ $(x = 20, 19, \ldots, 0)$ の中の，2 通りの検定を行ってみた．残念ながら当てはまりは完全ではない．

1 つの原因は，種子は枝や葉の多い所でたくさん実るはずだが，本章のモデルで用いた図 7.1 にある成木の位置は，木の幹の根元の位置で，それは枝が一方向に張り出している場合など，必ずしも種子の多く実る所の中心とは限らない．また，15°のゆるい斜面でも種子は下方に転がりやすいのかもしれない[39]．さらに，ネズミが固めて埋めたり，地形や土壌条件などにより発芽率がどこでも同じというわけではない，などの影響があるのだろう．そもそも実生の分布が母樹からの距離だけで決まっている，というモデルに，限界があるのは当然のことである．

[38] 初めて自分で乱数を作ってシミュレーションをやってみるときは Excel の =RAND() など，気軽に使えるソフトで乱数を作ってかまわないが，慣れてきたところで，[6–7] や [7–10] などにより乱数生成について学び直すつもりでいてほしい．

[39] 論文 [7–3] では木の位置や斜度について簡単な補正をしたモデリングを行ったが，当てはまりは完全にはなっていない．

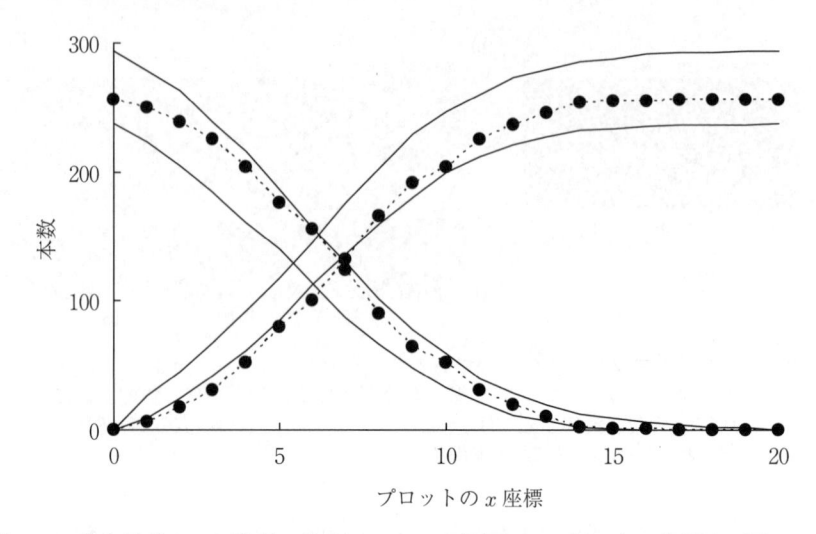

図 7.6 非定常ポアソン過程の検定．——●——で表されている 2 本の曲線は，図 7.1 のプロットの中の $[0,x] \times [0,10]$ の部分にあった実生の数（増加しているグラフ）と，$[x,20] \times [0,10]$ の部分にあった実生の数（減少しているグラフ）．点線は，選択された非定常ポアソン過程の元で作った 100 の空間点分布データセットについて同じ計算を行い，各 x でその上下 2.5% の値を結んだもの．$x < 8$ あたりでの実生数がモデルより少ない．$x = 20, 19, \ldots, 0$ と変化させたほう（減少しているグラフ）では当てはまりは良いが，これは 20 から累積させていったため，末端のほうで当てはまりが悪くても，そこまでの蓄積に吸収されているためである．

7.12 遺伝子情報を加えたモデリングも可能

最近では，野外の樹木についても簡単に遺伝子型情報を得られるようになった．一般に，植物の遺伝子型は，母親由来の遺伝子と父親（花粉親）由来の遺伝子の対から成る．ある遺伝子座に異なる a, b, c という遺伝子があったとする．ある成木の遺伝子型が aa というホモで，ある稚樹の遺伝子型が ab というヘテロだったら，この実生はこの成木の子供で，b という遺伝子は花粉親からもらったのかもしれない．ただし，「絶対にその成木の子供である」と断定はできない．他の成木の子供でもこの遺伝子型になる可能性はあるからである．一方，稚樹が bc というヘテロだったなら，それは「絶対にその成木の子供ではない」と断言できる．

aa と bb という 2 本の成木から ab という子供が生まれる確率は 100% だが，aa と ab なら 50%，ab と ac なら 25% と，成木の組み合わせによってその遺

伝子型の稚樹が生まれる確率（メンデル確率）も異なってくる．複数の遺伝子座を調べている場合，それらが独立と仮定してよいなら，こうした確率をすべての遺伝子座についてかけ合わせればよい（メンデルの独立の法則）[40]．

　こうした遺伝子情報も，容易にモデル (7.20) に組み込める．成木 j の遺伝子型から x_i にある稚樹の遺伝子型が得られる確率をかければよい．ただ，そこで花粉親の遺伝子情報も必要になり，どの成木を花粉親とするかもモデル化する必要がある．花粉も種子と同じく，風や動物によって運ばれるが，近くの木の花粉のほうが遠い木より多く集まりそうである（本章末のコラム参照）．つまり，散布カーネルとして，種子と花粉と 2 つ用意する必要がある．こうした状況を踏まえてモデル (7.20) を改良すれば，より正確に散布や種子生産を推定できる．

　図 7.1 のブナについてはこうしたデータが整備されていたので，遺伝子を用いたモデルに改良して最尤法を実行すると（論文 [7–3]），遺伝子データを加味したモデルでは，種子生産は 2 本の成木でほぼ同じ 214 と 213 になった．散布カーネルの差も 3.8 m と 4.5 m と，小さくなった．

　成木の根元にいるからといって必ずしもその子供とは限らない．実際の散布は目で見る分布より広いようである．こうした事例は他の調査地でも得られている（論文 [7–4], [7–5]）．空間分布情報だけから散布や種子生産を推定すると，誤った推定をもたらすのである[41]．

　もっとも，近年の遺伝子分析技術の進歩により，遺伝子型データはかなり容易に得られるようになっているので，遺伝子型も分析すれば，遺伝子を加味した点過程モデルにより，十分に正確な推定ができる．特に，マイクロサテライトと呼ばれる遺伝子データ[42]は多数の異なる遺伝子を持つため，1 本の稚樹の両親の候補を一対に絞り込めたりできる（論文 [7–5]〜[7–8]）．ただし，いくら遺伝子型に矛盾のない成木の対が 1 組しかなくても，その 2 本の成木が両親であると断言はできない．はるか遠くに同じような遺伝子型を持つ成木がいて，そこから花粉や種子が運ばれた可能性を否定できないからである．必然的にモデリングによって最尤推定することになる[43]．

　成木の数が多くなると，最尤法で何 100 本もの生産力を同時に計算することは難しくなる（モデルの構造にもよるが，市販のソフトについているコマンドで適切に最大化できるパラメータは 5 つくらいと思われる）．そのような場合，ベイズモデルに改良することで，多数の成木があってもより良い精度で対処できるようになる（論文 [7–7]〜[7–8]）．

40) 調べた遺伝子座の中の遺伝子の種類が多いほど，調べる遺伝子座の数が多いほど，ある子供の親の候補は絞られ，モデルによる推定値の精度は上昇する．

41) さきほど，種子や実生のデータがあるのに，個々の成木の生産力すら統計モデルで推定しない研究を糾弾したばかりだが，本章のモデリングにより最尤推定値を求めても，何もしないよりはマシ，という程度ということである．

42) これはゲノムの中で特に機能を有さない部分で，家系構造を観る目的に適している．機能がないだけに，"遺伝子データ" と呼ぶのに抵抗を覚える人もいる．機能を持つ遺伝子を調べるための目印として利用されるので，遺伝マーカーという呼び方もある．

43) 野外の生き物から遺伝子データを収集し，その情報も用いて野生生物について考えていく研究については，[5–5], [7–9] などを参照．

コラム 5

樹木の花粉の動きを統計モデルで知る

　見渡す限りスギの林など確認できない都会にもスギ花粉は飛んで来る．樹木の花粉は，とても遠い所まで散布されるのだが，花粉はごく小さいため，フツーの人の目には見えない．そのため，自然の森で，花粉がどのように散布されているかは，長い間，謎だった．

　1990年頃，マイクロサテライトという個体間で非常に変異の大きい遺伝マーカーのデータが得やすくなり，ようやく，自然の森の中での花粉散布パターンがわかるようになってきた．森の中で，成木の葉と実っている種子を採取し，成木と種子の遺伝子型を調べる．その遺伝子型情報を頼りに，父親（花粉親）探しを行うのだ．種子の場合，母親は採取した木（母樹）なので，周囲の成木の中から，その遺伝子型が母親および子供（種子）と矛盾しないものを選ぶことで，花粉親が特定される．90年代後半，世界各地の様々な樹木でこうした研究が行われ，森林内の花粉の動きが可視化されるようになった（図7B参照）．

写真 7A ヤチダモの種子．

　そうした状況の中，自分でもそんな花粉の動き，とりわけ，当時から研究対象にしていたヤチダモという樹木の花粉の動きをぜひ見たいと思った．そこで，北海道・富良野にある東京大学演習林内の岩魚沢保存林に 10.5 ha（300×350 m）の調査プロットを設置し，プロット内の直径 5 cm 以上のヤチダモをくまなく調べて個体位置を特定した．ちなみに，ヤチダモとは，家具やフローリングの材料で「タモ材」というものがあるが，その「タモ」である．生物学的にみると，ヤチダモは雌雄異

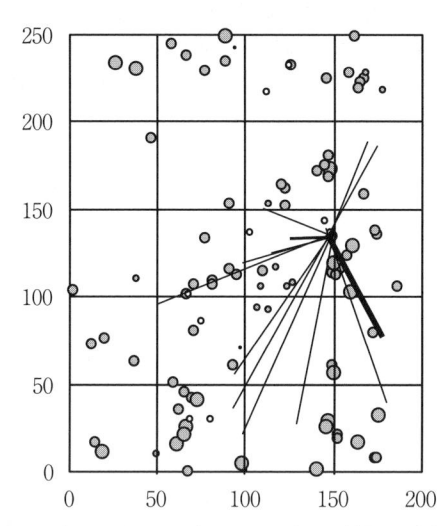

図 7B 北海道富良野の森における，1 本のメスの木から採取した種子の花粉親と母樹を線で結んでヤチダモの花粉散布を視覚化した例．線の太さはそのオスの木を花粉親とする種子の数に比例して太く表示した．

株であり，オスの木とメスの木がある．

　本書の 1.2 節にも書かれているように，双眼鏡を用いて各個体の開花の有無を確認し，開花個体についてはオスとメスの区別を行った．開花個体から 12 m のカマ付の竿（2 章にある木の高さを測るための竿の先に小型のカマを付けて葉や実を採取する道具に改良したもの）を用いて，全部で 150 本（メス 74 本，オス 76 本）の成木から葉を採取するとともに，プロット中央部のメス 4 個体からそれぞれ 50 個（合計 200 個）の種子（写真 7A）を採取した．なお論文などでは，このようにこともなげに「採取した」と書くのだが，下枝が少なく背が高いヤチダモでは，生きた枝が高いところにしか付いていなかった．実際のところ，このサンプリング作業は大変な仕事で，演習林の技術職員のテクニックと尽力のおかげで，どうにかこうにか達成することができた．

　採取した葉や種子のサンプルから DNA を抽出し，森林総合研究所の共同研究者の力も借りて，これらのマイクロサテライト遺伝子型を決定した．すると，200 個の種子の約半分は，花粉親候補がプロット内に見つかった．プロット内の 1 本に特定された花粉親と母樹を地図上の線で結ぶと，念願のヤチダモの花粉の動きが目に見えるようになった（図 7B）．この結果，すぐ横のオスの木からごっそりと花粉が飛んで来ている一方，けっこう遠くからも花粉は来ているものだ，ということが分かった．残りの半数の種子は，300 m 四方を越すプロットの中に花粉親候補がおらず，ずいぶん遠くから花粉が飛んできている様子が確認できた．

　分析した後で現地へ赴き，「こんな遠くに位置しているこの木とこの木が交配し

ていたのか」と確認したときは大いに感動した．ところが，この感動を人に伝えるのは実に難しいという事に徐々に気づくことになる．「富良野のヤチダモでは，この木とこの木が交配してた！」と声高に叫んだところで，他人にとっては「ふーん，そうなんだ」で終わってしまう．これは，考えてみれば，ごく自然な反応だった．

　また，ある種子の花粉親候補を遺伝情報からプロット内の 1 本に絞り込んだとしても，花粉親候補はあくまで候補であって，「花粉親である確率が高い個体」だとしか言えない．

　さらに，よく考えてみると，どの木とどの木が交配しているという個別事情（?）は，例えば，「特別天然記念物に指定されているある個体を保全したい」，といった特別な場合以外，ほとんど必要なさそうである．森林の管理や保全を行う目的では，「平均的な花粉散布距離」や「交配が可能な範囲」といった指標のほうが，保全対象範囲の設定や，伐採するか保残するかの選木方針（5 章参照）を決める局面において，個別事情よりはよほど重要に思える．実際，遺伝マーカーをたくさん用いて丹念に花粉親候補を 1 個体に特定した論文でも，内容をよく読んでみると，種子と花粉親の 1 対 1 の関係については詳しく論じられていないことが多く，花粉散布距離の平均値や散布パターンなどの議論に多くのスペースが割かれている．ところで，花粉親をきっちり特定しなくても，こうした情報を「花粉散布モデル」なるもので推定できる（らしい）という噂（?）は以前から聞いていた．花粉散布モデルでは，観察された遺伝子型データが生じる確率が最も高くなるようにモデルのパラメータ（すなわち，知りたい情報）を推定する（らしい）．そこで，そのようなモデリングを実践していた本書の著者と「共同研究」を始めることにした．今思い返すと，当時は，モデル，パラメータ，最尤推定，散布カーネルなど，アイデアの根本となる概念のほとんどを理解していなかった．こんな状態で，よく共同研究を始められたものだ，と我ながら感心してしまう．

　何はともあれ，共同研究（らしきもの）がスタートした．実際に，ヤチダモのデータをそれまで提唱されていた花粉散布モデルに適用する．しばらくすると，パソコンは答えを返してくれる．しかし，その答えを手にしても，どうも腑に落ちない．以前からこの業界では，花粉散布カーネルは正規分布ではなく，0 に近い距離からの散布も多いが遠くへも散布される「裾野の厚い分布」，例えばベキ指数分布や t 分布を用いるべしというのが定説になりつつあった．そこで，これらの分布をヤチダモのデータに適用した．ところが，パソコンでソフトを走らせ計算させると，毎回のように返す値が違っていたり，いつまでも計算を続けて収束しなかったりする．ディスカッションの結果，まずは，旧来と異なる散布カーネルを使おうという着想に至り，近距離と長距離の 2 成分からなる混合正規分布（3 章参照）を採用することにした．混合正規分布は，裾野の厚い分布からそうでないものまで柔軟に散布パターンを表現でき，かつ，旧来の散布カーネルと比べると，パラメータの推定値も比較的安定していた．

この研究でもう1つ肝となったポイントは，これまでの研究では「これらの種子の花粉親はプロット外」としか使われなかったデータも活用して花粉散布カーネルを推定する手法の提唱である．既存の研究においては，花粉散布距離の平均値は，「調査プロット内に花粉親がみつかった種たちの平均花粉散布距離は 17 m」と推定され，プロットの大きさを超す距離の花粉散布については，「プロット外からの花粉散布が 51 %」などと記述していたのである．だから，種子を採取した母樹からプロットの端までの最短距離が 100 m なら，100 m 以上離れた個体から散布される花粉が何%なのかはわかるが，200 m 以上，あるいは 500 m 以上の花粉散布がどれくらいあるかについては，想像することさえできなかった．

　かといって，調査プロットを広げると花粉親候補となる成木の数が増え，調査にかかる労力が増す．例えば，5 ha (250×200 m) のプロットを 50 m ずつ拡大すると，何と，倍以上の面積である 10.5 ha (350×300 m) になってしまい，調べる木の数も倍増する（これは，このヤチダモの調査プロットの設定で実際に経験したことです）．そして，花粉が数 100 m 散布されているなら，50 m 拡大したところでプロット内に花粉親候補が特定される種子はそれほど増えないという，結構ショッキングな事実が存在する．

　ところで，散布カーネルとは，それに従って花粉が散布される距離についての関数で，当然，距離は 0 から無限大までを想定でき，プロットの大きさで切られるという代物ではない．だから，花粉散布カーネルを推定するには，プロット内に花粉親候補のいた種子だけでなく，プロット外にしか親候補のいない種子も用いるほうが自然である．数学としては，母樹を中心におく 2 次元の散布カーネル関数をプロット内で積分した値がプロット内の割合に相当すると考えられるので，「プロットの外のどこかから散布された」は，基本的には 1 からこれを引いた割合と考え，プロット外の遺伝子型分布などにも仮定を置いて定式化した（詳細は論文 [7-6] 参照）．

　このようなモデリングで散布カーネルのパラメータを最尤推定したところ，ヤチダモの花粉散布距離の平均値は 192 m，母樹から約 500 m の範囲のオスから 95%以上の花粉を受け取っていることが示された（図 7C）．ちなみに，プロット内に花粉親候補がいた種子の情報だけから計算すると，花粉散布距離の平均値は 57m となり，まるで違った値が算出されるのである．

　統計モデルを用いた樹木の花粉散布の共同研究にまつわる体験を書きつづってきたが，この共同研究の醍醐味は，まるで分野の異なる専門家（だと思っていた人たち）が，森というフィールド，遺伝子分析を実践するラボ，統計数理という思考世界，といった異空間を，各自の持ち場を少し離れて少し自由に行き来するようになった，ということに帰着するように思える．

　筆者についていえば，共同研究を始めた当初は，目の前で計算が進むのを傍観し

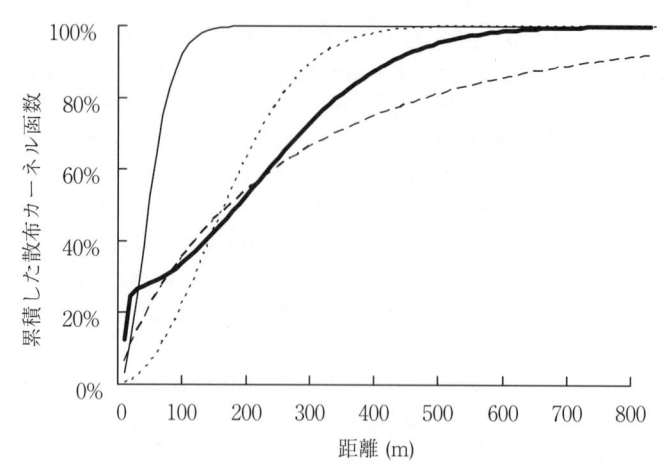

図 7C ヤチダモの花粉散布カーネルを，その累積分布関数のグラフ（$f(r)$ を散布カーネルとするとき，$F(r) = \int_0^r f(t) 2\pi t dt$ で定められる関数 $F(r)$）で表した．太線のグラフは，AIC で選択された混合正規分布．他の曲線は，最尤推定された他の散布カーネル．混合正規分布は，最初の 20 m で約 25%を占めるが，その後はゆっくりと増加し，500 m に達してもまだ 95%で，残りの 5%はそれ以上の遠距離散布であると推定された．

ているだけだったが，いつの間にやら，自分で数式（らしきもの?）を立て，最尤法なんぞも多少は実行できるようになっていた．また，最初は論文 [7-6] の中の数式を含む統計解析のパートは本書の著者にまかせっきりだったのだが，最近では詳しい人に色々と聞きながらも，多少は自分で書くようになった．

こうした活動は，別な贈り物も授けてくれた．それは，他の人が書いた数式を含む論文を批判的に読解するようになれた事である．以前は，読んでいる論文の中で，$\sum$ が 2 つ以上出てくる数式が出てくるとお手上げで，「ここは無理・・・」とスルーしていた．それが今では，そうした特殊な (?) 記号を含む数式が出てきても，あまりビックリしなくなった．

必要なのは，「何ができる」ではなく，「何をしたいか」．共同研究の成否は，案外，個人の初期状態には依存せず，強い動機と自由な発想にかかっているのではないだろうか．

後藤 晋（東京大学大学院農学生命科学研究科）

8 データの特性を映す確率分布
——飛ぶ鳥の気持ちを知りたい

　1章から繰り返し強調してきたように，統計モデルではデータはある確率分布に従う確率変数の実現値とみなす．だから，確率分布はモデリングの要である．統計学の教科書によっては，いろいろな確率分布を一覧表にまとめていたりするが，どの確率分布をなぜ使うのかの判断と理解に苦しんだ経験を持つ人は多いに違いない．この章では，最近提唱されたばかりの確率分布を，最近収集できるようになったばかりのデータに適用し，確率分布の中に潜むアイデアを，"フィールドデータに映して観る"という試みに挑む．そんな中から，確率分布に悩まされのでなく，積極的にその特性を生かしていこうという姿勢に転じるきっかけをつかんでほしい．なお，本章で扱うのは，角度のデータである．角度のデータに対しては，実数上の確率分布とは異なる統計学が必要になる．

大空を舞うタンチョウ．

8.1 角度のデータをどう扱うか

3章では，ペンギンの進行方向の変化（角速度）という角度のデータを扱った．角度を $-180°$ から $180°$ の間で表すと，$-180°$ と $180°$ は同じ角度である．したがって，角度の関数 $f(\theta)$ は，$\theta = -180$ と 180 で滑らかにつながっていないといけない．角度が確率変数なら，その確率密度関数も -180 と 180 で滑らかにつながっている必要がある．正規分布を $-180° \leq \theta < 180°$（数学では通常角度はラジアンで表すから $-\pi \leq \theta < \pi$）で切った関数は，明らかにこの条件を満たしていない．そもそも正規分布の密度関数は $-\infty$ から $+\infty$ まで積分すると 1 になるもので，角度の範囲である $-\pi$ から π まで積分しても 1 にならない．

ただ，3章のときのように分散が小さい場合だと，両端での値はほとんど 0 になり傾きも 0 に近いから，図 3.8 や図 3.9 では特に違和感はなかったろうし，実際，図 8.1(a) のように $-\pi \leq \theta < \pi$ の関数にしてグラフを描いても，両端で滑らかにつながっているように見える．しかし，厳密には正しくないし[1]，分散が大きいと（図 8.1(b)），両端で滑らかにつながっていない欠陥が如実に現れる．それは，角度の関数なら $0 \leq \theta < 2\pi$ や $-\pi/2 \leq \theta < 3\pi/2$ でグラフを描いてもかまわないので，不連続点が内側に来るようにすると如実に見て取れる（図 8.1(c)）．

なので，例えば図 8.2 の上にあるような角度分布データが与えられたとすると，正規分布モデルを適用するのは明らかに不適切である[2]．

[1] そもそも積分が 1 にならない．

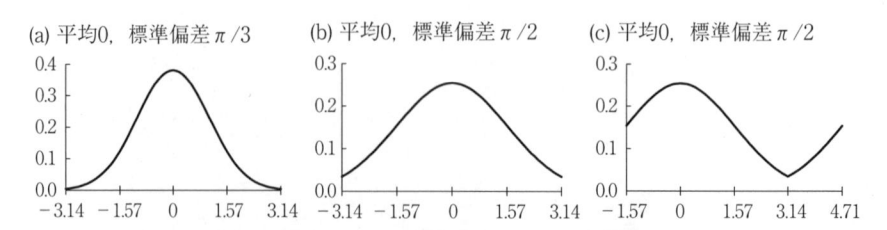

[2] 角度データは空間データを扱っている人くらいしか必要としないと思うかもしれない．しかし，その特徴は最初と最後がくっつく点にある．例えば，時刻も 24 時と 0 時は同一である．カレンダーでは，12 月の次は 1 月に戻る．だから，時刻データや月ごとに集計されたデータなども，角度データと同じ取扱いとなる．思いのほか応用範囲の広いのが，角度データである．

(a) 平均0，標準偏差 $\pi/3$

(b) 平均0，標準偏差 $\pi/2$

(c) 平均0，標準偏差 $\pi/2$

図 8.1 正規分布の確率密度関数 $f(\theta)$ を角度データに援用したときのグラフ．(a) と (b) では角度を $-\pi \leq \theta < \pi$ で表し，(c) では $-\pi/2 \leq \theta < 3\pi/2$ で表した．$\theta = \pm\pi$ での不連続性がはっきり見て取れる．

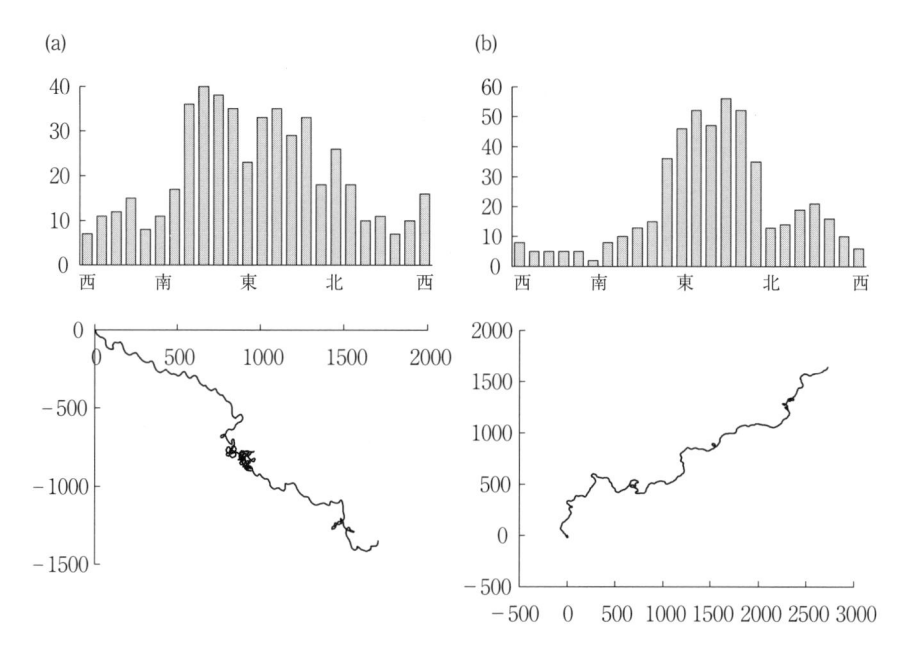

図 8.2 上の 2 つのヒストグラムは，ある海鳥が飛翔中の毎秒毎秒に進んでいた方向の分布の例で，図 8.3 の中で丸で囲まれた a と b の部分．それぞれの部分の軌跡の拡大図を，始点が原点に来るようにして下側に示した．x-y 軸の単位はメートル．

8.2 水鳥が飛んだ軌跡

　図 8.2 のデータは，三貫島という三陸の無人島に営巣しているオオミズナギドリ[3]という海鳥が，2007 年 9 月 22 日に飛んだ軌跡（図 8.3）を元にしている．3 章で動物装着型データロガーを紹介したが，その中に GPS ロガーがある．これを鳥に付けると，地球のどこを飛んでいたか，GPS が測り続けてくれる．測位間隔は短くすると 1 秒や 0.5 秒から可能である[4]．一般に GPS の測位には 20 m 程度の誤差を伴うが，設定を連続モードにすると，常時衛星を追いかけているため相対的な測位誤差は小さくなり，誤りがあっても補正しやすく，位置情報はかなり正確になる．

　なお，GPS データは緯度経度で記録されるが，そのままだと速さや進んだ方向の計算に不便なので，メートル単位の x-y 座標系に落としてから用いた[5]．

　かつては，海上へ飛び立つ鳥を見届けると，人間はその後の追跡をあきら

[3] この鳥は地面にトンネルを掘って営巣し，一般に，オスとメスが交代で餌探しの旅に出かけ，残ったほうは巣の番をする．

[4] ただし 1 日くらいでバッテリーが切れる．

[5] 地球は丸いので，この操作は厳密には無理だが，数十 km の範囲ならほぼ平面とみなした近似が可能である（UTM 座標と呼ばれる）．ここでは，Ethographer という，http://bre.soc.i.kyoto-u.ac.jp/bls/index.php?Ethographer からダウンロードできる無料ソフトで計算した．なお，Ethographer は Igor という有料ソフト（WaveMetrics 社）を使える環境にいないと使えない．

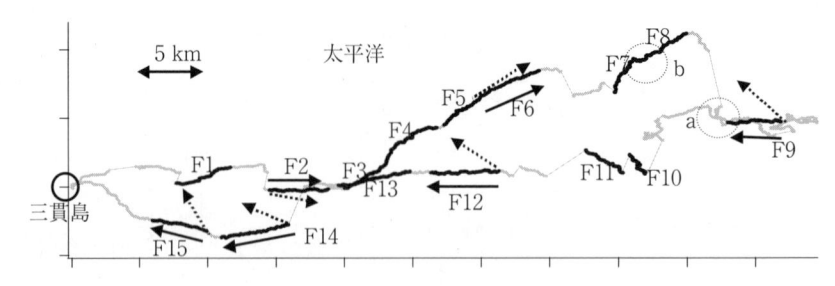

図 8.3 あるオオミズナギドリが，1日に太平洋沖を周遊してきた軌跡の例．見た目にまっすぐ飛んでいるように見える部分を選んで F1 から F15 とラベルを付けた．その中でもとりわけまっすぐ飛んだように見える6つに矢印を付け，確率分布のモデルを適用した．図 8.2 では，丸で囲んだ a と b のあたりの 500 秒間における軌跡と，毎秒毎秒進んでいた方向の分布を示していた．点線はカトウ–ジョーンズの分布（8.6 節参照）を適用したときのパラメータ ν（ギリシャ文字の「ニュー」）の最尤推定値で，8.8 節では，鳥が元々飛ぼうと企てた方向と解釈している．

6) 釧路の沖には日本海の粟島や伊豆沖の御蔵島のオオミズナギドリも来ていた．[8–2] 参照．

7) 着水しても潮に流されたり，海鳥自身も泳いだりするので，速度が0になるわけではない．また，海面をジャンプ (?) したり走ったり (?) していると思われる時もあり，きれいに飛翔と着水に2分されるわけではない．本章では直線的に飛んでいる部分を抽出したかっただけなので，こんなやり方でも十分だった．

8) 着水中は海流に流されるのだろう．着水と判断した部分の GPS 測位点の軌跡は，図 8.3 のようなスケールではほとんど直線的になる（細かく見るとジグザグがある）．それで，図 8.3 では着水中の GPS 測位点は削除し，2つの飛翔の終点と始点を結んだ．それでも，見た目のイメージは元の図とほとんど変わらない．

めざるをえなかった．海鳥の研究をしている人が，海鳥が生活の多くを過ごす海の上で実際のところどのような行動をとっているのか，皮肉なことによく知らなかったのである．もちろん，船からの目撃情報から餌場の位置を推定するなど，人間という海上を飛ぶことのできない動物にもできる様々な方法で，海鳥の事を知ろうとしてきた．しかし，例えば三貫島の，いま，自分の目の前にいるこの鳥がどこへ行っているのかを知る術はなかった．小型の GPS ロガーが開発され，ようやく1個体1個体，太平洋のどこをどう飛んでいたかという情報を得られるようになった．三貫島からは，3～4日かけて北海道の釧路の沖まで摂餌に行ったり，1日で三陸沖から帰ってくる短い旅行など，いくつかのパターンが見られる[6]．図 8.3 は1日で戻ってきた個体の旅の軌跡である．

GPS データから速さを算出すると，秒速 8～10 m を超す速さが連続するところと 1～2 m 以下が連続するところに分かれる．前者は飛翔中，後者は海面で休憩あるいは摂餌中であろう．そこで，前後合わせて5秒間の速さが 3.7 m/s より上か下かで，まず荒っぽく軌跡を飛翔と着水に分けた[7]．

GPS の記録は全部で 15 万点もあり，全部プロットすると大変なので，飛翔だけを選び，着水中は前の飛翔の最後の点と次の飛翔の最初の点を直線で結んで簡略化したのが図 8.3 である[8]．

8.3 同じように飛んでいるように見えるけど···

図 8.3 の中にある a と b の丸で囲んだ中の 500 秒間の部分を拡大したのが図 8.2 の下側にある軌跡で，この軌跡の毎秒毎秒の進行方向の分布を示したのが図 8.2 の上にあるヒストグラムである．

(a) の飛翔は全体としては南東に進んでいるので南東向きが多いが，しばしばそうでない方向を向いて飛んだりくるくる旋回する場面が入っており，毎秒毎秒の進行方向は全方向に分布している．(b) のようにだいたい北東に進んでいると，北東向きの時間が多くなるが，ときおり，そうでない方向にも飛んでいる．

ただ，これらは図 8.3 やその拡大図（図 8.2 の下側）を見ていれば，自然に予想のつく話である．

そこで今度は，図 8.3 を見た感じではまっすぐに飛んでいるように見える 500 秒の部分を抜き出し，F1 から F15 までの番号を付け，その部分を比べてみる．F1 から F6 までは，餌場である太平洋の沖へ向かっていく飛翔である．F7 あたりから F11 あたりまでは，きっと餌場の中なのだろう．ジグザグや旋回が目立つ[9]．そんな中にも F9 のような直線的な飛翔が混じっている．しばらく探索していた餌場を去ることに決め，餌場から餌場への移動であろうか．最後の F12 から F15 までは三貫島を目指しての帰り道に見える．

これらの飛翔の中には，本当にまっすぐ飛んでいる感じのもの (F2, 6, 9, 12, 14, 15) と，結果的にまっすぐ飛んではいるが，よく見ると時折あらぬ方向へ進んでいるような軌跡がある．本当にまっすぐに見える 6 つの飛翔は，拡大してみても同じような軌跡に見える（F6 と F12 の拡大図が図 8.4(a)）．強いて言うなら，F12 のほうが直線上から逸脱している時間が若干長そうという感じだろうか．

ところが，1 秒ごとにどっちへ進んだかを計算し，その分布を描いてみると，見た目では軌跡の特徴を十分に把握していなかったことに気づく（図 8.4(b)）[10]．ピーク付近への集中の仕方は，F6 のほうが F12 より鋭い．さらに，F6 はピークについて左右対称に見えるが，F12 は対称には見えず，左のほうが裾野が厚いという違いである．この違いは，軌跡を目で見ていても，おそらく気づくものではない[11]．

そこで，3 章と同じように，まず飛翔を AIC によるモデル選択で定性的に分類し，選択されたモデルに基づいて定量的に飛翔パターンを評価し，そこ

[9] 図 8.3 ではわかりにくいが，短い飛翔と短い着水が連続する部分も多い．

[10] 図 8.4(b) では，それぞれ主に進んだ方向（最も頻度の高い所をモード（**最頻値**）(mode) という）が真ん中にくるように水平軸を設定した．

[11] 他の飛翔についての方向分布のヒストグラムは，後の図 8.9 の中に折れ線グラフで示してある．

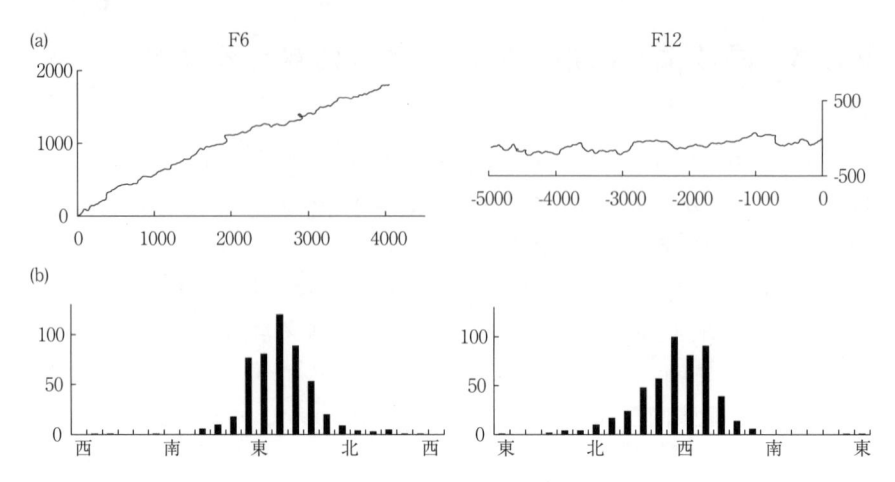

図 8.4 図 8.3 の中の F6 と F12 の軌跡の拡大図 (a) と，毎秒毎秒進んでいた方向の分布 (b)．それぞれだいたいグラフの中心に分布のモードが来るよう，横軸を設定した．x-y 軸の単位はメートル．

に生物学的解釈を与えてみたい．

8.4 確率分布への我儘な要望

3.3 節で言及したように，角度のデータでは，平均や分散といった基本的な統計量からしてそのままでは計算ができない[12]．角度データにおいても平均や分散に相当する統計量は知られているが[13]，本書では最初から統計モデルを扱うことにする．

まず必要なのが確率分布である．確率分布には，

1. 実際のデータによく当てはまる．特に，パラメータが少ないわりに多様な形状に対応できる．
2. 手元のパソコンで最尤法を実行して最適なパラメータをみつけられるくらいに，単純な数式で書けている．
3. パラメータの最尤推定値が現象に対する解釈や定量的評価につながる．

といった要望がある．逆に，パラメータが多く手元のパソコンでは最尤法を実行しにくい上に，異なるパラメータでも同じような形状になり，それでいて案外と多様な形状に対応できない分布は最低である．いくら当てはまって

[12] 中央値も同様である．データ (0°, 90°, 180°) の中央値は 90° に見えるが (−180°, 0°, 90°) と表現すると 0° が中央値に見える．

[13] 文献 [8–3], [8–4] 参照．

も，現象に対する解釈につながらないのでは，当てはめた恩恵も薄くなる．

　角度の確率分布の密度関数 $f(\theta)$ は，$-\pi \leq \theta < \pi$ で定義され，$f(\theta) \geq 0$ と $\int_{-\pi}^{\pi} f(\theta)d\theta = 1$ を満たし，$f(-\pi)$ と $f(\pi)$ は滑らかにつながっていてほしい．滑らかさは，$f(\theta) = f(\theta + 2\pi)$ を満たす周期関数を用いれば自動的に満たされる．周期関数なら三角関数を用いれば簡単に作ることができる．ただし，上の3つの条件を満たすものとなると，話は別である．

8.5 対称な確率分布

　7章までで取り上げた確率分布には，正規分布やポアソン分布など，指数関数を含むものが目立つ．それで角度の確率分布も指数関数の肩に周期関数を乗せて，$e^{\kappa \cos(\theta - \mu)}$ の形で作ってみたい．積分を1にするにはこの関数を $-\pi$ から π まで積分した値で割ればよい．e の肩に三角関数が入ると，一般にその不定積分は初等関数では書けないが，いまの場合，定積分の値なら，0次の変形ベッセル関数（通常 $I_0(x)$ と表記される）という特殊関数[14]を用いて表すことができる．このような一般に馴染みの薄い特殊関数も，最近のソフトには組み込まれていて，指定されたコマンドをタイプするだけで計算値を出してくれる[15]．こうして，以下の分布が定義される．

[**フォン・ミーゼス分布** (von Mises distribution)]

$$f(\theta; \mu, \kappa) = \exp(\kappa \cos(\theta - \mu))/2\pi I_0(\kappa) \qquad (\kappa > 0)^{[16]} \qquad (8.1)$$

　図8.5(a)に，いくつかのパラメータ値におけるこの確率密度関数のグラフの概形を示した．分布は μ について対称になっており，分布データがフォン・ミーゼス分布によく当てはまっているなら，μ が平均や中央値に対応する．もう1つのパラメータ κ が大きくなると，分布は μ の周りに強く集中する．つまり，κ は分散に対応する[17]．

　次の確率分布もよく使われている．

[**巻き込みコーシー分布** (wrapped Cauchy distribution)]

$$f(\theta; \mu, \rho) = (1 - \rho^2)/\{2\pi(1 + \rho^2 - 2\rho\cos(\theta - \mu))\} \qquad (0 < \rho < 1)^{[18]} \qquad (8.2)$$

[14] 本書では，この特殊関数の定義や性質を知っている必要はない．

[15] Excel では
=BesselI(,0)
で計算値が返ってくる．

[16] κ はギリシア文字の「カッパ」

[17] κ が大きいほど集中するので分散としては小さくなる．つまり，散らばり具合の大小表現は逆になっている．

[18] ρ はギリシア文字の「ロー」

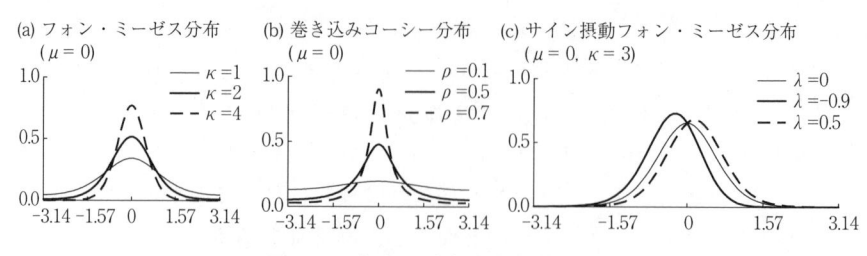

図 8.5 角度の確率密度関数の例.

図 8.5(b) にいくつかの例を表示する．μ が分布の平均に対応し，ρ が大きいと μ の周りへの集中度が大きくなるから，フォン・ミーゼス分布の κ と同じような意味で ρ は分散に対応する．

なお，この分布は，実数上のコーシー分布（確率密度関数は $g(y) = 1/\pi \cdot a/\{a^2 + (y-\mu)^2\}$，図 4.2 で用いたコーシー分布は $a = 1$ の場合）から

$$f(\theta) = \sum_{k=-\infty}^{\infty} g(\theta + 2\pi k) \tag{8.3}$$

というふうに，2π の周期で足し合わせる，つまり直線状の分布を円周に巻きつけて（ラッピングして）作られたものである．右辺の形から周期性は明らかである．また，積分すると

$$\int_{-\pi}^{\pi} f(\theta)d\theta = \sum_{k=-\infty}^{\infty} \int g(\theta + 2\pi k)d\theta = \int_{-\infty}^{\infty} g(\theta)d\theta = 1 \tag{8.4}$$

となるので，確率密度関数の条件を満たしている[19]．

[19] 式 (8.3) の無限級数が (8.2) という単純な関数に収束する証明は [8-3] などを参照.

図 4.2 から伺えるように，コーシー分布のほうが正規分布より，中央での尖り方が鋭く，かつ中央から離れた所でやや大きな値を取る（裾野が広い）．同様なことは，指数関数を用いていて正規分布に似ているフォン・ミーゼス分布と，巻き込みコーシー分布についても言える（図 8.5(a), (b)）．したがって，両者を合わせれば，裾野の厚い分布から薄い分布まで，幅広い対称な分布をカバーできる．(8.1) や (8.2) 式の中で使われる函数は，普通のパソコンの計算ソフトに入っているコマンドで対応できるものばかりである．パラメータ μ は平均，κ と ρ は分散と同じような定量的評価を，角度のデータに対して与えてくれる．

こうして，対称な分布については，3 つの我儘な条件を満たす分布が，ひとまず得られた．

8.6 非対称な確率分布を作る

実際の角度のデータの分布は，図 8.2 や図 8.4 に見られるように非対称なものも多い．非対称な確率分布も，近年になっていろいろ提唱されているが，8.4 節にある 3 つの条件をすべて満たすものとなると，容易には作れない．

数式の形が最も単純なのは，以下の確率分布であろう．

［アベ–ピューシーのサイン摂動分布 (Abe–Pewsey's sine-skewed distribution)[20]］

$$f(\theta; \Theta) = g(\theta; \Theta)(1 + \lambda \sin \theta) \tag{8.5}$$

$g(\theta; \Theta)$ は 0 について対称な任意の確率分布，Θ はその中のパラメータ，$-1 \leq \lambda \leq 1$[21]．

$g(\theta; \Theta)$ がフォン・ミーゼス分布ならサイン摂動フォン・ミーゼス分布（Θ は κ），巻き込みコーシー分布ならサイン摂動巻き込みコーシー分布（Θ は ρ）となる．θ を $\theta - \mu$ に変換することで，任意の角を中心とする対称な分布を摂動させた分布にできる．

確率密度関数の条件のうち，周期性は明らかである．$-\pi$ から π まで積分したら 1 になるかは，

$$\int_{-\pi}^{\pi} g(\theta)(1 + \lambda \sin \theta) d\theta = \int_{-\pi}^{\pi} g(\theta) d\theta + \lambda \int_{-\pi}^{\pi} g(\theta) \sin \theta d\theta$$

の第 1 項は確率密度関数の積分なので 1 になる．第 2 項は $g(\theta)$ が偶関数[22]，$\sin \theta$ が奇関数なのでそれらの積は奇関数になり積分は 0 になる．したがって，積分したら 1 になるという条件を満たすことがわかる．

この確率密度関数の形状は，図 8.5(c) のように，λ が正なら λ の大きさに応じて右に歪んだ分布，負なら左に歪んだ分布となる．θ を $\theta - \mu$ と変換すれば，任意の角度で対称だった分布を歪めた分布が得られる．

あっけないほど簡単に非対称な分布が作られているので，確率分布を作る作業は簡単だ，と思われるかもしれないが，それは (8.5) という具体的な関数形を見た後だから言えることである．非対称な分布を構成するために，様々な工夫が考案された．そんな中，こんなふうに単純に三角関数をかけるだけで作ることができる事を示したのがアベさんとピューシーさんのアイデアであり独創性である．最初に発見する難しさと喜びと意義を感じさせてくれる．

[20] この確率分布が公表された論文 [8–5] は 2011 年のものである．

[21] λ はギリシア文字の「ラムダ」

[22] $g(\theta) = g(-\theta)$ を満たす関数を**偶関数** (even function) という．

アベ–ピューシーのサイン摂動分布 (8.5) は，確率分布に対する3つの要望のうち，明らかに2つ目の条件を満たすし，任意の対称な分布を利用できるので，1つ目の条件も満たすと期待できる．3番目については，元々対称だった分布が何らかの影響で歪められ，λ はその歪める力の定量的評価といった解釈になる．

次の分布は，式 (8.5) と比べてずいぶん複雑で，その分，使い勝手も悪そうに見えるが，必ずしもそういうわけではない．

[**カトウ–ジョーンズ分布** (Kato–Jones distribution)]

$$f(\theta; \nu, r, \kappa, \mu) = \frac{1-r^2}{2\pi I_0(\kappa)} \cdot \exp\left(\frac{\kappa\{\xi\cos(\theta-\eta) - 2r\cos\nu\}}{1+r^2-2r\cos(\theta-(\mu+\nu))}\right) \cdot \frac{1}{1+r^2-2r\cos(\theta-(\mu+\nu))} \quad (8.6)$$

($\xi = \sqrt{r^4 + 2r^2\cos(2\nu) + 1}, \eta = \mu + \tan^{-1}(r^2\sin(2\nu)/(r^2\cos(2\nu)+1))$[23]，$-\pi \le \mu, \nu < \pi, \kappa > 0, 0 \le r < 1$)[24]

$O > \tan^{-1}(y/x) > -\pi$

この分布には，作った原理がある[25]．まず，$\mu = 0$ のフォン・ミーゼス分布に従う確率変数 X を考える．これを以下の式 (8.7) で変換[26]した確率変数 Y の従う分布としてカトウ–ジョーンズ分布は定義され，(8.6) 式はそれを確率密度関数の形で書き下したものである．

$$Y = \mu + \nu + 2\tan^{-1}\left(\frac{1-r}{1+r}\tan(\frac{X-\nu}{2})\right) \quad (8.7)$$

変換 (8.7) は，図 8.6 のように角度を $\mu + \nu$ に集中させる変換である[27]．最後に μ を加える操作をしなければ ($\mu = 0$)，ν に集中させる変換である．その場合，元々のフォン・ミーゼス分布は0の周りに集中していたが，それを ν の周りに集中させようとする．

0からあまり遠くない ν に集中させようとすると，0 と ν の間で厚い裾野を形成する．ν を超す値は極端に少なくなり，左右非対称な分布となる（図 8.7(a)）．集中度は，元々の集中度 κ と，集中のさせ方 r と，新たに集中させる角度 ν の3者に依存する．

ν が0から遠くなると，元々の集中度 κ と集中のさせ方 r に依存して，2山分布が得られたり（図 8.7(b)），非常に裾野の厚い非対称分布や，ピークが非常になだらかな1山分布（図 8.7(c)）など，様々な形状を生成する．

---

[23] $\tan^{-1}(y/x)$ は，$y \ge 0$ なら $0 \le \tan^{-1}(y/x) \le \pi$ とし，$y < 0$ なら $0 > \tan^{-1}(y/x) > -\pi$ とする．これは = atan2(x, y) のようなコマンドで入っているソフトが多い．

[24] ν はギリシャ文字の「ニュー」．μ（ミュー）と見間違いやすいので注意すること．η は「イータ」，ξ は「グザイ」．

[25] 論文 [8–6]．この論文が公表されたのは 2010 年．

[26] 式 (8.7) は，角度を複素平面内の単位円で表して複素数表示すると，**メービウス変換** (Möbius transformation) として数学でよく知られた写像となる．

[27] $r = 0$ のとき (8.6) は $Y = X + \mu$ となるので，(8.5) は元のフォン・ミーゼス分布のまま μ だけ平行移動（角度なので回転というべき）する変換である．

(a) $\nu = 0$, $\mu = 0$ (b) $\nu = \pi/2$, $\mu = 0$

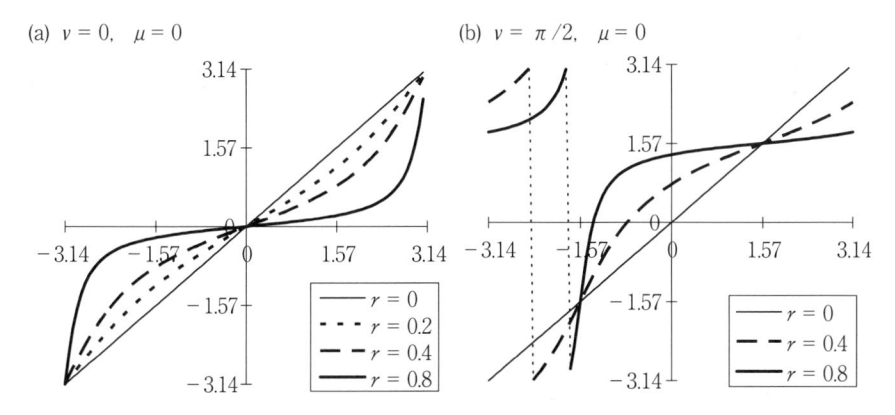

図 8.6 式 (8.7) で定義される角度の集合から角度の集合へのグラフの例.

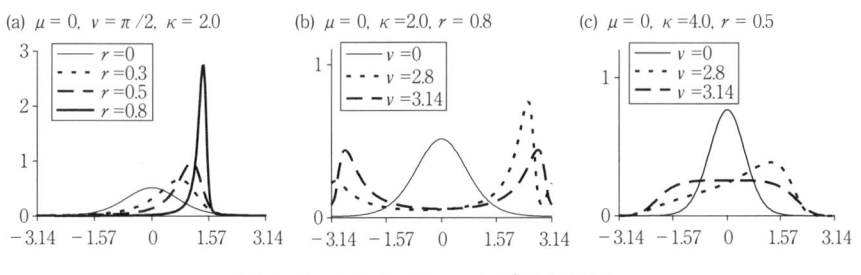

(a) $\mu = 0$, $\nu = \pi/2$, $\kappa = 2.0$ (b) $\mu = 0$, $\kappa = 2.0$, $r = 0.8$ (c) $\mu = 0$, $\kappa = 4.0$, $r = 0.5$

図 8.7 カトウ–ジョーンズ分布の例.

なお，確率分布 (8.6) は，中心 μ のフォン・ミーゼス分布に，(8.7) で μ を 0，ν を $\mu+\nu$ とおいた変換を施した分布と同じになる．つまり，元々 μ の方向に集中していた分布を，μ から ν だけ回した $\mu+\nu$ に集中させる変換を施したと解釈してもよい．

確率分布への 3 つの要望のうち，1 つ目は十分に満たす．2 つ目は，アベ-ピューシーの確率分布と比べると式は複雑だが，ちまたのパソコンソフトで計算できる函数しか使っていないので，満たしていると言える．

さらに，その作り方からわかるように，元々 μ を中心とする対称な分布だったものが，何らかの要因により $\mu+\nu$ 寄りの方向への集中が派生した，という解釈ができる．鳥の飛翔の場合，要因として第一に考えられるのは風である．元々鳥は方向 μ へ飛ぼうとしていた．ところが μ から ν ほど回った方向 $\mu+\nu$ への風が吹いているため，$\mu+\nu$ の方向（風下）へ流される[28]．しかし鳥だって風に流されるばかりではない．風に負けじと方向を調整する．だから，ν だけ回そうとする（$\mu+\nu$ へ集中させようという）外圧と，自身の μ 方

[28] 風向は吹いてきた方角（風上）で示すので，$(\mu+\nu+\pi)$ の風となる．

向へ向かおうという意志が合成されて，結果としてμと$\mu+\nu$の間に裾野を持つ非対称な飛び方になった．あるいは，風に流されることを見込んで，目標方向をあらかじめ本当に行きたい方向からずらして定め，首尾よく目的地に到着したのかもしれない．カトウ–ジョーンズ分布を作る過程をこう解釈できないだろうか．そうすると，rは風の強さの定量化になり，κはその方向に向かいたいという鳥の意志の強さの定量化である．

rが小さいと変換 (8.7) の集中させる力が弱いから，風が弱かったと推察される．風がないときは$r=0$に相当し，カトウ–ジョーンズ分布はフォン・ミーゼス分布となり，鳥は行きたい方向へぶれながら飛ぶ．その方向へ向かう意志が弱いと毎秒のぶれ幅が大きく，これをκが定量化する[29]．乱気流に遭遇したり，餌をみつけて寄り道したくなるなど，時々大きなぶれを生じる飛翔だったら，裾野の厚い巻き込みコーシー分布のほうが当てはまりが良いだろう．

データへこれらの確率分布を適用したときの尤度関数は，ひとつひとつの観測値を独立と仮定すると[30]，3章と同じで，確率分布の式$f(\theta)$に角度のデータ$\theta_i(i=1,2,\ldots,n;\ n$はサンプル数$)$を代入したものをかけたものである．

$$L(\boldsymbol{\Theta}) = \prod_{i=1}^n f(\theta_i \mid \boldsymbol{\Theta})$$

($\boldsymbol{\Theta}$は確率分布に含まれるパラメータをひとまとめに表したベクトル)．対数尤度関数はこの対数である．

$$l(\boldsymbol{\Theta}) = \sum_{i=1}^n \ln(f(\theta_i \mid \boldsymbol{\Theta}))$$

8.7 鳥が飛んだ方向データへ適用する

表 8.8 は，図 8.3 の中の 6 つのまっすぐな飛翔に，上で定義された 5 つの確率分布を当てはめたときの，AIC 値と AIC で選ばれたモデルのパラメータの最尤推定値である[31]．結果的には，すべてカトウ–ジョーンズ分布が選ばれた．図 8.9 では，1 秒ごとの飛翔方向の分布を 15°ごとに折れ線で表したグラフ (–●–) に選択されたモデルの密度関数 (太線) を重ねてみた．見た目には，だいたいよく合っている．

図 8.9 には，非対称化される前のフォン・ミーゼス分布のグラフ (破線) も

---

[29] パラメータが 2 個少ないフォン・ミーゼス分布の AIC 値のほうが小さければこの解釈を採用する．

[30] 繰返しになるし後述もするように，この仮定は間違っている．以下では，仮定に問題を含むモデルであっても何も得るものがないわけではないことを感じ取ってほしい．

[31] 数学の慣習に従い，東を 0，北を $\pi/2$，西を π，南を $3\pi/2$ とする．

表 8.8 5つの確率分布を6つの飛翔の1秒ごとの飛んだ方向分布データへ適用した結果．AIC 値，選択されたモデル（すべてカトウ–ジョーンズ分布）のパラメータの最尤推定値と，それらから求めた風向きの推定値（風上の向き，$\mu+\nu+\pi$ を度数法に変換したもの）を示した．

飛翔番号	F2	F6	F9	F12	F14	F15
確率分布			AIC			
フォン・ミーゼス	838.4	815.4	1212.5	938.4	1015.8	1226.9
巻き込みコーシー	985.1	870.9	1239.7	1013.9	1113.5	1263.8
サイン摂動フォン・ミーゼス	840.4	807.0	1214.5	940.4	1017.8	1228.9
サイン摂動巻き込みコーシー	961.1	872.5	1171.3	955.6	1066.0	1165.3
カトウ–ジョーンズ	837.8	793.4	1168.0	907.4	998.7	1153.7
			選択されたモデルの最尤推定値			
μ	-0.17	0.53	2.39	2.58	2.83	2.03
κ	5.55	2.47	2.42	3.28	4.16	3.97
r	0.14	0.22	0.30	0.26	0.23	0.42
ν	2.65	5.83	1.90	1.73	2.30	2.40
$\mu+\nu+\pi$（推定された風上(度)）	322	184	66	67	114	74

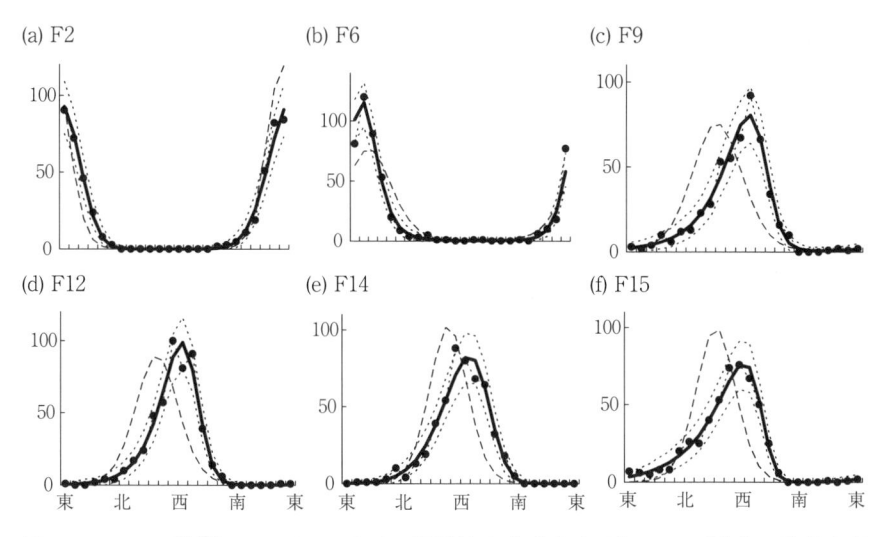

図 8.9 6つの飛翔についての，AIC で選択されたカトウ-ジョーンズ分布の確率密度関数のグラフ（太線）と1秒ごとの飛翔方向の分布の観察数（– ● –），100回のシミュレーションから描いた95%信頼幅（点線）．確率密度関数は，区間の幅 $(=2\pi/24)$ とサンプル数 $(=500)$ をかけることで，観察数のヒストグラムと重ねて表示できる．非対称化する前のフォン・ミーゼス分布を破線で表示してある．破線と太線のズレが風の影響を表す．

入れてみた．元の分布より，集中度は高まったり (b)，弱まったり，(a, e, f) あまり変わらなかったり (c, d) する様子が見て取れる．

どのくらいデータとモデルが合っているかは，3章同様，シミュレーション

が直接的に検定できて便利である．ただ，フォン・ミーゼス分布にしろ巻き込みコーシー分布にしろ，正規分布ほどには普及していないので，乱数生成までパソコンソフトに組み込まれているわけではない．しかし，棄却法という方法[32]を用いれば，容易に作ることができる[33]．まず，$-\pi \leq \theta < \pi$ における一様乱数を，ちまたのソフトに組み込まれているコマンドで作る．それらの値における (8.1) や (8.2) の確率密度関数の値を計算し，それを確率密度関数の最大値[34]で割って 0 と 1 の間の数値にする．別に (0, 1) の一様乱数を作り，その値より最大値で割った値が大きければ採択，小さければ却下する．確率密度関数の大きい角度が採択されやすいので，採択された角度が，その確率分布に従う乱数となる[35]．カトウ-ジョーンズ分布に従う乱数は，その作り方をなぞれば作ることができる．つまり，(μ, κ) のフォン・ミーゼス分布に従う乱数をいま述べた却下法で作り，それに式 (8.7) で与えられる変換を施せばよい．

図 8.9 にはこうして作ったカトウ-ジョーンズ分布に従う角度の乱数 500 個を 24 のクラスに分け，上限 2.5％点を求め，観察数と比べてある．ほとんど OK となっている．

[32] 7.11 節で非定常ポアソン過程の実現を作ったときと基本的には同じアイデア．

[33] 棄却法より効率的に生成する方法も既に提唱されているが ([8-3] の P43 参照)，ここでは汎用性の高い手法の解説も兼ねて，棄却法を用いる．

[34] $\theta = \mu$ のときの値で，フォン・ミーゼス分布では $1/2\pi I_0(\kappa)$，巻きつけコーシー分布では $1/2\pi \cdot (1+\rho)/(1-\rho)$ になる．

[35] 集中度が強い（κ や ρ が大きい）と大半の角度において確率密度関数の値が小さいので却下が多く，$-\pi \leq \theta < \pi$ の一様乱数をかなりたくさん用意しないといけなくなる．

8.8　統計モデルが語る 1 羽の海鳥のある 1 日の物語

以上を鑑みながら，表 8.8 と図 8.9 による定量的評価から，6 つの飛翔について，以下のような解釈をしてみた．なお，μ を本来飛ぼうとしていた方向と考え，その向きを図 8.3 に点線の矢印で入れてある．

F2 は，鳥が島から餌場へ移動を始めた飛翔である．太平洋の沖にいい餌場があることを知っているので，なるべく早くそこへ行きたい．高い κ 値 (5.55) から，餌場へ向かって 1 直線に飛行する鳥の意志を感じる．弱い ($r = 0.14$) 南東からの向い風（$\mu + v + \pi$ は 322°）が吹いていたため若干，飛翔はぶれ，集中度は少し弱まった（図 8.9(a)）．

F6 では，既に餌場近くまで来ていたため，もう餌の探索を始めてもいいかな，と思い始めており，いちおう東北東約 30 度（$\mu = 0.53$ ラジアン）に向かったが，方向を維持する意志は弱かった（$\kappa = 2.5$）．そこへ，後方の西南西 184° という追い風を受けた．その風はそう強くなかった（$r = 0.22$）が，結果として若干東へ流された感じになった（図 8.3）．図 8.9b のように，元のフォン・ミーゼス分布よりカトウ-ジョーンズ分布のほうが強く集中している．追

い風のおかげで針路がぶれなくなったと解釈してみた．

F9は餌場の中での移動である．いちおう針路は北北西109度（$\mu = 2.4$ ラジアン）に定めたが，餌場探しの飛翔でもあり，いい餌場がみつかったらそこで着水してもいいくらいの気分でしかなかった（$\kappa = 2.4$）．そこへ北北東66°という，F2やF6より強い（$r = 0.30$）横風を受けた．結果としてほぼ西へ進んだ（図8.3, 8.9(c)）．

F12は，図8.3で見ると島へ帰るためのまっすぐな飛翔に見える．しかし，確率分布モデルを適用した結果を解釈すると，そうとは言えない．鳥は北西（$\mu = 148°$）へ進みたかったようである．そこへ北東からの（67°）横風を受けたため，島のある西の方へ進む結果となった（図8.9(d)）．あるいは，鳥は風で流されることを計算して，わざと北向きに飛ぼうとし，結果として巧みに島の方へ帰還した，といった見方もできる．

F14では，島へ帰るつもりで西北西162°（$\mu = 2.83$ ラジアン）へ向かった．島へ帰るつもりだったのだが（$\kappa = 4.2$だから意志は比較的強かった）北北西の向い風に負けて（$r = 0.23$），進路は島と反対の南へずれてしまった（図8.3, 8.9(e)）．

その間違いに気づき，針路を北北西116°（$\mu = 2.03$ ラジアン）という，島よりも東の海上へ変更したのがF15である．風の影響を強く受けたため（$r = 0.42$），北北西に向かっていても大きく西へそれ（図8.9(f)），結果としてうまく島の近くへ辿り着くことができた．図8.9の中でも裾野の厚い分布となっており，あらぬ方向に流されながらの，苦労の多い飛翔だったようである[36]．

8.9　大空を鳥のように自由に飛ぶ？

こうして，GPS軌跡データに角度の確率分布を適用することで，鳥の意志を推察してみた．上に書いた1羽の鳥の1日の物語は，決して科学的に立証されたというわけではないが，大空を舞う鳥の気持ちを知りたいというロマンを感じてもらえないだろうか[37]．さらに想像をたくましくするなら，「大空を鳥のように自由に飛びたい」という人の願望は，表現として正しくない．風の影響などを受け，鳥だって思った方向に飛べなくて苦労しているのである[38]．

なお，F2では，フォン・ミーゼス分布とカトウ–ジョーンズ分布のAIC値

[36] 本研究は，依田憲氏，佐藤克文氏，勝又信博氏らとの共同研究の一環である．無人島である三貫島に，港はもちろん桟橋すらなく，海から切り立った断崖がそそり立っている．そんな島への上陸は，島の周辺を漁場とする三浦憲男夫氏のご厚意と巧みな船の操作技術により果たすことができた．なお，少しでも海が荒れているときはもちろん，まもなく荒れそうなときでも容赦なく上陸を断られた．そんな安全に対するご配慮のおかげで，今日まで無事に島での調査を続けられてきている．

[37] こんな考察（想像?）は，最近提唱されたカトウ–ジョーンズ分布という確率分布を用いた統計モデルを適用したから可能になったあたりを強く意識してほしい．

[38] もちろん鳥が"苦労"しているというのは人間の勝手な思い込みである．

の違いが 0.6 しかなかった（表 8.8）．実際，フォン・ミーゼス分布の適合度をシミュレーションで検定してみても，同じくらいよく当てはまっていた．もしフォン・ミーゼス分布のほうを選んだとすると，鳥は風の影響を受けることなく意志どおりに飛んでいたという解釈になる．原理としては AIC の小さいモデルを選べばよいのだが，4 章のように AIC はあくまで真のモデルとの差の相対評価の近似でしかなく，AIC 最小のモデルを鵜呑みにして解釈していいわけではない．

ただ，いまの問題に限っていうと，どちらのモデルを選ぶかで悩んでも，鳥類学にはあまり貢献しない．なぜなら，1 秒間に飛んだ方向に確率分布を当てはめるモデルは，鳥が飛んだ方向を決める要因の中で，ある 1 つの重要な因子を考慮していないからである．確かに，風は重要である．餌場の方向や，帰還する鳥の方向も大事である．しかしもっと強く，ある 1 秒間の鳥の動きを縛る因子がある．それは何だろう．先を読む前に，少し立ち止まって考えてほしい．

8.10 時系列モデルの必要性に到達する

それは，直前にどっちに飛んでいたかである．北に飛んだ 1 秒間の次の 1 秒間に南へ飛ぶことは（おそらく）できない．いくら南に向かいたいと思っても，次の 1 秒間は北北東や北北西に向かわざるをえない．動物の動きには，時間的な依存性がある．

この章（および 3 章）のモデルは，いずれも 1 秒 1 秒すべて独立という仮定をしている．しかし，実際の鳥の行動では，ある 1 秒間の動きは前の 1 秒間の動きの影響を受けており[39]，データは独立でない．この重要な要素を含んでいないモデルによる現象の定量化には，限界がある．こうして，時間に依存する時系列モデルの必要性を認識する．

最も単純な時系列モデルは，t 秒から $t+1$ 秒までの方向 θ_{t+1} は，$t-1$ 秒から t 秒までの方向 θ_t と基本的には変わらないが，若干，確率論的な変動があるとする

$$\theta_{t+1} = \theta_t + e_t$$

というもので，e_t をフォン・ミーゼス分布や巻きつけコーシー分布に従うとする[40]．これを基本モデルとし，餌場や巣の位置や風などの影響を加えていく．

[39] 自己相関 (autocorrelation) という．

[40] 正確には，e_t はすべての t について，独立同分布に従う (independently and identically distributed, 略して i.i.d.) という仮定を設ける．

本章（および3章）では，時系列データに対して各データが互いに独立という仮定を置いたモデルを適用したため，前節までの議論には問題が多い．そんな事例ではあったが，分布データに確率分布を当てはめるという単純なモデルでも，確率分布が有する数理的背景を知っている[41]と分布の特徴を現場に即した解釈を伴わせて考察でき，ついでに時系列モデルの意義を悟るという副産物も得られた．モデルの仮定をしっかり認識した上で現場を踏まえた解釈を心がけていれば，不適切な仮定を置いたモデルからもそれなりの知見を得られるのである．

次章でベイズ統計の雰囲気(?)を知った上で，時系列モデル[42]へ進んでほしい．そこでは，本書で紹介しているモデル評価法や確率分布，尤度式の導出法や実際にそのモデルの下でデータを作ってみるシミュレーションは，様々な面で基本となる[43]．

8.11　統計モデルで鳥と会話する？

鳥と人間の意志疎通というと，手乗り文鳥や伝書鳩を連想する．でも，そうした飼い慣らされた鳥でなく，大空を舞う鳥とも意志疎通を図ってみたい．統計モデリングは，いまのところ，人間にできる唯一の鳥との意思疎通手段ではなかろうか．もっとも，いま大空のあそこを舞っている鳥の気持ちがわかるわけではなく，ロガーを回収した後で「実はあのときこんな気持ちだった」と勝手に憶測するので精一杯である[44]．

[41] 7章ではポアソン分布をその数理的背景を知った上で活用した．

[42] 時系列データを扱うモデリングについては [6-6], [6-7] などを参照．[8-8] では，本章のデータを時系列モデルで精査している．

[43] こうして徐々にオオミズナギドリの気持ちに迫ってきたはずが，2011年3月11日の地震により，オオミズナギドリ研究の前線基地だった岩手県大槌町にある東京大学大気海洋研究所の国際沿岸海洋研究センターは津波の直撃を受けた．三浦船長が拠点とする仮宿漁港周辺の集落では，津波により，海に近い家は流され，港は壊れ，船はすべて失われた．本書を執筆していた期間中，機会を見て大槌町を訪れ，津波で壊れかけた家や川の掃除などに従事させてもらった．

[44] データロガーを用いる鳥の研究については，[3-4], [8-2], [8-7] などを参照．

9 ベイズ統計への序章
——もっと自由にモデリングしたい

　現象とデータを自然体でモデリングしようとすればするほど，統計モデルに対する様々な不満がうっ積してくる．そんな不満の一つは，モデルの数式を最初に決めるというやり方である．この最後の章では，この不満を解消しようと試行しているうちに，ベイズ統計がそれを解決してくれる事に気づき，ベイズモデリングへの期待感を抱いて終わることにする．

長寿命の樹木も最後は枯死する．上は知床の森における 1987 年当時の著者．

9.1 どの大きさだと枯死しやすいか

本書は，どのくらい大きくなると花を咲かせるかをモデリングで定量的に表現する1章から始まった．最終章では，逆にどの大きさだと枯れて死にやすいかを，やはりモデリングの言葉で表現してみる．

図9.1は，1章で扱ったカクレミノについての，5年間における死亡率を直径でクラス分けして図示したものである[1]．基本的に開花のときと同じデータ構造なので，分けるクラスを粗くすると（図9.1(b)），全体的な傾向は見やすいが，細かなところで大切な発見を逃しているかもしれない．逆に細かくすると（図9.1(c)），高死亡率のクラスの間に低死亡率が入り込んだり，そもそもデータのないクラス（図中の×印）が増えてくる．また，一見，傾向を見ているようで，各クラスに属するサンプルの数が異なっているため，例えば5/10の50%なら死亡率は確かに50%の前後であろうが，1/2の50%では信用性に乏しい[2]．

[1] 調査は 1992, 1997, 2002 年に行われているで，それぞれの年に生残していた個体数（L92, L97 とする）の中で 5 年後に枯死していた数（D97, D02 とする）を用いて，
(D97+D02)/(L92+L97)
と計算した．

[2] 2章の問 2.4 参照．

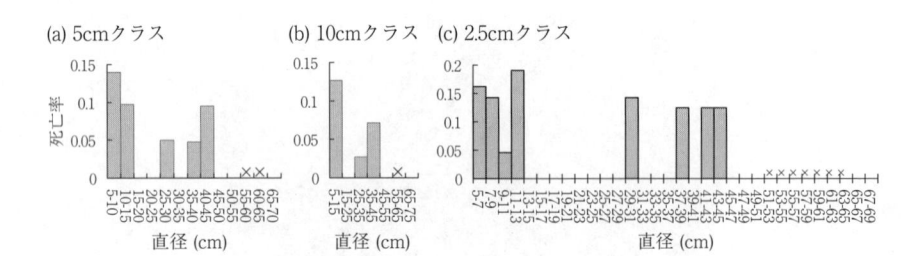

図 9.1 対馬の調査地におけるカクレミノの 5 年間における死亡率をそれぞれの直径クラスに分けて求めたグラフ．棒がないクラスは 0%．×はその大きさの個体のなかったクラスを示す．

9.2 1次のロジスティック回帰モデル

こうした恣意性を回避するため，1章ではロジスティック回帰モデルを適用した．1本1本の生死の記録は，それぞれ独立なデータとして対等に扱われ，クラス分けという恣意性は入り込まない．そこで死亡データにもロジスティック回帰モデル

$$f(x; a, b) = 1/(1 + \exp(a(x-b))) \tag{9.1}$$

9.2 1次のロジスティック回帰モデル

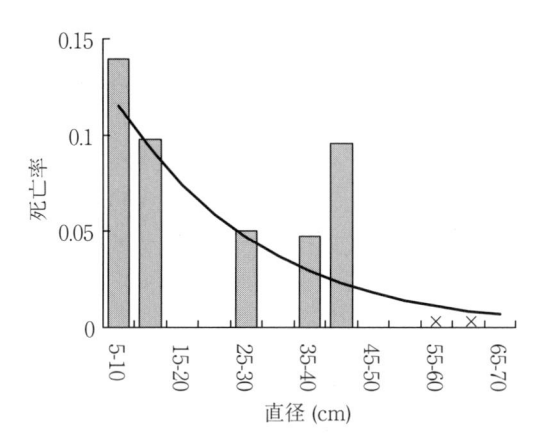

図 9.2 ロジスティック回帰モデル (9.1) で得たカクレミノの 5 年間の直径依存死亡率．棒グラフは 5 cm ごとに分けた観察死亡率（図 9.1a と同じ）で，棒がないクラスは 0%．×はその大きさの個体のなかったクラスを示す．

（式 (1.1) と同じ，x は直径，a と b がパラメータ）を適用したところ，最尤推定値は $(\hat{a}, \hat{b}) = (0.049, -33.9)$ となり，図 9.2 のような死亡率のグラフ[3] を得た．大きさと共に単調に減少している．

ところが，図 9.1 をよく見ると，ロジスティック回帰モデルは適さないように思える．なぜなら，小さい個体だけでなく，大きな個体もまた死にやすい傾向にあるからである．もちろん大きいサイズの個体は少ないので（図 1.1 参照），死亡率が高いとは言えないのかもしれない．しかし，ロジスティック式 (9.1) を適用する限り，枯死率は直径と共に単調に増えるか単調に減るか（または一定）のいずれかにしかならない．得られるパターンは最初から単調なものに限定されており，小さいときと大きいときの両方で高くなる U 字型の曲線は最初から除外されている．確かに，図 1.4 で示したように，ロジスティック式は，単純なわりに多様な曲線を生成する便利な式である．しかし，いったん下がってまた上がる曲線を描くほどの柔軟さは持ち合わせていない．

そうなると，U 字型も描けるような数式を用いた新たなモデルを作るしかない．そのモデルも最尤推定し，ロジスティック式による単調なモデルと AIC で比較評価し，選ばれたほうをカクレミノの死亡率パターンと考えるのである．

[3] 以降，死亡率曲線といった言葉も用いる．統計モデルとしての意味は，「あるカクレミノの 5 年後の生死は，いまの直径の値での式 (9.1) の値をパラメータとするベルヌーイ分布に従う確率変数である」である．

9.3　U字型曲線を生成できるモデル

U字型を描ける函数として，パッと思いつくものに2次函数がある．いまは割合のモデルなので，値を0と1の間に入れる必要がある．そこで，(9.1)式のexpの中の1次式を2次式に代えた

$$f(x; a, b, c) = 1/(1 + \exp(a(x-b)^2 + c)) \tag{9.2}$$

という死亡率モデル（基本的な形はロジスティック式なので，2次のロジスティック回帰モデルと呼ぶことにする）を考え，カクレミノのデータに適用してみた．最大対数尤度は，1次のロジスティック回帰モデルでは -71.5，2次では -70.1 だったので，AIC は，前者は

$$-2 \times (-71.5) + 2 \times 2 = 147.0,$$

後者は

$$-2 \times (-70.1) + 2 \times 3 = 146.2$$

と，2次の回帰モデルのほうが良い値を示した．最尤推定値は $(\hat{a}, \hat{b}, \hat{c}) = (-0.0022, 35.6, 3.60)$ で，死亡率曲線は，図 9.3(a) のように，直径 $\hat{b} = 35.6$ cm で最小になり，直径が大きくなると再び増加する形となった．

この結果は生物学的にも妥当である．小さいときは大木に被陰されるため，十分な光合成を行えず死亡する樹木は多い．ある程度大きくなって森の一番上に届くようになると，活発な光合成を行え，死亡率は下がる．しかし齢と共にやがて衰えが始まる[4]．

ところで，U字を描く函数は2次函数に限らない．例えば対数 $\ln(x)$ という項を追加して

$$f(x; a, b, c) = 1/(1 + \exp(ax + b\ln(x) + c)) \tag{9.3}$$

という式でも，柔軟に多様な曲線を描ける（論文 [9–1]）．このモデルを適用して最尤推定すると，最尤推定値は $(\hat{a}, \hat{b}, \hat{c}) = (-0.082, 2.38, -2.27)$，最大対数尤度は -69.6，AIC は

$$-2 \times (-69.6) + 2 \times 3 = 145.3$$

と，さらに向上した．(9.2) と (9.3) のグラフを比較してみると，大きい直径

---

[4] 大木は枯れ枝も多く付けている．そうした枝が次々と落ちていき，葉はわずかに残された枝に細々と残るだけとなる．大木で再び死亡率が上昇するのは自然である．

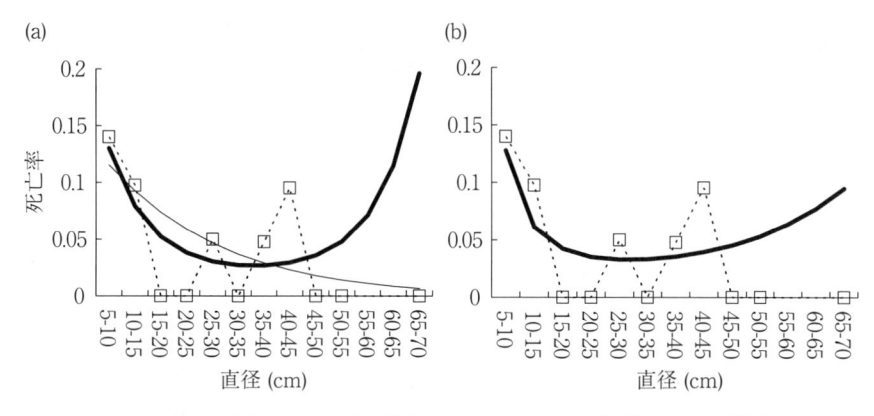

図 9.3 (a) 2 次 (太線) と 1 次 (細線) のロジスティック回帰モデルで得たカクレミノの 5 年間の直径依存死亡率. (b) 対数の項を加えた式 (9.3) のモデルで得たカクレミノの 5 年間の直径依存死亡率. ―□― は 5 cm ごとに分けた観察死亡率 (図 9.1a, 図 9.2 の棒グラフと同じ). その大きさの個体のなかったクラスでは □ は表示されていない.

でぐいぐい上昇する 2 次のロジスティック回帰のグラフ (図 9.3(a) の太線) より, 観察値に忠実な, 穏やかな上昇となっている (図 9.3(b)).

9.4 直径と死亡率の関係から見える種多様性

そこで, カクレミノ以外の種についても死亡率曲線を推定してみた. モデル (1.1)〜(1.3) に加えて, 死亡率を直径に依らず一定とするモデル ($f(x) = c$) の, 全部で 4 つのモデルを適用し, AIC 値の結果をまとめたものが表 9.4 である. 図 9.5 には, 選ばれた (表 9.4 で AIC 値が太字で表示されている) モデルの死亡率曲線を太線で示し, 選ばれなかったけど比較してみたい (表 9.4 で AIC 値が斜字で表示されている) モデルも破線で入れてある.

図 9.5(b) のシイノキでは 2 次のロジスティック式が選ばれたが, 式 (9.3) のモデル ((b) の中の破線) と比べて大きな直径での死亡率の上昇の仕方がずいぶん違う. もし (9.3) と (9.1) だけを適用してモデル選択していたら, 直径 150 cm くらいからの急上昇という特徴を逃していた[5]. カクレミノは, 逆に 2 次のロジスティック回帰だけだと 50 cm を超すと死亡率が急上昇するという結果だった (図 9.3(a) の太線) が, モデル (9.3) も適用することで, より穏やかな上昇 (図 9.3(b)) という予測を得た. 1 つの数式にたよることなく,

[5] 実際, 2002 年以降になって, シイノキの巨木があいついで枯死しており, 現時点で得ているデータをすべて使うと, 図 9.5(b) に見られるような直径の大きな所での高い死亡率が立証されるだろう.

表 9.4 対馬の調査地における 6 つの樹木種に対する 5 年間の直径依存死亡率について，4 つのモデル（一定，1 次のロジスティック回帰 (9.1)，2 次のロジスティック回帰 (9.2)，対数を入れた式 (9.3)）の AIC 値．AIC が最小のモデルの AIC 値を太字，最小ではないが比較のため図 9.5 に破線で表示したモデルの AIC 値を斜字で表した．

種	モデルで使う式（パラメータ数）			
	一定 (1)	1次式 (2)	2次式 (3)	対数 (3)
カクレミノ	150.7	147.0	146.2	**145.3**
ヤブツバキ	*228.1*	**228.0**	230.0	229.9
シイノキ	130.8	115.9	**105.6**	*111.9*
クロキ	282.4	283.7	279.8	**273.4**
イヌマキ	**46.3**	*46.7*	48.1	48.0
イスノキ	833.6	**804.6**	806.6	806.6
ウラジロガシ	41.3	*40.4*	39.8	**39.0**

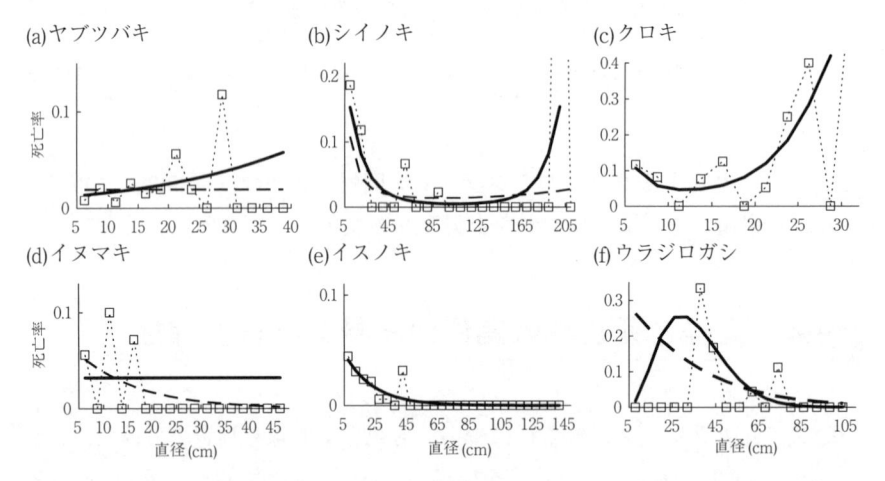

図 9.5 対馬の調査地における，6 つの樹木種についての 5 年間の直径依存死亡率．–□– は，直径をクラスに分けた（種によってクラス幅は異なる）ときの観察された死亡率．太線は選択されたモデルの死亡率曲線．選択されなかったが比較してみたいモデルとして，(a) は一定，(b) は対数を使う (9.3)，(d) と (f) は 1 次のロジスティック回帰 (9.1) の曲線を破線で入れた．

いろいろなモデル式を試す事の重要性を認識させられる．なお，その他の種では，だいたい (9.2) と (9.3) で同じような曲線になった．

ヤブツバキ（図 9.5(a)）は直径と共に上昇する曲線が選ばれたが，枯死率一定のモデルとの差はわずかで（表 9.4），選択を躊躇するところである．イヌマキ（図 9.5(d)）では一定モデルが選ばれたが，これはイヌマキという非常に耐陰性が強く，日蔭でもゆっくり成長し，滅多に死なないという樹種特性を反映した，妥当な結果と思われる．

このように，統計モデリングと AIC によるモデル選択により，3 章におけるペンギンの泳ぎ方と同じように，樹木種をまず定性的に分類し，それから変曲点や最小値などによって定量的な評価を行うことによって，種特性と多様性を定性的にも定量的にも捉える事ができるのである．

9.5 最初に数式を決めるモデルへの不満

中には許容しがたい結果もある．ウラジロガシ（図 9.5(f)）という種では，AIC はモデル (9.3) を選ぶ．しかし，30 cm で鋭いピークを持つような枯死パターンは，生物学的に不自然である．おそらく，ウラジロガシは 1992 年で 49 本しかなかったというサンプル数の少なさが原因であろう．本来，AIC はデータ数が少なければ単純なモデルを選んでくれるのだが，ときにはこのようにうまくいかない場合もある．ただ，これは AIC の欠陥というより，(9.3) という式の欠陥のように思える．このモデルは，柔軟に様々な曲線に対応できるが，柔軟すぎて，往々にして意味のない反応をしてしまうようである[6]．

そう思い始めると，別な疑惑も生まれてくる．表 9.4 と図 9.5 には U 字型が選ばれた種がいろいろあったが，これは単調な曲線を生成するロジスティック式 (9.1) の柔軟性が不十分だったせいで，もっと多様な単調減少曲線を生成できる数式を用いたら，U 字型のモデルより良い AIC 値を出すけど形状は単調な曲線がみつかるかもしれない．AIC はあくまで考えたモデルの中で最良なものを選ぶ規準でしかない．試すモデル式は豊富なほどよい．

では，どのくらいのパターンの数式を試せば十分なのだろう．考えられる数式は無限にある．"すべて"の数式を試すことはできない．統計モデルを作る過程には，モデルの中の数式と確率分布を決めるという段階と，数式の中のパラメータ値を決める段階がある．後者には，最尤法という定番がある．前者はどう決めるのだろう．

統計モデルを扱っていて，どこからともなく数式と確率分布が出て来て勝手に決められるような印象を抱く人は少なくないのではなかろうか．数式も確率分布も，本来，何らかの根拠を伴って決められるべきである．それで，2.10 節では，直径と高さの関係を，相対成長速度に関する法則を微分方程式で表した数理モデルから導いたものを紹介した．7 章では種子散布というメカニズムから木の子供の空間分布について非定常ポアソン過程によるモデルを作った．ただし，散布カーネルが正規分布であるという仮定に生物学的な

[6] これはしっかりした統計学的分析に基づく結果ではなく，著者の経験則でしかない事をお断りしておく．

根拠があるわけではなかった．

メカニズムが不明でも，データのグラフ化などから適切な数式をみつけ，当てはまりの良いモデルを作ることが可能な場合はある．目的が予測なら，とりあえず"当たる"モデルを作ることが先決である．自然界の真理の発見が目的の場合でも，とりあえず当てはまりの良いモデルを作り，それからデータを増やしつつ，よりメカニズムに迫る研究に発展させればよい[7]．

ところで，日常見られる現象の多くは，メカニズムが知られていないどころか，増えているのか減っているのか，どこかに1つのピークがあるのか，ピークは2つなのか3つなのか，こういったごく基本的な傾向すらわからない場合が多い．当然，当てはまりの良さそうな数式の見当すらつかない．1章や本章のデータは，花が咲いたか咲かなかったか，死んだか死んでいないかという極めて単純ものであるが，それでも割合としてグラフ表示しようとすると，クラス分けという恣意性が入り込み，案外と全体の傾向を捉えにくい．一般にデータはいくつもの観察データからなっており（高次元），そうなるとどの因子がどんな傾向にあり，さらにどの因子とどの因子がどう関係しているのか，見当もつかないのが普通である．そんなデータに，1次式や2次式のモデルを当てはめることには大きな抵抗を感じるが，だからといって，ではどんな数式のモデルにするのだと尋ねられても答えられない．そんなモデルばかりをAICで評価して，どれほどの知見が得られるのだろう．

こんな経験を積んでいると，増加も減少もピークも何も予想できないようなデータに対しても柔軟に対応して，どんなパターンに対しても全体の傾向を目に見えるようにしてくれるモデリングをやりたい，という欲求が湧いてくる．要するに，式(9.1)や(9.3)でなく，"どんな"形のグラフも描けるような数式を使うのである．

9.6 任意の形状の曲線を作ることができるモデル

任意の形状を作ってくれる数式などありえない，と思うだろうが，実は，極めて簡単に作ることができる．変数を思い切り細かい区間（例えば，いまのデータなら0.1cmごとの直径）に区切り，細かな区間ごとに好きな値を取れるようにする[8]．

数式で書く場合，例えば直径に依存する死亡率のモデルの場合なら，考える直径を $x_0, x_1, \ldots, x_T$ で T 個の区間に区切り，t 番目の区間を $I_t = \{x_{t-1} \leq$

---

[7] 単純な1次式や多項式で表されるモデルで現実が説明できるはずがないといった抵抗感を統計モデルに対して抱く人も多いと思う．それはそれで至極妥当な感覚である．でもその一方で，本書で紹介してきたように，単純な統計モデルからでも新たな発見や予測ができるのである．

[8] 階段関数 (step function) という．

9.6 任意の形状の曲線を作ることができるモデル

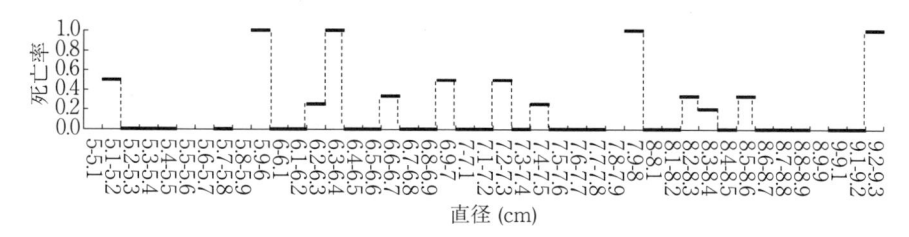

図 9.6 カクレミノの死亡率を，0.1 cm ごとという細かい直径クラスに分けて表したもの．死亡率が 0.0 だった区間には，太い横線が 0.0 の位置に引かれている．太線のない区間はデータがなかったクラス．隣同士の水平線の間は破線で結んであるが，データのなかったクラスは結んでいない．

$x < x_t$} とし ($t = 1, 2, \ldots, T$)，$x_{t-1} \leq x < x_t$ に対して $f(x) = c_t$ という函数を考えるのである．非常に原始的な函数の定め方であるし，これではガタガタのグラフにしかならないように思えるが，区間幅が細かく隣同士でそれほど値が違わないなら，普通に見る限り曲線に見えるはずである[9]．

問題は，細かな区間での死亡率 $\{c_t\}$ を，データからどう求めるかである．

観察値を使おうにも，区間を細かくするとほとんどのクラスは高々 1 個の対象個体しか持たない．すると，総個体数と死亡個体数が 1 と 0 で死亡率 0.0，1 と 1 で 1.0，そもそもその区間にデータがなかった（両者とも 0）の 3 つの場合が大半を占め，それらが細かく入り組んだ，ガタガタで所によって切れているグラフとなってしまう（図 9.6）．

常識的に考えて，死亡率を表すモデルのグラフがガタガタになるはずなく，見かけ上曲線に見えるはずである．"ガタガタしない"ためには，隣同士にある c_t と c_{t+1} や c_{t-1} の値が近いことが必要であるが，それだけでは不十分である．なぜなら，隣同士互いに近いというだけでは，上がったり下がったりの「細かいガタガタ」になる（振動する）可能性を排除できないからである（図 9.7(a)）．

死亡率が図 9.7(b) のように"滑らかに"変化するためには，I_{t-1} から I_t にかけて $f(x)$ が上昇したら，I_t から I_{t+1} にかけても同じように上昇している必要がある．それは $c_t - c_{t-1}$ と $c_{t+1} - c_t$ が同じくらいの値になるということで，数式で表すと，

$$c_{t+1} - c_t \approx c_t - c_{t-1}{}^{[10]}$$

あるいは

$$c_{t+1} - 2c_t + c_{t-1} \approx 0$$

[9] 今日，様々な曲線をパソコンの画面で見ているが，そうした図は実は細かな点をつないで描いたものでしかない．こんな時代でもあるから，十分細かいガタガタのグラフを「曲線」と言っても，そう違和感を抱かない人も多いだろう．後の図 9.8 参照．

[10] 「近い」，「だいたい同じ値である」ことを表すのに，本書は ≈ という記号を用いている．

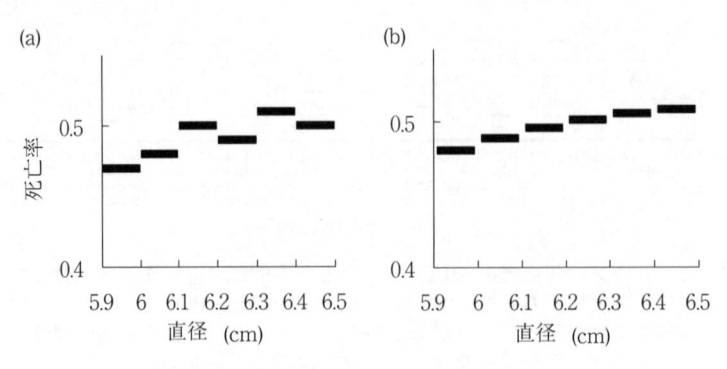

図 9.7 細かな区間ごとに値を決めれば任意の形状を描けるが，(a) のように1つごとに値が上下すると不自然である．(b) のように，値は少しずつ滑らかに変化してほしい．

となる．

これがすべての区間について成り立ってほしく，0 に近いということを最小2乗法と同じの発想で平方が 0 に近いと定式化すると，要望は

$$\sum_{t=2}^{T-1}(c_{t+1} - 2c_t + c_{t-1})^2 \approx 0 \tag{9.4}$$

となる．

9.7 2つの要望の間のトレードオフ

一方，区間 I_t での，最初のときに観察した個体数を L_t，次の調査での死亡個体数を D_t とすると，区間 I_t における $f(x) = c_t$ という死亡率モデルは 1.14 節の2項分布モデルにほかならないから，その尤度函数は（定数倍を省いた形で）

$$L(c_t) = c_t^{D_t}(1 - c_t)^{L_t - D_t}$$

であり，全データについての尤度は

$$L(c_1, c_2, \ldots, c_T) = \prod_{t=1}^{T} c_t^{D_t}(1 - c_t)^{L_t - D_t} \tag{9.5}$$

対数尤度函数は

$$l(c_1, c_2, \ldots, c_T) = \sum_{t=1}^{T}(D_t \ln(c_t) + (L_t - D_t)\ln(1 - c_t)) \tag{9.6}$$

となる．パラメータはすべての c_t なので，区間を細かくすればするほど，恐ろしくたくさんのパラメータを含むモデルとなる．

対数尤度関数 $l(c_1, c_2, \ldots, c_T)$ の大きいほうが，データによく合っている良いモデルである．一方，現実的には $f(x) = c_t$ の値の変化は滑らかであるべきで，(9.4) の大きいモデルは不自然な激しい変化を伴う悪いモデルである．"良い"モデルとは，この2つを同時に満たすようなモデルである．では，そんなモデルはどうやって探せばよいのだろう．

1つの方法は，(9.6) から (9.5) を引いた

$$\sum_{t=1}^{T}(D_t \ln(c_t) + (L_t - D_t)\ln(1 - c_t)) - \sum_{t=2}^{T-1}(c_{t+1} - 2c_t + c_{t-1})^2$$

を大きくするパラメータ $\{c_t\}$ を探すことである．それなら，(9.6) は大きく，(9.4) は小さいモデルになっている．ただ，(9.6) と (9.4) の一方は尤度の対数，一方は死亡率の差の平方となっていて，別な単位になっている．1対1に引いていい根拠が（4章で述べたような根拠を有するAICと違って）ない．そこでウエイト w を設け，

$$\sum_{t}(D_t \ln(c_t) + (L_t - D_t)\ln(1 - c_t)) - w\sum_{t}(c_{t+1} - 2c_t + c_{t-1})^2 \quad (9.7)$$

を最大にする $\{c_t\}$ を探してみる．

w が小さいと，滑らかさへの要望は軽視されデータへの当てはまりが重視されるので，$\{c_t\}$ は観察値を忠実に追いかけるようなグラフになるはずである．一方，w が大きいと，データへの当てはまりより滑らかさが重視されるので，凹凸のほとんどないグラフになるはずである．試しに1 cm刻みでカクレミノのデータにいくつかのウエイトで計算してみると（図9.8），確かにウエイト w が小さいと観察値をなぞったようなグラフとなる（図9.8(a)）．ウエイト w が大きいと，グラフは観察値を大胆に突っ切る（図9.8(b)）．中庸な値だと，データをほどよくならした（平滑化した）ような形状となり，(9.3) 式のモデルに近いU字型だが，右端のほうは簡単な数式では作り出しにくそうな形となっている（図9.8(c)）．まさしく期待どおりの結果となった．分割は，細かいほど柔軟に任意の滑らかさを示す曲線を描けて都合がよいが，0.1 cmで同じことをするとなると，5 cmから67 cmまで620個ものパラメータ $\{c_t\}$ の中で (9.7) を最大にするものをみつけないといけない．今日のパソコンソフトは5個や10個パラメータでも最大化の計算をできることはできる．しかし，さすがに620個となると苦しい．それでも，1 cm刻みにして62個

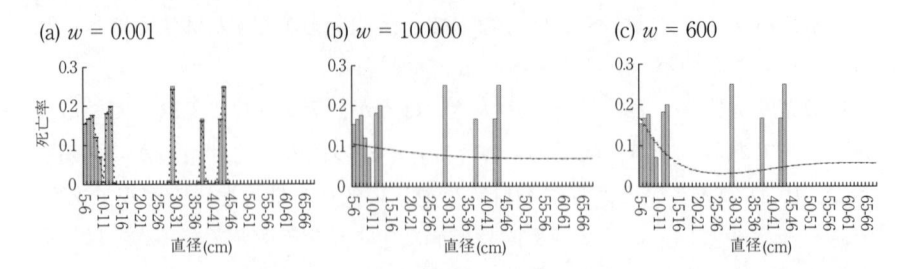

図 9.8 ウエイト w の値によって，式 (9.7) を最大にする $\{c_t\}$ の値が変わる様子．c_t の位置に区間幅 (1 cm) の水平線を入れている．(b) と (c) では全体として滑らかな曲線に見える．棒グラフは観察された死亡率．(a) では c_t の水平線を見やすくするため，間を点線で結んだ．水平軸の目盛ラベルは 5 つごとに表示した．

11) 本当にパソコンに表示された数値が (9.7) の最大値に達しているか定かでないが．

12) このように，数式を決めないモデルはノンパラメトリックモデル (non-parametric model) と呼ばれる．前章までのような数式を決めるモデルはパラメトリックモデル (parametric model) と呼ばれる．

まで減らすと，Excel のソルバーでもみるみる計算を終了させる[11]．

区間を細かく分割し，すべての区間での死亡率を式 (9.7) を最大にするというやり方で，任意の曲線の中から最もデータに合っている曲線を発見できそうである[12]．

問題は，どの w の値のときの曲線が最適か，にある．対数尤度関数 (9.6) は大きいほうが良い．滑らかさ (9.4) は小さいほうが良い．一方を良くすると他方が犠牲になる．バランスを取って両者をほどよい値にしたい．あっちが立てばこっちが立たず．相反する要望のバランスを取る．現実にもよく出会うトレードオフである．

9.8 ベイズ統計によりトレードオフを定式化する

式 (9.7) で第 2 項にかけているウエイト w を割り算の形にし，さらに w を w^2 に変えるなどして

$$\sum_t (D_t \ln(c_t) + (L_t - D_t) \ln(1 - c_t)) - \sum_t (c_t - (c_{t-1} + c_{t+1})/2)^2 / 2w^2 \quad (9.8)$$

と変形する．この全体を exp の肩に乗せると，第 1 項は元々尤度関数 (9.5) の対数だったから尤度関数 (9.5) に戻り，

$$\prod_t c_t^{D_t}(1-c_t)^{L_t-D_t} \cdot \exp(-\sum_t (c_t - (c_{t-1} + c_{t+1})/2)^2 / 2w^2) \quad (9.9)$$

となる．第 2 項は，正規分布の確率密度関数の中の $\exp(-(x-\mu)^2/2\sigma^2)$ に似

た形をしていて，c_t は $(c_{t-1}+c_{t+1})/2$ を平均，w を標準偏差とする正規分布に従っているとみなせるような気がする[13]．(少々乱暴だが) 若干の変形で正規分布になると信じることにすると[14]，(9.9) は，

$$(\text{尤度}) \times (\text{確率分布})$$

という形になっている．これは，以下の公式を思い起こさせる．

[ベイズの定理 (Bayes's theorem)]

$$P(A|B) \propto P(B|A)P(A) \qquad (9.10)$$

左辺は事象 B が起こったときに事象 A が起こる条件付き確率で，これが，A と B を逆にした，事象 A が起こったときに事象 B が起こる条件付き確率と，A が起こる確率の積に比例する，という定理である．証明自体は極めて容易で，高校数学でも取り上げられている[15]．

いま，事象 A と事象 B を，

$A = \{$パラメータ $(c_1, c_2, \ldots, c_T)$ が所定の値である$\}$

$B = \{$カクレミノの細かな区間ごとの直径依存死亡率が観察された割合である$\}$

とする．

(9.10) の右辺の $P(B|A)$ は，所定のパラメータ値 $(c_1, c_2, \ldots, c_T)$ の下で $\{D_t/L_t\}$ という死亡率データが得られる確率であるから，尤度 (9.5) にほかならない．

左辺の $P(A|B)$ は，与えられた観察データの下でパラメータ $(c_1, c_2, \ldots, c_T)$ が所定の値となる確率である．本当にこんな確率がわかるなら，これほどありがたい話はない．どんな死亡率 $(c_1, c_2, \ldots, c_T)$ が可能性として高いか，確率という数値で与えてくれるのである．

右辺の $P(A)$ は，$P(A|B)$ とは違って，B というデータが与えられない状況での，A という事象の確率である．いまの場合，A は死亡率 $\{c_t\}$ に関する確率だが，どんな $\{c_t\}$ の確率が高いか，わかるはずがない[16]．ただ，素朴な期待感ならある．それは，死亡率は似たような直径なら似たような値になるだろう，だった．それを数式にしたのが $\exp(-\sum_t (c_t - (c_{t-1}+c_{t+1})/2)^2/2w^2)$ (を少し変形して正規分布の形に直したもの) なので，変化が滑らかなとき，

[13] c_t は $(c_{t-1}+c_{t+1})/2$ を平均，c_{t+1} は $(c_t + c_{t+2})/2$ を平均とするから，パラメータ同士が互いに他の平均に使われており，何か変な感じを伴う．この違和感は全く正しい感性である．

[14] どう変形して正規分布に直すかは [9–2] や論文 [1–3] などを参照．

[15] 7.4 節の式 (7.8) にある条件付き確率の定義から，$P(A|B)P(B) = P(A, B) = P(B|A)P(A)$．両辺を $P(B)$ で割って，$P(A|B) = P(B|A)P(A)/P(B)$．$P(B)$ を省略して比例式にしたのが (9.10) である．

[16] それがわかっているなら，そもそもモデルで推定する必要がない！

expの中は0に近くなり，この確率（確率密度関数の値）は大きめの値となる．逆にギザギザした死亡率曲線を与える$\{c_t\}$では小さめの値となる．

この，データを得る前の期待感のような$P(A)$という確率を，**事前確率** (prior probability) という．事前確率は通常，パラメータが取り得るすべての値の組合せに対して定めるので，確率分布を与えることになる．それを**事前分布** (prior distribution) という．

これに対し左辺にある，データBが与えられた後のパラメータ値の確率$P(A|B)$を，**事後確率** (posterior probability) という．事後確率もパラメータが取り得るすべての値の組合せに対して与えられるので，その確率分布を**事後分布** (posterior distribution) という．

これらの用語を用いると，ベイズの定理は

$$\text{事後分布} \propto \text{尤度} \times \text{事前分布} \tag{9.11}$$

と書け，次のような解釈を与える．つまり，データを見る以前には期待感などで決めるしかなかったパラメータ値の分布（事前分布）が，データが与えられると，モデルを作ってその尤度をかけることにより，そのデータの下での条件付き確率（事後分布）になってしまう[17]のである．

[17) 厳密には「事後分布に比例する」．

カクレミノの死亡率のモデルでは，データがない段階では，死亡率は直径に依存して滑らかに変わるだろうという期待が事前分布に相当し，$\exp(-\sum_t (c_t - (c_{t-1} + c_{t+1})/2)^2/2w^2)$を正規分布の形に直したもので与えられた．この段階では，滑らかに変化する$\{c_t\}$の確率が高い．ここにデータが加わったことにより，観察された死亡率を考慮に入れた，より正確な$\{c_t\}$の確率が得られるはずである．ベイズの定理によると，それは，事前確率に単に尤度をかけたものに比例するというのである．

(9.10) や (9.11) では，左辺と右辺は等号でなく比例関係で結ばれている．これは，確率分布であるためにはすべての場合について加えたら（積分したら）1にならなければならないが，一般に単に尤度と事前分布をかけたものはこれを満たさないからである．もっとも，実用上はどのパラメータが確率の高い所に位置するかという相対的な高さを知れば十分なので，比例関係で十分である．

なお，カクレミノの死亡率の問題では，事前分布をびしっと与えることができず，wというパラメータを含む形で与えている．wのようにパラメータの事前分布の中にいるパラメータを**超パラメータ** (hyper parameter) という．このwは，もう本当にどのくらいにしていいのか，(正の数であるという点以

外）さっぱりわからない．こんなときは，**無情報事前分布** (non-informative prior distribution) と呼ばれる，ほとんどすべての正の数をとれるような確率分布に従うとする．

こうして，データへの当てはまりと滑らかさの両者を兼ね備えたモデルのパラメータ値を探す問題は，ベイズの定理を用いて定式化された事後分布を最大にするパラメータ値を探す問題に帰着されたわけである．

9.9 最大化以外の計算法を活用する

最尤法では，尤度が最も高くなるパラメータ値を求めた．かつては数式を解いて公式を作って計算していたが，今日ではパソコンのソフトにコマンドを入れるだけで最大となる値を教えてくれる．ただし，繰返しになるが，パソコンが返してきた数値で本当に最大値に達したという保証はない．特にパラメータの数が多いとき，初期値が真の最大から離れていると，パソコンは初期値の近くの極大値で止まってしまう可能性が高まってくる．図9.8では，いかにも期待どおりのグラフが出てきているが，偶然うまく行っただけかもしれないし，本当はもっといい曲線があるのかもしれない．

どのパラメータの事後確率が高いかは，最も原始的には，様々なパラメータと超パラメータの値に対して式 (9.10) を数値計算して最も高くなる所を探せばよい．しかし，パラメータの数が多くなると，これは無茶な注文となる[18]．

こんな要望に応えてくれる1つの計算方法が，**マルコフ連鎖モンテカルロ法** (Markov chain Monte Carlo)（略してMCMC）である．この計算アルゴリズムは，事後確率分布からのランダムなサンプルを取るというもので，たくさんサンプルが取れたあたりの事後確率の値が高いと思われるので，パラメータの値はそのあたりであると推定するのである[19]．

カクレミノの直径に依存する死亡率の問題にこうした数値計算を行うと，図9.8のような，いかにも尤もらしい形状のときのパラメータと超パラメータの事後確率が確かに大きくなっていることがわかるのである[20]．

9.10 様々な不満にベイズの枠組みで対応する時代

前章までに出会った不満が，ベイズ統計でどのように解消しようと試みら

[18] 仮に1つのパラメータの値を例えば0.01から1.0まで100通りだけ試すとしても，パラメータが10あったら100^{10}通りも試さないといけない．

[19] もちろんうまい話に落とし穴はつきもので，MCMCのアルゴリズムで計算しても，うまく推定できない事態に見舞われることもある．

[20] 論文 [1–3] では，若干違う計算法で，11の樹木種の死亡率曲線を求め，種多様性と種特性を定量的に評価した．表9.4で僅差で単調減少が選ばれたヤブツバキ（図9.5a）からは，直径に依らず死亡率が一定であるほうが尤もらしいことがわかった．図9.5fでピークを含む曲線となったウラジロガシでは単調減少となり，これも現地での感覚と合致したものだった．本章も1章と同じフィールドを用いており，真鍋徹，河原崎里子，相川真一，山本進一らとの共同研究の一環である．

れているか，簡単に言及しておく．

5章で触れた空間ランダム効果は，場所の近い所は同じくらいだろう[21]という人間の期待感(?)を事前分布とし，分散分析モデルの尤度とでベイズ統計の形に定式化する．それにより，どのあたりが元から多いかを推定しながら，処理の効果も評価しようとする．6章で言及した時間や場所で死亡率や捕獲率が変わるモデルも，時間的あるいは空間的に近い所ではあまり違わないだろうといった事前分布を設けることにより，ベイズ統計の枠組みで定式化する[22]．

7章の最後に，親木の数が多いと親木ごとの生産力を最尤推定できなくなると述べたが，少数の子だくさんと，子供を残せなかった親まで許容するような事前分布を仮定することで，大量のパラメータでもMCMC法により事後分布という形でパラメータを推定する[23]．

こうして，自然な期待感を事前分布の形で入れてベイズ統計の枠組みで定式化し，大量のパラメータを含むモデルになっても，MCMC法などの計算法により，適切なパラメータを求めようとしている時代にある．

9.11 自由にパラメータを用いるモデルの時代へ

AICが提唱された時代は，2つや3つのパラメータの最適化すら容易でない時代で，なるべくパラメータの少ないモデルが好まれた．AICはまさしくそうした意味でも「良いモデル」を選択する規準だった．その後，計算機の性能の向上や計算アルゴリズム法の発展などにより，大量のパラメータを避ける必然がなくなった．今後しばらくは，自由にたくさんのパラメータを設けるモデリングの時代になると著者は予想している．

だからと言って本書にあるような統計モデルやAICによるモデル評価が不要になったわけではない．物事には踏むべきステップがある．尤度や確率分布に関する基本的な概念を身に付けないまま複雑なモデリングをやっても，どこかで破綻する．複雑なデータに対して，最初のうちは本書の1〜8章にあるようなレベルのモデルを考え，最尤法とAICで切り込めるところまで切り込んでいく．現場感覚との違和感を感じ，それが日に日に高まり，これでは不十分だという不満がうっ積してからベイズ統計を用いるモデリングへ向かう[24]．

経験も技術も未熟な人が3000 mの高山に上って事故に遭う事例が多い昨

---

[21] (9.9)では，ある所での値は両隣の平均値を平均とする正規分布に従うとしたのと同じように，四方（または斜めも入れて八方）の"隣"にある値の平均値を平均とする正規分布などを用いる．

[22] 文献[6–4], [6–5]参照．

[23] 論文[7–7]参照．そこでは種子生産でなく花粉親としての貢献度を推定している．

[24] これはまさしく本書の著者が歩んでいる道である．ベイズモデルに限らず，新しい統計モデルの多くは，既存の手法に対する不満を解消するために考案されている．だから，用いるべきは"みんなが使っているモデル"ではなく，"自分と同じような不満を抱いた人が考案した（使っている）モデル"である．

今であるが，いきなりベイズモデルを作って"遭難"している人をしばしば見かける．モデルの中のパラメータの推定値を手軽に使えるソフトで求める作業は，ロープウェーなどで高山に行く事に似ている．その結果をモデルの構造や現場と照らし合わせて包括的に解釈し，かつ，人が納得する説明を文書の形で表現できないなら，それは登ったはいいが，そこで動けなくなって遭難したことに等しい[25]．

9.12 共同研究という科学論

　学問の進歩が急激な今日，自力で多様な学問をモノにしていくには限界がある．そこで大切なのが，共同研究である．そこで頻繁に見られる誤解が，共同研究では自分が苦手な部分を相棒がやってくれるから，研究が楽に進むという期待である．

　フィールドデータは，最先端のモデルを適用して数値を出しても，それだけでは何の成果ももたらさない．現場に根ざした解釈が必要不可欠であり，それはフィールド系と統計数理系の人の間の議論の中で培われる．

　共同研究を行うと，学習量は倍になる．逆説的だが，苦手な分野の学習をよりたくさんやるハメに陥るのである．自分の世界に引きこもって行う研究では，苦手な分野を必要最小限の学習で済ますことができる．一方，共同研究では，他分野の技術的細部こそできる必要はないものの，共同研究者から出たアイデアの本質を自分なりに理解し，議論を返せないといけない．アイデアを理解するには，それ相応の素養がないと感覚的に受け入れなれないから，会話が成立しない[26]．

　こうした共同研究の科学論については，また書を改めて論じてみたい[27]．

[25] 山でも同じだが，一番始末の悪いのは自分が遭難している現実を受け入れられない遭難者である．

[26] 本書にある冗長なほどの生物学的な解説の大半は，私が共同研究者に個人授業をしてもらって教わったものである．なお，個人授業をしてもらうには，教わる時間の何倍かの予習と復習が欠かせない．

[27] 非数理系の人は数理系の人と同等の数学的素養を身に付ける必要はないし，数理系の人がフィールドに毎日出かける必要もない．もういちど，1章末のコラム1を読み返してほしい．そこに描かれているファーブルとパスツールの姿は，今日の共同研究に対して示唆に富んでいる．

問の解答

1章

問 1.1

尤度は $_nC_k p^x(1-p)^{n-x}$,対数尤度は $\ln {}_nC_x + x\ln p + (n-x)\ln(1-p)$ である.なお,最尤法ではパラメータ p に関係しない部分は不要なので $L(p) = p^x(1-p)^{n-x}$ を尤度,$l(p) = x\ln p + (n-x)\ln(1-p)$ を対数尤度と考えてもよい.$l(p)$ を p で微分して 0 とおいて $\hat{p} = x/n$ を得る.

問 1.2

図 10.1 に Excel シートで作った例を示してある.

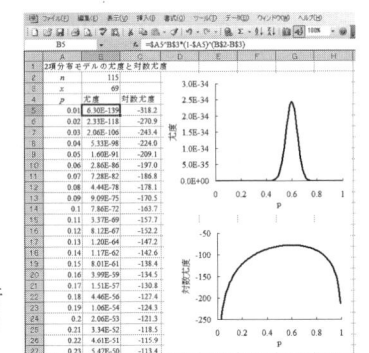

B5: =$A5^B$3*(1-$A5)^(B$2-B$3)
C5: =LN(B5)

これらをコピーして6行目から103行目まで貼り付ける.

図 **10.1** 問 1.2 の解答例.2 項分布モデルの尤度と対数尤度は p の関数としてそれぞれ $L(p) = p^x(1-p)^{n-x}$,$l(p) = x\ln p + (n-x)\ln(1-p)$(問 1.1 の解答を参照)となるので,そのグラフを描いてみた.確かに $p = 0.6$ で最大になっている.

問 1.3

尤度は $\dfrac{n!}{x_1!x_2!x_3!} \cdot p_1^{x_1} p_2^{x_2} p_3^{x_3} = \dfrac{n!}{x_1!x_2!x_3!} \cdot p_1^{x_1} p_2^{x_2}(1-p_1-p_2)^{x_3}$,パラメータは 2 つ($p_1 + p_2 + p_3 = 1$ なので $p_3 = 1 - p_1 - p_2$ となっており,p_3 は p_1 と p_2 から定まるのでパラメータではない).対数を取って定数部分 $\ln\left(\dfrac{n!}{x_1!x_2!x_3!}\right)$ を省略すると,対数尤度関数は $l(p_1,p_2) = x_1\ln(p_1) + x_2\ln(p_2) + x_3\ln(1-p_1-p_2)$.$p_1, p_2$ で微分して 0 とおいて,$\hat{p}_1 = x_1/n$,$\hat{p}_2 = x_2/n$ を得る.最後に,$\hat{p}_3 = 1 - \hat{p}_1 - \hat{p}_2 = x_3/n$ を得る.

問 1.4 と 1.5

赤,白,青の割合を p_1, p_2, p_3 ($p_3 = 1 - p_1 - p_2$) とする.赤か青である確率は

$p_1 + p_3 = 1 - p_2$ なので，対数尤度は $k_1 \ln(p_1) + k_2 \ln(p_2) + k_3 \ln(1 - p_1 - p_2) + k_4 \ln(1 - p_2)$ となる．p_1, p_2 で微分して解くと，$\hat{p}_1 = \dfrac{k_1}{n} + \dfrac{k_4}{n} \cdot \dfrac{k_1}{k_1 + k_3}$, $\hat{p}_2 = \dfrac{k_2}{n}$, $\hat{p}_3 = \dfrac{k_3}{n} + \dfrac{k_4}{n} \cdot \dfrac{k_3}{k_1 + k_3}$ を得る．

不明確な要素のない白（$\hat{p}_2$）については通常の多項分布モデル（問 1.3 の解答）と同じになる．赤と青については，赤か青か区別できなかった k_4/n という割合を，観察された k_1 と k_3 の割合 $\dfrac{k_1}{k_1 + k_3}$ と $\dfrac{k_3}{k_1 + k_3}$ で分割した形となっている．

問 1.4 の場合，問 1.5 で得た公式を用いてもよいし，対数尤度の最大化をパソコンに入っている数学や統計ソフトに計算させて，$\hat{p}_1 = 34.3\%$, $\hat{p}_2 = 20\%$, $\hat{p}_3 = 45.7\%$ を得てもよい．赤か青か不明な 10 個を無視した場合の $(30/90, 20/90, 40/90) = (33.3\%, 22.2\%, 44.4\%)$ と，少し異なっている．赤か青がわかっているという情報を無視した分，赤と青の推定値が過小，白の推定が過大になっている．

問 1.6

赤の割合を p とすると，青は p，白は $1 - 2p$ となり，パラメータは 1 個．一般にランダムに選んだ n 個のうち k_1 個が赤，k_2 個が白，k_3 個が青だったとすると，対数尤度函数は $l(p) = k_1 \ln(p) + k_2 \ln(p) + k_3 \ln(1 - 2p)$．これを p で微分して k_1, k_2, k_3 に 45, 35, 20 を代入するか，またはパソコンの中のソフトを使って最大化させて，$\hat{p} = 0.4$，最大対数尤度は -105.5，AIC は 213.0 となる．多項分布モデル（パラメータは 2 個）では，最大対数尤度値 -104.9，AIC 値 213.7 を得る．したがって，赤と青の割合は同じとするモデルで十分と評価され，赤と青は 40%，白は 20% と推定する．

問 1.7

問 1.6 と同じ計算をすると，赤を青を分けないモデルの赤と青の割合の最尤推定値は 37.5%（白は 25%）で AIC 値は 218.4，分けるモデルでは，赤は 45%，青は 30%（白は 25%）で AIC 値は 217.4 となる．したがって，この場合は赤と青の割合は異なっていて 45% と 30% と推定することになる．

問 1.8

問 1.5 で導いた対数尤度式に $p_1 = p_2$ を代入した p_1 の函数を p_1 で微分するか，またはパソコンのソフトを使って対数尤度を最大にする p_1 を計算する．赤と青を共通にするモデルでは，赤と青の割合の最尤推定値は 45%，白は 10% と推定され，AIC 値は 171.0，分けるモデルでは，やはり問 1.5 の対数尤度式から 54%，36%（白は 10%）で AIC 値は 170.0 が得られる．したがって，赤と青で割合は異なるとするほうが良いとなる．

2 章

問 2.1

平均は，$p \cdot 1 + (1 - p) \cdot 0 = p$．分散は，$p \cdot (1 - p)^2 + (1 - p) \cdot (0 - p)^2 = p(1 - p)$．

問 2.2

(2.18) の両辺を積分して，$\ln y = b \ln x + C$（C は任意定数）．$\ln a = C$ とおいて $\ln y = \ln a x^b$ から（2.17）を得る．

問 2.3

$$L(a, b, Y_{\max}, \sigma^2) = \prod_{i=1}^{n} \exp\{-(\dfrac{1}{1/ax_i^b + 1/Y_{\max}} - y_i)^2/2\sigma^2\}/\sqrt{2\pi\sigma^2}$$

問 2.4
少なくとも以下の 3 点は挙げてほしい.

1. 予測値は割合という 0 から 1 までの数値である.しかし,線形回帰式の値は 0 と 1 の間に入らない値を取るかもしれない.
2. クラスの分け方によって結果が変わる.
3. クラスごとにサンプル数が異なるので含有する情報の量に差がある.しかし,回帰分析では,1 点 1 点をすべて対等な独立したデータと扱う.例えば,100 個中 50 個が開花したクラスも,2 個のうち 1 個が開花したクラスも,y 軸の値は同じ 0.5 である.しかし,後者は本当の確率が 0.1 や 0.9 でも起こりうるが(その確率は,2 項分布なので,それぞれ $_2C_1 \cdot 0.1^1 \cdot 0.9^1 = 0.18$),前者はまずもって起こりえない.つまり,回帰直線は $50/100 = 0.5$ の所では 0.5 のごく近くを通る必要があるが,$1/2 = 0.5$ の近くでは,必ずしも 0.5 に近い所を通る必要はない.

ちなみに,図 10.2(a) という開花データについて,1 本 1 本の木の開花・非開花に対する 1 章のロジスティック回帰(—◦—)と,クラスごとの開花個体の割合に対する本章の線形回帰モデル(太線)を適用し,最尤推定して得られた回帰式のグラフを示したものが図 10.2(b) である(ロジスティック回帰が—◦—,線形回帰モデルが太線).ロジスティック回帰の結果では,直径と共に開花する確率は増加しているが,線形回帰の結果は,正反対の減少になっている.

この線形回帰では,割合だけ見てサンプル数を見ない.12.5〜20 cm で 200 本もの個体で見られた 0.2 から 0.7 という明瞭な開花率の上昇を,わずか 2 本のデータ(5〜7.5 cm の開花個体と,22.5〜25 cm の非開花個体)が消し去ってしまったのである.

こうした理由があるため,サンプル数の異なる割合のデータに対して,安直に回帰モデルを当てはめてはならない.

問 2.5
1. $c = 0$ としたモデル(パラメータは a, b, σ^2 の 3 つに減る)で最尤法を実行し,

(a)

直径 (cm)	観察個体数	開花個体数	割合
5-7.5	1	1	1.0
7.5-10	0	0	-
10-12.5	0	0	-
12.5-15	100	20	0.2
15-17.5	0	0	-
17.5-20	100	70	0.7
20-22.5	0	0	-
22.5-25	1	0	0.0

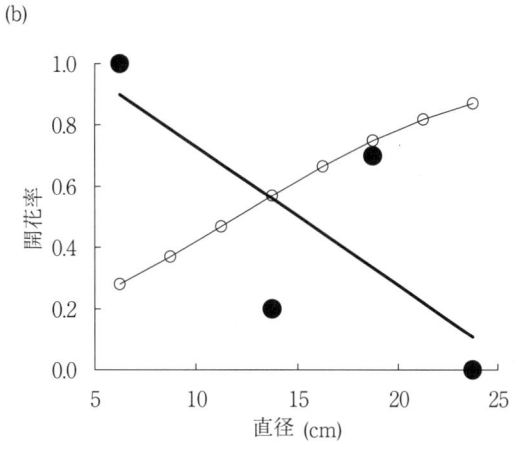

図 10.2 (a) の表のような開花データについて((b) のグラフでは割合を黒丸で表示),1 章のロジスティック回帰(—◦—)と 2 章の線形回帰モデル(太線)を適用し,最尤推定した回帰式のグラフ.増加と減少という正反対の結果が得られている.

　　　　2.8 節の結果と AIC を比較し，このほうが優れていたらこのモデルを採用する．
2. 直径は胸の高さで測っているので，$c = 0$ でなく，$c = 1.3$（またはその調査で用いた高さ．地面から何メートルの高さで直径を測るかは調査によって若干違う）に固定したモデルにする（なお，決めた高さの地点を 1 本 1 本ていねいに測定してその位置で直径を測量する精密な調査から，自分の胸のどのあたりがその高さかを記憶し，だいたいその位置で測る（大雑把な？）調査まで，いろいろである）．
3. (2.20) のモデルを使う．このモデルでは，$y = 0$ は必ず $x = 0$ と対応する（両辺とも無限大になる）．
4. $c \geq 0$ という制約を入れて最尤法を実行したとき，c の最尤推定値が正なら問題ないが，パソコンのソフトが 0 を返してきたとき，いささかややこしいことになる．4 章で解説するが，AIC は最大対数尤度を用い，そこではすべてのパラメータについて，それに関する偏微分が 0 となっていることを必要とする．制約を入れた最大化で，最大値を与える値が区間の端（いまは 0）になると，この保証がなくなる．したがって，AIC 値でモデルを評価してよいという根拠がなくなる．つまり，対処法としては，上記 1～3 のほうが便利である．

3 章

問 3.1 一様分布の期待値は，$E(X) = \int_a^b \dfrac{x}{b-a} dx = \dfrac{a+b}{2}$.

問 3.2
　　回帰直線や回帰曲線に沿って，上下に最尤推定された標準偏差の 1.96 倍の値を取り，回帰曲線の上下に 2 本の曲線を描く（図 10.3）．観察値の散布図の点がこの 2 本で囲まれた帯に入っていればだいたい OK，はみ出ている点が多いと，あまり当てはまりはよくない．図 10.3 を見ると，いくつか標準偏差の 1.96 倍を超えて回帰式から逸脱しているデータがあることがわかる．統計学的に厳密な議論を学習する前に，図 10.3 のような図示でモデルの当てはまりの手応えを感じておくことを勧める．

問 3.3
　　3.4 節の脚注で指摘した下の (1) 以外に，(2) や (3) のような批判が思い浮かぶ．

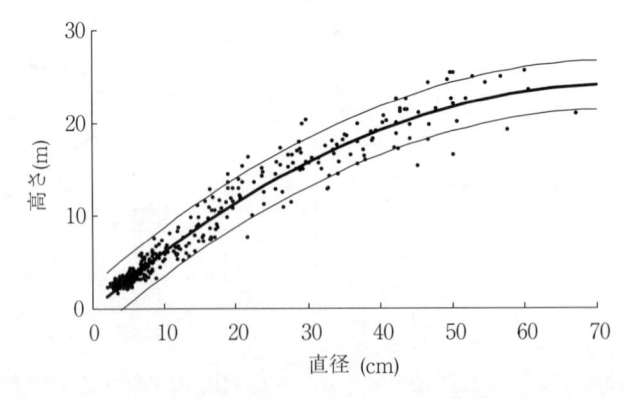

図 10.3 木の直径と高さの 2 次の回帰モデルについて，回帰式の値から上下に最尤推定された標準偏差の 1.96 倍の位置に線を入れてみた．この間に入っていない観察値は，それぞれのモデルからの逸脱が大きいと言える．

(1) ある時点の角速度は，前の時点での角速度に依存するに違いない．すべて独立として正規分布モデルを適用するのは問題がある．
(2) ここでいう角速度は平面に射影したものである．本章の図を見ていると，ペンギンはしばしば急角度で浮上したり潜降したりしている．平面的に動いているときに 90 度曲がるのと，上を向いているときに水平方向へ 90 度曲がるのでは，動物にとって意味が違うのではないか．
(3) ここでは 1 つの潜水ごとに切って集計している．図から明らかなように，潜水の途中で角速度も明瞭にパターンが変化している．もっと細かく切って本章のような集計をすべきではないか．2 成分のモデルの必要性も，潜水の中をどう分けるかに依存する？

自分で書いた不満に自分で回答するのも変な話だが，簡単に言い訳をしておく．

(1) こういう時系列データには，時系列モデルを適用すべきである（8.10 節および [6–6]，[6–7] などの時系列モデルの解説書を参照）．
(2) は 3 次元空間の方向の問題となり，難易度も上がる．実際のところ，現在までに確立された統計手法だけでは自由なモデリングは苦しく，新しい統計モデルを開拓する必要がある．
(3) も同様で，データが変化する時点をみつけ，連続したデータを適切に分割する方法は変化点解析 (change-point analysis) と呼ばれ，未解決問題の多い分野である．

問 3.4

著者自身が思いついた，あるいは人から言われた疑問や不満に，以下のようなものがある．
(1) 回帰式の周りの散らばり具合を表すのに正規分布を用いる根拠は，最小 2 乗法と同じ結果をもたらすからだけか？他の分布を用いると不適切な推定をもたらすのか？
(2) 木の高さは直径だけでなく，環境，特に周囲の木の密度に依存するはずで（密度が高いとひょろひょろした木が多く，草原の中の 1 本なら太くなる），そうした諸条件を入れてないモデルにどれほどの意味があるのだろう．
(3) ここでも 1 本 1 本の木の直径と高さの関係は独立と仮定して，尤度はそれぞれの確率（密度関数の値）の積にしているが，隣り合った木だと一方がすくすく伸びたら隣の木も同じように高さを伸ばすか，あるいは高さ競争で負けて成長が悪くなるかもしれない．だから独立ではないのではないか．

ここでも，思いつくままに言い訳を書いておく．
(1) 散らばり具合を正規分布で表さないといけない理由はない．最近では，他の確率分布を用いる回帰モデルも盛んに研究されている．
(2) も，当然のことながら，環境など様々な要因を入れて考えるべきである．しかし最初は本章のような単純なモデルから始めるべきで，順にモデルを複雑にしていき，まさしく AIC で必要な複雑さかどうかを判定していく．
(3) も全くそのとおりで，少なくとも隣り合った木があったら，一方はデータから除くほうがよい．この知床の針広混交林は木の密度が低いので，こうした影響は小さいだろうと考え，2 章ではすべてのトドマツを用いたが，本来，データはある程度離れた木から取るべきである．なお，この調査地でトドマツの高さを計測したのは，まさしく環境条件や木の密度などにより直径と高さの関係がどう変わるかを調べるためだった．その一番最初に考えるモデルが，本書のような環境等を無視して独立とするモデルである．これもまた，モデルを複雑にする是非を AIC で判定していくことになる．

繰返しになるが，単純なモデルは，複雑な現象に挑むための準備である．

こうした不満を解消するために，研究が進められている．不満を抱けないと研究する動機も湧かないわけで，本書で示される結果に，おおいに不満を抱いてほしい．

そうした不満を文書で表しておくと，新しいモデルを知ったときに，"これこそまさに自分が抱いていた不満に対応するものだ"と，即座に反応できる．文書化して整理し記録する作業を怠っていると，せっかくピッタリの手法に出会っているのに，そうと気づかず通り過ぎてしまう．

4章

問 4.1

図 4.2 のグラフを見ると，平均は 0 に見える．ところが，期待値の定義に従って積分を計算すると $\int_{-\infty}^{+\infty} \frac{y}{1+y^2} dy = \left[\frac{\ln(1+y^2)}{2}\right]_{-\infty}^{+\infty}$ となって発散するので，期待値は存在しない．

問 4.2

$$\mathrm{tr}(\boldsymbol{A}\boldsymbol{v}\boldsymbol{v}^t) = \mathrm{tr}\left\{\begin{pmatrix} a_{11} & a_{12} & \cdots & a_{1p} \\ a_{21} & a_{22} & \cdots & a_{2p} \\ \vdots & \vdots & \ddots & \vdots \\ a_{p1} & a_{2p} & \cdots & a_{pp} \end{pmatrix} \begin{pmatrix} v_1 \\ v_2 \\ \vdots \\ v_p \end{pmatrix} \begin{pmatrix} v_1 & v_2 & \cdots & v_p \end{pmatrix}\right\}$$

$$= \mathrm{tr}\left\{\begin{pmatrix} a_{11} & a_{12} & \cdots & a_{1p} \\ a_{21} & a_{22} & \cdots & a_{2p} \\ \vdots & \vdots & \ddots & \vdots \\ a_{p1} & a_{2p} & \cdots & a_{pp} \end{pmatrix} \begin{pmatrix} v_1^2 & v_1 v_2 & \cdots & v_1 v_p \\ v_2 v_1 & v_2 & \cdots & v_2 v_p \\ \vdots & \vdots & \ddots & \vdots \\ v_p v_1 & v_p v_2 & \cdots & v_p^2 \end{pmatrix}\right\}$$

$$= \mathrm{tr}\begin{pmatrix} \sum_{i=1}^p a_{1i} v_1 v_i & & & * \\ & \sum_{i=1}^p a_{2i} v_2 v_i & & \\ & & \ddots & \\ * & & & \sum_{i=1}^p a_{pi} v_p v_i \end{pmatrix}$$

$$= \sum_{j=1}^p \sum_{i=1}^p a_{ij} v_i v_j$$

問 4.3

(4.38) は，(4.16) の y^2 が $(y-\mu)^2$ になっている点だけが異なる．$(y-\mu)^2$ を展開すると，新たに考えないといけない積分は $\int_{-\infty}^{\infty}\left\{\frac{y\mu}{\sigma^2} - \frac{\mu^2}{2\sigma^2}\right\}\frac{e^{-y^2/2\sigma_0^2}}{\sqrt{2\pi\sigma_0^2}} dy$ である．第 1 項は奇関数の積分だから 0 である．第 2 項は確率密度関数の積分だから $-\frac{\mu^2}{2\sigma^2}$ となる．(4.18) と合わせて (4.39) を得る．

問 4.4
$$\begin{cases} \dfrac{\partial}{\partial \mu} la(\mu,\sigma^2) = -\dfrac{n\mu}{\sigma^2} \\ \dfrac{\partial}{\partial \sigma^2} la(\mu,\sigma^2) = n\left(\dfrac{\sigma_0^2 + \mu^2}{2(\sigma^2)^2} - \dfrac{1}{2\sigma^2}\right) \end{cases}$$

なので，$(\mu,\sigma^2) = (0,\sigma_0^2)$ では確かに 0 になっている．2 階の偏微分は

$$\begin{cases} \dfrac{\partial^2}{\partial \mu^2} la(\mu,\sigma^2) = -\dfrac{n}{\sigma^2} \\ \dfrac{\partial^2}{\partial \mu \partial \sigma^2} la(\mu,\sigma^2) = \dfrac{n\mu}{(\sigma^2)^2} \\ \dfrac{\partial^2}{(\partial \sigma^2)^2} la(\mu,\sigma^2) = n(-\dfrac{\sigma_0^2 + \mu^2}{(\sigma^2)^3} + \dfrac{1}{2(\sigma^2)^2}) \end{cases}$$

である．$(\mu,\sigma^2) = (0,\sigma_0^2)$ を代入して，$-\dfrac{n}{\sigma_0^2}$ と 0 と $-\dfrac{n}{2(\sigma_0^2)^2}$ を得て，(4.40) が確認できた．

問 4.5

$$\begin{cases} \int \left\{\dfrac{\partial}{\partial \mu} \ln f(y|\boldsymbol{\theta}) \dfrac{\partial}{\partial \mu} \ln f(y|\boldsymbol{\theta})\right\}\bigg|_{\boldsymbol{\theta}_0} f(y|\boldsymbol{\theta}_0) dy = \int \left(\dfrac{y}{\sigma_0^2}\right)^2 \dfrac{e^{-y^2/2\sigma_0^2}}{\sqrt{2\pi \sigma_0^2}} dy = \dfrac{1}{\sigma_0^2} \\ \int \left\{\dfrac{\partial}{\partial \mu} \ln f(y|\boldsymbol{\theta}) \dfrac{\partial}{\partial \sigma^2} \ln f(y|\boldsymbol{\theta})\right\}\bigg|_{\boldsymbol{\theta}_0} f(y|\boldsymbol{\theta}_0) dy = \int \dfrac{y}{\sigma_0^2} \cdot \left(\dfrac{y^2}{2(\sigma_0^2)^2} - \dfrac{1}{2\sigma^2}\right) \dfrac{e^{-y^2/2\sigma_0^2}}{\sqrt{2\pi \sigma_0^2}} dy = 0 \\ \int \left\{\dfrac{\partial}{\partial \sigma^2} \ln f(y|\boldsymbol{\theta}) \dfrac{\partial}{\partial \sigma^2} \ln f(y|\boldsymbol{\theta})\right\}\bigg|_{\boldsymbol{\theta}_0} f(y|\boldsymbol{\theta}_0) dy = \int \left(\dfrac{y^2}{2(\sigma_0^2)} - \dfrac{1}{2\sigma^2}\right)^2 \dfrac{e^{-y^2/2\sigma_0^2}}{\sqrt{2\pi \sigma_0^2}} dy = \dfrac{1}{2(\sigma_0^2)^2} \end{cases}$$

3 番目の式は，公式 (4.17) の一般型

$$\int_{-\infty}^{\infty} x^{2n} e^{-ax^2} dx = \dfrac{(2n-1)(2n-3)\cdots 3 \cdot 1}{2^n} \dfrac{\sqrt{\pi}}{\sqrt{a^{2n+1}}}$$

を用いて計算すれば得られる．

5 章

問 5.1
$$\hat{\sigma}^2 = \sum_j \sum_i (x_{ij} - \hat{u}_j)^2 / 3 \cdot 6$$

問 5.2

モデル 2：$\hat{u}_1 = \sum_{i=1}^{3} x_{i1}/3,\ \hat{u}_2 = \cdots = \hat{u}_6 = \sum_{j=2}^{6}\sum_{i=1}^{3} x_{ij}/3 \cdot 5,\ \hat{\sigma}^2 = \sum_j \sum_i (x_{ij} - \hat{u}_j)^2 / 3 \cdot 6$

モデル 3：$\hat{u}_1 = \sum_{i=1}^{3} x_{i1}/3,\ \hat{u}_2 = \sum_{i=1}^{3} x_{i2}/3,\ \hat{u}_3 = \cdots = \hat{u}_6 = \sum_{j=3}^{6}\sum_{i=1}^{3} x_{ij}/3 \cdot 4,$
$\sigma^2 = \sum_j \sum_i (x_{ij} - \hat{\mu}_j)^2 / 3 \cdot 6$

6章

問 6.1

$$\ln\left\{\frac{1-(\varphi(1-p))^t}{1-\varphi(1-p)}\cdot(1-\varphi)+(\varphi(1-p))^t\right\}=\ln\left\{\frac{(\varphi(1-p))^t\varphi p+1-\varphi}{1-\varphi(1-p)}\right\}$$

問 6.2

s 回目の調査で捕獲でき，その後 1 回も捕獲できなかった確率 χ_s は，$s+1$ 回目の時点で既に死んでいた（確率 $1-\varphi$）か，$s+1$ 回目の時点では生きていたが捕獲されず（確率 $\varphi(1-p)$），その後，1 回も捕獲されない確率（χ_{s+1} と等しい）の和である．そして最後の S 回目の調査に捕獲した個体は当然，その後がないので再捕獲はされないので，$\chi_S=1$ である．これが漸化式の意味である．

漸化式は高校数学で習う定石に従い，$\chi_s-\dfrac{1-\varphi}{1-\varphi(1-p)}=\varphi(1-p)(\chi_{s+1}-\dfrac{1-\varphi}{1-\varphi(1-p)})$ と直して $\chi_s-\dfrac{1-\varphi}{1-\varphi(1-p)}=(\varphi(1-p))^{S-s}(\chi_S-\dfrac{1-\varphi}{1-\varphi(1-p)})=(\varphi(1-p))^{S-s}\cdot\dfrac{\varphi p}{1-\varphi(1-p)}$ を得る．移項し，$t=S-s$ とおいて整理すれば**問 6.1** と同じ形になる．

7章

問 7.1

$P(x)=\lambda$（定数），$Q(x)=\lambda e^{-\lambda t}$ を $y=(\int e^{\int Pdx}Qdx+C)e^{-\int Pdx}$ に代入して $p_1(t)=(\int e^{\lambda t}\lambda e^{-\lambda t}+C)e^{-\lambda t}=(\lambda t+C)e^{-\lambda t}$. 初期値 $p_1(0)=0$ を代入して $C=0$ と定まり，(7.14) を得る．

問 7.2

$$\sum_{k=0}^{\infty}k\cdot\frac{\lambda^k e^{-\lambda}}{k!}=\sum_{k=1}^{\infty}\frac{\lambda^k e^{-\lambda}}{(k-1)!}=\lambda e^{-\lambda}\sum_{k=1}^{\infty}\frac{\lambda^{k-1}}{(k-1)!}=\lambda e^{-\lambda}\sum_{k=0}^{\infty}\frac{\lambda^k}{k!}=\lambda e^{-\lambda}e^{\lambda}=\lambda$$

問 7.3

$$\frac{dq_k(t)}{dt}=\frac{d}{dt}\frac{(\lambda t^2)^k e^{-\lambda t^2}}{k!}=\frac{2\lambda tk(\lambda t^2)^{k-1}e^{-\lambda t^2}}{k!}-\frac{2\lambda t(\lambda t^2)^k e^{-\lambda t^2}}{k!}$$
$$=2\lambda t\cdot\frac{(\lambda t^2)^{k-1}e^{-\lambda t^2}}{(k-1)!}-2\lambda t\cdot\frac{(\lambda t^2)^k e^{-\lambda t^2}}{k!}=2\lambda tq_{k-1}(t)-2\lambda tq_k(t)$$

参考文献

本書の随所で引用した以下の教科書以外は，章ごとにまとめた．*が付いているものは文献ではなくインターネット上のホームページである．

0–1 小西貞則・北川源四郎 (2004)：『情報量規準』．朝倉書店．
0–2 坂元慶行・石黒真木夫, 北川源四郎 (1983)：『情報量統計学』．共立出版．
0–3 鈴木義一郎 (1995)：『情報量規準による統計解析入門』．講談社．
0–4 東京大学教養学部統計学教室編 (1992)：『自然科学の統計学』．東京大学出版会．
0–5 稲垣宣生 (1990)：『数理統計学』．裳華房．

数学を得意としない人は，次の本が助けになる．

0–6 粕谷英一 (1998)：『生物学を学ぶ人のための統計のはなし――きみにも出せる有意差――』．文一総合出版．

なお，以下も赤池情報量規準の解説を含んだ統計モデルの優れた入門書である．

0–7 岸野洋久 (1999)：『生のデータを料理する：統計科学における調査とモデル化』．日本評論社．
0–8 丹後俊郎 (2000)：『統計モデル入門』．朝倉書店．
0–9 久保拓弥 (2012)：『データ解析のための統計モデリング入門』．岩波書店．

実際のデータに自分で作った統計モデルを応用する人は，0–4 や 0–5 など，数学としてしっかり書かれている統計学の入門書を，少なくとも 1 冊は常時本棚に置いてほしい．全部を精読するためではない．統計学に限らず，わかりやすい解説書と体系的に書かれた書物の両方を用意し，うまく使い分けて併用することは，書物で学ぶさいの原則である．

1章

1–1 Akaike, H. (1973): Information theory and an extension of the maximum likelihood principle. In *2nd International Symposium on Information Theory* (eds Petrov BN, Csaki F), pp. 267–281. Akademiai, Kiado, Budapest, Hungary.
1–2 Manabe, T., Nishimura, N., Miura, M., and Yamamoto, S. (2000): Population structure and spatial patterns for trees in a temperate oldgrowth evergreen broad-leaved forest in Japan. *Plant Ecology* **151**, 18–197.
1–3 Shimatani, K., Kawarasaki, S., and Manabe, T. (2007): Describing size-related mortality and size distribution by nonparametric estimation and

model selection using the Akaike Bayesian Information Criterion. *Ecological Research* **23**, 289–297.

1-4 Shimatani, K., Kubota, Y., Araki, K., Aikawa, S., and Manabe T. (2007): Matrix models using very fine size classes and their applications to population dynamics of tree species: Bayesian nonparametric estimation. *Plant Species Biology* **22**, 175–190.

1-5 Manabe, T., Shimatani, K., Kawarasaki, S., Aikawa, S., and Yamamoto, S. (2008): The patch mosaic of an old-growth warm-temperate forest: patch-level descriptions of 40-year gap-forming processes and community structures. *Ecological Research* **24**, 575–586.

2章

2-1 Kubota, Y. (2000): Spatial dynamics of regeneration in a conifer/broad-leaved forest in northern Japan. *Journal of Vegetation Science* **11**, 633–640.

2-2 Kubota, Y., Kubo H., and Shimatani K (2007): Spatial pattern dynamics over 10 years in a conifer/broadleaved forest, northern Japan. *Plant Ecology* **190**, 143–157.

2-3 Shimatani K. and Kubota Y. (2004): Spatial analysis for continuously changing point patterns along a gradient and its application to an Abies sachalinensis population. *Ecological Modelling* **180**, 359–369.

2-4 Shimatani, I.K. and Kubota,Y.(2011): The spatio-temporal forest patch dynamics inferred from the fine-scale synchronicity in growth chronology. *Journal of Vegetation Science* **22**, 334–345.

2-5 島谷健一郎・久保田康裕 (2006)：モデル (…?) による生態データ解析．種生物学会編『森林の生態学』．pp.325–349．文一総合出版．

2-6 依田恭二 (1971)：『森林の生態学』．築地書館．

2-7*http://www.kubota-yasuhiro.com/（琉球大学理学部　久保田康裕研究室ホームページ）

3章

3-1 佐藤克文 (2008)：『ペンギンもクジラも秒速2メートルで泳ぐ』．光文社新書．

3-2 佐藤克文 (2011)：『巨大翼鳥巨大翼竜は飛べたのか——スケールと行動の動物学』．平凡社新書．

3-3 日本バイオロギング会編 (2010)：『動物たちの不思議に迫るバイオロギング』．京都通信社．

3-4*http://www.icrc.ori.u-tokyo.ac.jp/kSatoHP/　（東京大学大気海洋研究所　佐藤克文研究室ホームページ）

4 章

4-1 赤池弘次 (1976)：情報量規準 AIC とは何か．その意味と将来への展望．数理科学 **153**, 5–11.

4-2 赤池弘次 (1978)：統計的検定の新しい考え方．数理科学 **198**, 51–57.

4-3 赤池弘次 (1981)：モデルによってデータを測る．数理科学 **213**, 7–10.

4-4 赤池弘次・甘利俊一・北川源四郎・樺島祥介・下平英寿 (2007)：『赤池情報量規準 AIC』．共立出版．

5 章

5-1 青森営林局 (1989)：ブナ天然更新施業指標林調査報告．青森営林局．

5-2 島谷健一郎 (2000)：森林の長期的研究―ミシガン州立大学における実例から―．森林科学 **30**, 59–64.

5-3 杉田久志・金指達郎・正木隆 (2006)：ブナ皆伐母樹保残法施業試験地における 33 年後，54 年後の更新状況―東北地方の落葉低木型林床ブナ林における事例―．日本森林学会誌 **88**, 329–337.

5-4 杉田久志・高橋 誠・島谷健一郎 (2009)：八甲田ブナ施業指標林のブナ天然更新施業における前更更新の重要性．日本森林学会誌 **91**, 382–390.

5-5 *http://www.uf.a.u-tokyo.ac.jp/member/forest_ecosystem/gotoh.html#hitokoto （東京大学農学生命科学研究科・演習林 後藤晋研究室ホームページ）

5-6 *http://forest.fsc.hokudai.ac.jp/ member/yoshida/（北海道大学北方生物圏フィールド科学センター・雨龍研究林 吉田俊也研究室ホームページ）

5-7 Noguchi, M. and Yoshida, T. (2009): Individual-scale responses of five dominant tree species to single-tree selection harvesting in a mixed forest in Hokkaido, northern Japan. *Journal of Forest Research* **14**, 311–320.

6 章

6-1 Cormac, R.M. (1964): Estimation of survival from the sighting of marked animals. *Biometrika* **51**, 429–438.

6-2 Jolly, G. (1965): Explicit estimates from capture-recapture data with both deathand immigration-stochastic mode. *Biometrika* **52**, 225–247.

6-3 Seber, G. A.F. (1965): A note on the multiple-recapture census. *Biometrika* **52**, 249-259.

6-4 Link, W.A. and Barker, R.J. (2010): *Bayesian Inference — with ecological applications*. Academic Press.

6-5 Thomson, D.L., Cooch, E.G. and Conroy, M.J. (2009): *Modeling Demographic Processes in Marked Populations*, Springer.

6-6 北川源四郎 (2005)：『時系列解析入門』．岩波書店．

6-7 樋口知之 (2011)：『予測にいかす統計モデリングの基本：ベイズ統計入門から応用まで』．講談社．

7章

7-1 Kitamura, K., Shimada, K., Nakashima, K., and Kawano, S. (1997):. Demographic genetics of the Japanese beech, Fagus crenata, at Ogawa Forest Preserve, Ibaraki, Central Honshu, Japan. I. Spatial genetic substructuring in local population. *Plat Species Biology* **12**, 107–135.

7-2 Kawano, S. and Kitamura, K. (1997): Demographic genetics of the Japanese beech, Fagus crenata, in the Ogawa Forest Preserve, Ibaraki, Central Honshu, Japan. III. Population dynamics and genetic substructuring within a metapopulation. *Plant Species Biology* **12**, 157–177.

7-3 Shimatani K. (2004): Spatial molecular ecological models for genotyped adults and offspring. *Ecological Modelling* **174**, 401–410.

7-4 Shimatani K., Kitamura K., Kanazashi T., and Sugita H. (2006): Genetic inhomogeneous Poisson processes describing the roles of an isolated mature tree in forest regeneration. *Population Ecology* **48**, 203–214.

7-5 Shimatani, K., Kimura, M., Kitamura, K., Suyama, Y., Isagi, Y., and Sugita, H. (2007): Determining the location of a deceased mother tree and estimating forest regeneration parameters using microsatellites and spatial genetic models. *Population Ecology* **49**, 317–330.

7-6 Goto S., Shimatani K., Yoshimaru H., and Takahashi Y. (2006): Fat-tailed gene flow in the dioecious canopy tree species Fraxinus mandshurica var. japonica revealed by microsatellites. *Molecular Ecology* **15**, 2985-2996.

7-7 Klein, E.K., Desassis, N., and Oddou-Muratorio, S. (2008): Pollen flow in the wildservice tree, Sorbus torminalis (L.) Crantz. IV. Whole interindividual variance of male fecundity estimated jointly with the dispersal kernel. *Molecular Ecology* **17**, 3323–3336.

7-8 Klein, E.K., Carpentier, F.H., and Oddou-Muratorio, S. (2011): Estimating the variance of male fecundity from genotypes of progeny arrays: evaluation of the Bayesian forward approach. *Methods in Ecology and Evolution* **2**, 349–361.

7-9*http://www.sugadaira.tsukuba.ac.jp/kenta/index.html（筑波大学生命環境科学研究科・菅平高原実験センター 田中健太研究室ホームページ）

7-10*http://random.ism.ac.jp/（統計数理研究所乱数ライブラリー）

8章

8-1 Matsumoto, K., Kazama, K., Sato, K., and Oka, N. (2007): Estimating the variance of male fecundity from genotypes of progeny arrays: evaluation of the Bayesian forward approach. *Japanese Journal of Ornithology* **56**, 170–175.

8-2*http://web.me.com/yoda_ken/yoda_lab/Home.html （名古屋大学環境情報学研究科 依田憲研究室ホームページ）

8-3 Mardia, K.V. and Jupp, P.E. (2000): Directional Statistics. John Wiley & Sons Ltd., England.

8-4 Batschlet, E. (1981): *Circular Statistics in Biology.* Academic Press, London.

8-5 Abe, T. and Pewsey, A. (2011): Sine-skewed circular distributions. *Statistical Papers* **52**, 683–707.

8–6 Kato, S. and Jones, M. C. (2010): A family of distributions on the circle with links to, and applications arising from, Möbius transformation. *Journal of the American Statistical Association* **102**, 249–262.

8–7*http://www2.fish.hokudai.ac.jp/modules/labo/content0012.html　（北海道大学水産学部 綿貫豊ホームページ）

8–8 Shimatani I..K., Yoda, K., Katsumata, N., and Sato, K. (2012): Toward the Quantification of a Conceptual Framework for Movement Ecology Using Circular Statistical Modeling, *PLoS One* doi:10.1371/journal.pone.0050309.

9章

9–1 Davies, S.J. (2001): Tree mortality and growth in 11 sympatric Macaranga species in Borneo. *Ecology* **82**, 920–932.

9–2 坂元慶行. (1985)：『カテゴリカルデータのモデル分析』. 共立出版.

ベイズ統計については多数の教科書が出版されているが, 数学を専門としない人には, 次の2点あたりが手頃と思われる.（少し古いが, 9-2 にもベイズ統計のすぐれた解説がある.）

9–3 和合肇 編著 (2005)：『ベイズ計量経済分析——マルコフ連鎖モンテカルロ法とその応用——』. 東洋経済新報社.

9–4 姜興起 (2010)：『ベイズ統計データ解析』. 共立出版.

ギリシア文字一覧表

A, A	α	アルファ
B, B	β	ベータ
Γ, Γ	γ	ガンマ
Δ, Δ	δ	デルタ
E, E	ϵ	イプシロン
Z, Z	ζ	ゼータ
H, H	η	イータ（エータ）
Θ, Θ	θ	シータ
I, I	ι	イオタ
K, K	κ	カッパ
Λ, Λ	λ	ラムダ
M, M	μ	ミュー
N, N	ν	ニュー
Ξ, Ξ	ξ	クザイ（クシー）
O, O	o	オミクロン
Π, Π	π	パイ
P, P	ρ	ロー
Σ, Σ	σ	シグマ
T, T	τ	タウ
Υ, Υ	υ	ウプシロン（ユプシロン）
Φ, Φ	ϕ, φ	ファイ
X, X	χ	カイ
Ψ, Ψ	ψ	プサイ
Ω, Ω	ω	オメガ

索 引

【あ行】

赤池情報量規準 (Akaike Information Criterion, AIC), 17
アベ–ピューシーのサイン摂動分布 (Abe–Pewsey's sine-skewed distribution), 173
1 次の回帰モデル (linear regression model), 37
一様分布 (uniform distribution), 62

【か行】

カイ 2 乗適合度検定 (χ^2 tset of goodness-of-fit), 62
回帰式 (regression equation), 34
回帰直線 (regression line), 34
回帰分析 (regression analysis), 34
階段関数 (step function), 190
確率 (probability), 5
確率収束 (convergence in probability), 81
確率変数 (random variable), 23
確率密度関数 (probability density function), 36
カトウ–ジョーンズ分布 (Kato–Jones distribution), 174
カルバック–ライブラー情報量 (Kullback-Leibler informatics), 79
奇関数 (odd function), 45
期待値 (expected value), 44
帰無仮説 (null hypothesis), 123
強度 (intensity), 150
強度関数 (first-order intensity function), 152
共分散 (covariance), 90
偶関数 (even function), 173
空間ランダム効果 (spatial random effect), 123
混合正規分布 (mixed normal distribution), 67

【さ行】

最小 2 乗法 (least square method), 33
最大対数尤度 (maximum log-likelihood), 13
最頻値 (mode), 169
最尤推定値 (maximum likelihood estimate), 13
最尤推定量 (maximum likelihood estimator), 25
最尤法 (maximum likelihood method), 13
サンプル (sample), 62

時系列モデル (time-series model), 139
事後確率 (posterior probability), 196
自己相関 (auto-correlation), 180
事後分布 (posterior distribution), 196
事前確率 (prior probability), 196
事前分布 (prior distribution), 196
実験計画法 (experimental design), 116
準ニュートン法 (quassi-Newtonian method), 42
条件付き確率 (conditional probability), 147
状態空間モデル (state space model), 139
正規分布 (normal distribution), 36
正規分布モデル (normal distribution model), 59
説明変数 (explanatory variable), 34
線形回帰モデル (linear regression model), 37
相関係数 (correlation coefficient), 91

【た行】

大数の法則 (law of large numbers), 81
対数尤度 (log-likelihood), 13
対数尤度関数 (log-likelihood function), 13
多項式回帰モデル (polynomial regression model), 40
多項分布 (multinomial distribution), 26
多重比較 (multiple comparison), 123
多変量正規分布 (multi-variate normal distribution), 90
超パラメータ (hyper parameter), 196
定常ポアソン過程 (stationary Poisson process), 150
適合度 (goodness-of-fit), 62
点過程 (point process), 150
統計モデル (statistical model), 23
等方的 (isotropic), 143
独立同分布に従う (independently and identically distributed, i.i.d.), 180
独立な (independent), 9

【な行】

2 項分布 (binomial distribution), 23
2 項分布モデル (binomial distribution model), 24
ニュートン法 (Newtonian method), 42
ノンパラメトリックモデル (non-parametric model),

194

【は行】

パラメータ (parameter), 7
パラメトリックモデル (parametric model), 194
非定常ポアソン過程 (inhomogeneous Poisson process), 152
標本分散 (sample variance), 44
標本平均 (sample mean), 44
標準偏差 (standard deviation), 44
フォン・ミーゼス分布 (von Mises distribution), 171
不偏推定値 (unbiased estimator), 60
分散 (variance), 44
分散共分散行列 (variance-covariance matrix), 91
分散分析 (analysis of variance, ANOVA), 123
分散分析モデル (analysis of variance model, ANOVA model), 119
分布関数 (distribution function), 63
平均 (mean), 44
平均対数尤度 (mean log-likelihood), 80
ベイズ統計 (Bayesian statistics), 123
ベイズの定理 (Bayes's theorem), 195
ベルヌーイ分布 (Bernoulli distribution), 23
変化点解析 (change-point analysis), 205
変曲点 (inflection point), 7
ポアソン分布 (Poisson distribution), 150

【ま行】

巻き込みコーシー分布 (wrapped Cauchy distribution), 171
マルコフ連鎖モンテカルロ法 (Markov chain Monte Carlo, MCMC), 197
無情報事前分布 (non-informative prior distribution), 197
メービウス変換 (Möbius transformation), 174
モード (mode), 169
目的変数 (objective variable), 34
モデル (model), 6
モデル選択 (model selection), 18

【や行】

尤度 (likelihood), 12
尤度関数 (likelihood function), 13

【ら行】

乱塊法 (randomized block design), 116
ランダムに (randomly), 22
離散型確率分布 (discrete probability distribution), 23
離散型確率変数 (discrete random variable), 23
累積分布関数 (cumulative distribution function), 63
連続型確率分布 (continuous probability distribution), 36
連続型確率変数 (continuous random variable), 36
ロジスティック回帰モデル (logistic regression model), 34
ロジスティック式 (logistic equation), 6

著者略歴

島谷健一郎 （しまたに けんいちろう）

統計数理研究所准教授
1980 年　神奈川県立希望が丘高等学校卒業
1984 年　京都大学理学部卒業
1992 年　京都大学大学院理学研究科数理解析専攻満期退学
　　　　代々木ゼミナール講師などを経て 1995 年からミシガン州立大学
　　　　大学院森林科学科へ留学，2000 年中退
2000 年　統計数理研究所助手
2009 年より現職
連絡先：　統計数理研究所：〒 190-8562 東京都立川市緑町 10-3
　　　　　shimatan@ism.ac.jp

ISM シリーズ：進化する統計数理 2
フィールドデータによる
統計モデリングと AIC
©2012 Kenichiro SHIMATANI
Printed in Japan

2012 年 8 月 31 日	初版第 1 刷発行
2015 年 5 月 31 日	初版第 2 刷発行

著　者　　島谷健一郎
発行者　　小　山　　透
発行所　　株式会社 近代科学社

〒 162-0843　東京都新宿区市谷田町 2-7-15
電話 03-3260-6161　振替 00160-5-7625
http://www.kindaikagaku.co.jp

藤原印刷　　　ISBN978-4-7649-0428-6
　　　　　　　定価はカバーに表示してあります。

バイオ統計シリーズ（全6巻）The series of Biostatistics
編集委員：柳川　堯・赤澤宏平・折笠秀樹・角間辰之

　近年，医学では根拠に基づく医学（Evidence Based Medicine, EBM）が重視され，EBM 推進ツールの一つとして統計学が活用されている．また現代医療の様々な局面で統計学が必要とされており，それに応じて統計学自身が急激に発展している．したがって，それらを総合的に整理し，新たな学問分野の創生ならびに体系的な発展が期待される．そこで，この新しい学問分野を「バイオ統計学」とよび，それを"ライフサイエンスの研究対象全般を網羅する数理学的研究"と位置づけることとする．

　本シリーズは，このようなバイオ統計学が対象とする「臨床」「環境」「ゲノム」の分野ごとに具体的なデータを中心にすえて，確率的推論，データ収集の計画，データ解析の基礎と方法などを明快に分かりやすく述べることとした，わが国初の体系的書籍群である．

第1巻　バイオ統計の基礎 ―医療統計入門―
柳川　堯・荒木由布子 著

ベイズの定理とその応用，統計的推定・検定，分散分析，回帰分析，ロジスティック回帰分析の基礎を解説．

第2巻　臨床試験のデザインと解析 ―薬剤開発のためのバイオ統計―
角間辰之・服部　聡 著

バイオ統計学の視座に基づいて臨床試験のプロトコル作成，症例数設計，さまざまな研究デザインと解析の要点を数理的・系統的に解説．

第3巻　サバイバルデータの解析 ―生存時間とイベントヒストリデータ―
赤澤宏平・柳川　堯 著

生存時間データ解析とイベントヒストリデータ解析の基本的な考え方，数理，および解析の方法を解説．

第4巻　医療・臨床データチュートリアル ―臨床データの解析事例―
折笠秀樹・角間辰之・柳川　堯 著

臨床データの実例とデータ解析の事例を集め，解説と演習を提供．本シリーズのハイライトである．

第5巻　観察データの多変量解析 ―疫学データの因果分析―
米本孝二・柳川　堯 著

観察データの精度を保つため，従来の疫学的方法論に加え，新しく発展したプロペンシティ・スコア法やカテゴリカルデータ解析法を解説．

第6巻　ゲノム創薬のためのバイオ統計 ―遺伝子情報解析の基礎と臨床応用―
舘田英典・服部　聡 著

ゲノムサイエンスの基礎や遺伝子情報の臨床利用にかかわるバイオ統計学として遺伝子マーカー解析を解説．